Susanne Klein
Kein Mensch braucht Führung

Susanne Klein

Kein Mensch braucht Führung

Mehr Erfolg durch Selbstverantwortung

Die weibliche Form? Die männliche Form? Welche soll man wählen, wenn man beide meint? Dieses Buch meint immer beide. Was Julia erlebt, kann auch Paul erleben. Die Gedanken und Gefühle von Paul könnten auch Julias sein. Bitte, werter Leser, werte Leserin, denken Sie einfach das Nicht-Erwähnte mit. Vielen Dank.

Bibliografische Information der Deutschen Nationalbibliothek

Die Deutsche Nationalbibliothek verzeichnet diese Publikation
in der Deutschen Nationalbibliografie; detaillierte bibliografische Daten
sind im Internet über http://dnb.d-nb.de abrufbar.

ISBN 978-3-86936-903-7

Lektorat: Susanne von Ahn, Hasloh
Umschlaggestaltung: Martin Zech Design, Bremen | www.martinzech.de
Autorinnenfoto: Ditmar Kerkhoff
Satz und Layout: Das Herstellungsbüro, Hamburg | www.buch-herstellungsbuero.de
Druck und Bindung: Salzland Druck, Staßfurt

© 2019 GABAL Verlag GmbH, Offenbach

Printed in Germany

www.gabal-verlag.de
www.facebook.com/Gabalbuecher
www.twitter.com/gabalbuecher

Inhalt

*»I can't understand why people are frightened of new ideas.
I'm frightened of the old ones.«*
JOHN CAGE

Prolog: Führung – wozu?

Wir stehen auf, wenn der Wecker klingelt, oder sogar vorher, duschen und trocknen uns ab. Wir frühstücken, ziehen uns passend an, binden die Schuhe zu, fahren wohin auch immer, um genau das zu tun, was wir für richtig halten. Wir können einkaufen, uns versorgen und unsere Rechnungen bezahlen. Wir können die Wohnung ordentlich halten und regelmäßig den Kühlschrank füllen. Schon als Schülerinnen und Schüler haben wir Geld verdient und später unsere Ausbildungen zum Teil selbst finanziert. Wir machen unsere Steuererklärungen, schließen Verträge ab und strukturieren unser Leben. Wir haben viele Pläne und sorgen dafür, dass wir sie umsetzen können. Wir verabreden uns mit anderen, um Ziele zu erreichen, die wir uns selbst gesetzt haben. Wir managen Vereine, bauen Häuser, unterstützen in der Gemeinde und gehen auf Weltreise. Wir zeugen Kinder, geben ihnen ein Zuhause und sorgen dafür, dass sie zu selbstständigen und verantwortungsbewussten Menschen heranwachsen. Das alles können wir, ohne dass uns jemand führt.

Und wenn wir dann einen Arbeitsvertrag unterschrieben haben, gibt es plötzlich jemanden in unserem Leben, der uns sagt, welche Ziele wir haben und was wir zu tun und was wir zu unterlassen haben. Dieser jemand will wissen, wo wir sind, was wir tun und warum wir es genau so und nicht anders machen. Es gibt plötzlich jemanden, der vieles besser weiß, aber nicht alles. Der Dienstreisen genehmigt und unserem Urlaubswunsch zustimmen muss. Jemanden, der uns beurteilt. Auch dann, wenn er unsere Arbeitsleistung weder beobachten noch einschätzen kann.

Für viele gut ausgebildete Menschen ist der Eintritt in ein Unternehmen ein Schock. Vorbei die Zeit der Selbstbestimmtheit, der Eigenorganisation und der vollumfänglichen Übernahme von Verantwortung. Kompetenzen darin, sich Ziele zu setzen, strukturiert zu arbeiten und Ergebnisse zu erzielen, sind nun nicht mehr gefragt. Es gilt das zu tun, was verlangt wird, sich einzufügen in eine Gruppe und sich der Arbeitsweise des Teams anzupassen. Wir lernen Prozesse zu bedienen, Kommunikationswege einzuhalten und zu dokumentieren. Wir können einen Teil unserer Kompetenz einbringen und den Rest nutzen wir besser in unserer Freizeit. Und so kommt es, dass Unternehmen zwar hohe Kompetenz einkaufen, nach einer oft nur kurzen Einarbeitungszeit davon jedoch nicht mehr so sehr viel zu bemerken ist. Der neue Mitarbeiter hat sich angepasst und orientiert sich an dem, was die Führungskraft von ihm erwartet. Engagement, Ideenreichtum und Leistungsbereitschaft gehen zurück.

Tatsächlich stammt die Vorstellung, dass Menschen Lenkung und Überwachung benötigen, damit sie Leistung zeigen, aus den ersten Hochkulturen. Da jede Hochkultur ihre Sklaven hatte, wurden zu jeder Zeit Menschen dazu gezwungen, eine Arbeit zu tun, die sie nicht tun wollten, und damit ein Leben zu leben, das sie sich nicht ausgesucht hatten. Diese Situation hat Aufseher nötig gemacht, die diese Menschen überwachten, damit die anderen sich das Leben genehmigen konnten, das sie sich wünschten. Heutige Hochkulturen basieren zum Teil immer noch auf Sklaven, oft nicht mehr im eigenen Land.

Später, im Mittelalter, entstand das Bild, dass Menschen sich am liebsten dem sinnlichen Vergnügen hingeben und ihren Launen folgen. Die Vorstellung war, dass Menschen nur dann arbeiten, wenn sie müssen. Dass Arbeit Freude machen kann, einer Berufung gleichkommt und zufriedenstellt, lag nicht im Bereich der Vorstellung. Deswegen wurden Führungskräfte eingesetzt, die dafür zu sorgen hatten, dass andere arbeiten.

Und auf diesen vielen Führungskräften sitzen wir heute noch. Zwischen Geschäftsführung und Mitarbeiter existieren manchmal fünf oder mehr Ebenen, die berechtigterweise eine Beschäftigung suchen. Sie schauen genau, was ihre Mitarbeiter machen, und orientieren sich an der nächsthöheren Führungskraft, denn der Weg nach oben führt an ihr vorbei. Es gibt also kein wichtigeres Ziel, als sich mit dieser Person gut zu stellen und ihre Wünsche zu erfüllen. Und da sich Dinge oft verselbstständigen, ist der direkte Chef für viele Menschen wichtiger als der Kunde. Und auch der Chef erwartet, dass Mitarbeiter sofort verfügbar sind, wenn er ruft. Andere Termine können schließlich warten. Denn Loyalität ist das höchste Gut. Wichtiger noch als der Zweck des Unternehmens.

Nicht nur, dass interne Prozesse durch die vielen Führungsebenen extrem verlangsamt werden, Führungskräfte haben auch einen Anspruch an Macht, möchten sich durch Kontrolle selbst spüren und brauchen das Gefühl, dass ohne sie nichts richtig funktioniert. So zerschießen sie durch kurzfristige Termine die Planung anderer, machen sich wichtig, indem sie auch sehr gut durchdachte Konzepte neu schreiben, oder treffen Entscheidungen und setzen Maßnahmen auf, die zwar eine Situation nicht lösen, aber ihnen das gute Gefühl vermitteln: »Ich habe etwas gemacht.« Schließlich sind sie Führungskraft, und das muss sich im Alltag auch erleben lassen. Also bauen sie ihr Wirken so auf, dass sie selbst eine wichtige Rolle spielen. Am besten die Hauptrolle. Die Folge davon ist, dass Unternehmen nicht konsequent an Kundenzufriedenheit und damit am unternehmerischen Erfolg arbeiten und ganz nebenbei auch nicht das erhalten, was sie mit ihren Mitarbeitern per Arbeitsvertrag vereinbart haben.

Das Mobile bewegen

Macht ist das Wohlgefühl, von dem viele Menschen nicht genug bekommen können. Dinge beeinflussen zu können macht Freude und gibt das Gefühl von Wichtigkeit und Kompetenz. Das gefällt schon den ganz Kleinen. Sie jauchzen, wenn es ihnen gelungen ist, das Mobile über dem Wickeltisch in Schwung zu bringen. Und innerlich jauchzen sie dann mit 40 Jahren noch, wenn es ihnen gelingt, Mitarbeiter in die Richtung zu bewegen, die ihnen gefällt. Manchmal ganz unabhängig davon, ob die Richtung für das Unternehmen sinnvoll ist. Sie tun es einfach, weil sie es können. Und weil es so viel Spaß macht.

»Und Paul? Wie lange brauchen Sie für diese Aufgabe?«
Paul schaut seinem Chef in die Augen. Er weiß, dass jetzt das Stretching beginnt. Pauls Chef liebt Stretching. Er glaubt, es tut Mitarbeitern gut, sich immer wieder richtig anzustrengen. Paul mag dieses Spiel nicht. Aber was bleibt ihm übrig. Beide Seiten wissen, dass man gute drei Tage für diese Aufgabe braucht. Paul versucht es trotzdem: »Vier Tage.«
Pauls Chef schaut ihn an. Etwas zu lange, als dass sich Paul noch wohlfühlt. »Paul, Sie erstaunen mich. Sie wissen genau wie ich, dass

jeder von uns diese Aufgabe solide und konzentriert in zwei Tagen
erledigen kann. Sie werden mich doch nicht enttäuschen.«

Bei aller Ausbildung und Aufgeklärtheit der Führungspersonen setzen manchmal Mechanismen ein, die sich Menschen gegenseitig
besser ersparen würden. Dann wird versucht, viel herauszuholen,
auch wenn es nicht gebraucht wird; es wird Druck ausgeübt und
kontrolliert. Und oft wird sehr, sehr viel geredet. So lange, bis dem
Mitarbeiter der Spaß vergeht und er sich anpasst oder einen anderen
Arbeitsplatz sucht, bei dem er hofft, wieder in seiner Kompetenz und
eigenverantwortlich arbeiten zu können – genau so, wie er es jahrelang gelernt hat, bevor er den Arbeitsvertrag unterschrieben hat.

Paul empfindet dieses grundlose Stretching als respektlos. Für ihn be-
deutet das, an zwei Abenden auf das Abendessen mit seiner Frau und
seinen Kindern verzichten zu müssen und zwei Mal die Nacht halbie-
ren zu müssen. Und für was? Um seinem Chef das Gefühl zu geben,
dass er eine effiziente Führungskraft ist und immer das Maximale aus
seinen Mitarbeitern herauslockt. Nur bald, so beschließt Paul, wird er
nichts mehr aus ihm herauslocken. Er wird sich wegbewerben.

Klassische Führungsinstrumente wie Ziele setzen, kontrollieren,
Mitarbeiterbeurteilungsgespräche führen, delegieren und, nicht zu
vergessen, die vielen Methoden, die dazu genutzt werden, um Mitarbeiter zu motivieren, unterstützen nicht unbedingt eine Zusammenarbeit auf Augenhöhe, bei der jeder Beschäftigte seine Kompetenzen
gerne und vollumfänglich einbringt. Diese Instrumente manifestie-
ren vielmehr den Unterschied zwischen Führungskraft und Mitarbeiter und machen deutlich, wer wem etwas zu sagen hat. Sie manifes-
tieren die Hierarchie. Und damit Macht.

   Gibt es im Unternehmen die Chance, das eigene Mobile zu bewegen, dann setzen sich Menschen selbst Ziele und tun das, was sie
für sich und gemeinsam mit anderen für sinnvoll halten. Genauso
wie sie zu Hause den Balkon bepflanzen oder den Garten pflegen.
Wie sie zum Sport gehen, Konzertkarten buchen oder eine Ausstel-
lung genießen. Wie sie in Cafés sitzen, mit Freunden plaudern und
die Eltern besuchen, Familienevents planen und Reisen buchen. Für
all das brauchen Menschen weder auferlegte Ziele, Kontrolle noch

Beurteilungsgespräche, Delegation oder gar Motivation. Wir tun das einfach deswegen, weil wir es gerne tun und weil wir es für sinnvoll halten. Wir führen uns selbst.

Ich kann mir selbst die Schuhe zubinden

Nicht nur für Mitarbeiter ist geführt zu werden nicht mehr interessant. Auch haben immer weniger junge Menschen Lust dazu, eine Führungskarriere anzustreben. Zum einen lehnen sie die klassischen Führungsinstrumente ab und zum anderen haben sie keine Lust dazu, für andere Menschen Service zu leisten – wie Barack Obama moderne Führung einmal beschrieb. Dafür möchten viele junge Menschen ihre Energie nicht mehr einsetzen. Sie haben Sorge, als Führungskraft – zwischen Governance und Compliance eingequetscht – keinen sinnvollen Beitrag zum unternehmerischen Erfolg liefern zu können. So bevorzugen sie den Expertenstatus und hoffen, in Ruhe arbeiten zu können. Weniger als 30 Prozent der Generation Y ziehen noch eine Führungskarriere in Erwägung. Und Generation Z schaut ihre Gesprächspartner verständnislos an und fragt: »Führung? Wozu? Ich kann mir selbst die Schuhe zubinden.«

Und das macht sich ganz konkret in Unternehmen bemerkbar.

Jens hat sich beispielsweise genau überlegt, wen er anspricht, die frei gewordene Bereichsleitung zu übernehmen. Drei Abteilungsleiter kommen dafür infrage und er hat sich die Auswahl nicht leicht gemacht. Als er mit Anton spricht, hat er Mühe, seine Contenance zu wahren: »Was soll das heißen, du willst nicht? Aber das ist eine echte Chance für dich, ganz nach oben zu kommen!« Anton zeigt sich wenig beeindruckt. »Weißt du«, beginnt er vorsichtig, »ich bin nicht sicher, ob uns eine weitere Führungsperson auf dieser Ebene voranbringt. Ich kann dir gerne alles liefern, was du brauchst, aber gemeinsam mit meinen beiden Kollegen. Und unsere Teams werden wir ohnehin zu Autonomen Teams entwickeln. Damit sind wir Führungskräfte auch ein Teil der Mannschaft und nicht mehr in der Leitungsfunktion. Aber als deine Ansprechpartner stehen wir natürlich jederzeit gerne zur Verfügung.« Anton hat Jens eine Brücke gebaut. Darübergehen

muss er selbst. Im Moment muss Jens erst einmal in Ruhe durch-
atmen.

Junge Menschen erwarten, dass sich jeder um sich selbst kümmert. Das haben sie von Kindesbeinen an gelernt. Warum sollten sie damit aufhören? Kompetenz und Selbstbewusstsein sind Erziehungsideale im Kindergarten, in der Schule und zu Hause. Die starke Individualisierung in unserer Gesellschaft macht es notwendig, aus der Vielzahl der Angebote das für sich Richtige wählen zu können, sich um seine Qualifizierung zu kümmern, um wettbewerbsfähig zu sein und selbstbestimmt zu handeln. Und deswegen braucht es diesen Führungsservice auch zunehmend nicht mehr. Wenn man Abiturienten und Hochschulabsolventen befragt, zeigt sich, dass die jungen Menschen Führung für völlig überflüssig halten:»Können wir selbst.« Sie brauchen keine Person, die ihnen sagt, was sie zu tun und zu lassen haben.

Machen lassen

Kluge Köpfe brauchen maximale Freiheit, sonst wandern sie ab. Menschen machen zu lassen erhöht nicht nur die Geschwindigkeit, es sorgt auch dafür, dass sie gerne zur Arbeit kommen, leistungsbereit sind und gut mit Kollegen zusammenarbeiten. Das wirkt sich aus. Auch die neuen Universitäten haben das verstanden. Überfüllte Hörsäle, Prüfungen und Auflagen werden ersetzt durch interessante Projekte für Studenten, die sich selbst ihre Ziele setzen und eigenverantwortlich darauf achten, dass sie den anvisierten Lernfortschritt auch nachweisen können. Zum Beispiel an der Berliner Code University *(https://code.berlin/de)*. Was cool anmutet, ist vor allem tough. Studenten tragen die volle Verantwortung für ihren Lernerfolg. Es gibt niemanden, der sie erinnert oder eine Leistung einfordert. Sie gestalten ihren Plan selbst und holen sich die interessanten Projekte ab. Ein Lieferservice existiert nicht. Nach der Verschulung der Hochschulen im Bologna-System zeigen sich nun neue Tendenzen.

Absolventen dieser Hochschulen kann man nicht in eine Hierarchie zwängen und ihre Freiheiten beschneiden. Sie sind kaum in traditionelle Strukturen resozialisierbar. Sie würden weder einen Chef respektieren, der ihnen sagt, was sie zu tun haben, noch würden sie sich motivieren lassen. Sie sind ihr eigener Herr, stellen gerne ihre Denk- und Arbeitsleistung zur Verfügung – vorausgesetzt, sie können sich im entsprechenden Projekt autonom einbringen und etwas lernen.

Junge Menschen wollen interessante und sinnvolle Aufgaben, die sie fordern und weiterbringen. Karriere ist keine attraktive Perspektive mehr. Die Vorstellung davon, sich um die Leistung anderer Menschen kümmern zu müssen, Gespräche führen zu müssen, zu beurteilen, mutet eher uninteressant an. Der Fokus junger Menschen liegt auf der persönlichen Kompetenzentwicklung, auf Flexibilität, Spontanität, darauf, gemeinsam etwas zu entwickeln, auf Eigenverantwortung und Spaß. Sie suchen Selbstführung. Weil sie es können.

Auch wenn viel beklagt wird, dass die Individualisierung dem Teamgeist entgegensteht, gibt es einen starken Trend bei jungen Menschen, sich zugehörig fühlen zu wollen, und ein starkes Bedürfnis nach Fairness. Vielleicht ist es in diesem Sinne relevant, unser Konzept von Teamarbeit zu überdenken. Ein neues Miteinander, auf einer ganz anderen Basis, mit neuen Anforderungen und Erwartungen kann die bisherige Teamarbeit ablösen. Ideen dazu haben bereits agile Methoden für selbst organisierte Teams zur Verfügung gestellt. Zum Beispiel *Scrum*, *Kanban* oder auch *Design Thinking*.

Funktionsfähige Teams

Ein interessantes Unternehmen, das sich sozial engagiert und das Ökosystem schützt, ist ein attraktiver Arbeitgeber, zu dem man sich gerne zugehörig fühlt. Und da vielen Menschen schon bewusst ist und auch wissenschaftliche Teams es immer wieder beweisen, dass große Ideen und Leistungen kein Einzelverdienst sind, kommt funktionsfähigen Teams eine noch bedeutendere Rolle zu. Zeitvergessen, gemeinsam, durch die Zusammenführung unterschiedlicher Kompetenzen etwas zu entwickeln, das es zuvor noch nicht gab – das macht richtig Spaß.

Junge Menschen wissen, dass sie nicht dafür geboren sind, Anweisungen zu folgen oder Stress zu haben. Das sah ein paar Jahre zuvor noch ganz anders aus. Die junge Generation kann oft besser entspannen als ihre Eltern und läuft auch nicht in die Burnout-Falle. Sie haben an ihren Eltern erleben können, dass 16-Stunden-Tage nicht vor Kündigung schützen, dass Familien trotz wöchentlicher Familienkonferenz nicht stabil bleiben und dass Karriereversprechen auch bei hohem Engagement nicht eingelöst werden. Deswegen überlegen sie sich genau, wofür sie ihre Lebensenergie einsetzen möchten. Junge Menschen investieren gerne Zeit und Energie, wenn sie die Möglichkeit sehen, im Rahmen ihrer Werte zu herausragenden Leistungen zu gelangen. Und das besonders gern in einem starken, funktionsfähigen Team mit vielen anerkannten Experten und einem guten Austausch. So wichtig, wie früher eine Führungsperson war, so wichtig sind heute die Teamkollegen und Kunden.

Eine straffe Organisation, konsequente Arbeitsteilung und ein Fokus auf Effizienz bringen Unternehmen ihren Kunden nicht mehr näher. Es gelingt auf Basis dieser Methoden nur noch unzureichend, Menschen durch eine hohe Komplexität zu navigieren. Wir brauchen neue Ideen und Ansätze und vor allem experimentierfreudige Unternehmensleitungen.

Es reicht, wenn jeder sich selbst führt

In den letzten Jahren intensiviert sich die Diskussion um neue Formen der Führung. Zumal es schon aus den Fünfzigerjahren Untersuchungen gibt, die nahelegen, dass man den unternehmerischen Erfolg mehr auf Glück als auf eine leistungsstarke Führung zurückführen kann. Aber diese Studien werden erst in letzter Zeit zitiert.

Zum Beispiel von dem amerikanischen Psychologen und Nobelpreisträger Daniel Kahneman. Den Effekt von Führung schätzt er auf Basis dieser Studien nur knapp über zufällig ein. Das sind etwas mehr als 50 Prozent. Nehmen wir einmal an, ein Unternehmen habe leistungsstarke Führungskräfte und ein anderes leistungsschwache, dann wäre die Verteilung von Erfolg, wenn Glück eine größere Rolle spielt, bei 1:1. Zufällig eben. Tatsächlich liegt sie bei 3:2. Leistungsstarke Füh-

rungskräfte führen Unternehmen zu 60 Prozent in den Erfolg, genau 10 Prozent mehr als andere.

Das ist schon was. Darüber kann man sich freuen. Aber würde man bei dem Ansehen, das Führungskräfte genießen, nicht mehr erwarten dürfen?

Die Wirkung von Führung, folgert Kahneman, wird überschätzt. Das Konzept Führung beruht auf der Annahme, dass die Ereignisse des Marktes vorausgesehen werden können. Laufen die Dinge in einem Unternehmen erfolgreich, schreibt man den Führungskräften Weitsicht, Reflexionsfähigkeit und Flexibilität zu. Lassen bei gleichem Verhalten die Ergebnisse zu wünschen übrig, würde man diese Zuschreibung nicht vornehmen. Die Ursache ist, dass wir an das Konzept der Führung glauben. So wundert sich mancher Aufsichtsrat, dass sich der Vorstand so verändert hat. De facto hat sich der Markt verändert.

Glück ist kein mathematisches Prinzip. Deswegen wird es nicht gerne in die Ursachenanalyse von Erfolg aufgenommen. Regression zum Mittelwert aber ist ein mathematisches Prinzip. Es besagt, dass wir immer auf einen mittleren Wert zusteuern. Regression zum Mittelwert ist so unbeliebt, weil sie zeigt, dass die einzelne Person weniger Einfluss hat als Gesetzmäßigkeiten. Das Prinzip bleibt aber dennoch gültig. Ausreißer nach oben und unten sind normal. Bezugspunkt ist der Mittelwert. Ein erfolgreiches Unternehmen regrediert zum Mittelwert, genau wie sich ein weniger erfolgreiches dorthin entwickelt. Unabhängig davon, was die Führungskräfte genau tun.

Von ökologisch über emotional bis spirituell gibt es reichlich verschiedene Führungsansätze und durch Ideen wie *New Work*, *Beta Codex*, *Spiral Dynamics* oder *Augenhöhe* sind weltweit ganze Bewegungen entstanden, die mit neuen Wegen der Führung experimentieren. Allen gemeinsam ist die Idee, dass Mitarbeiter ihre Kompetenzen nutzen dürfen, an der Arbeitsplatzgestaltung aktiv beteiligt werden und die Führungskraft kein Ansager mehr ist. Auch wenn viele Unternehmen noch nicht an ihren Paradigmen drehen, versuchen doch etliche, mit kleinen Hebeln die Kultur zu beeinflussen. Und wenn sie nur die Teams vergrößern, damit es Führungskräften nicht mehr möglich ist, Mikromanagement zu betreiben. So lernen sie zwangsläufig zu vertrauen.

Konsequent weitergedacht kann man neben einer Unternehmensleitung auf weitere Führungskräfte verzichten. Wenn jeder sich selbst führt und aufmerksam auf sein Umfeld blickt, dann müsste es auch ohne Führungskraft gelingen, besondere Erfolge zu erzielen. Vorausgesetzt, alle wissen, wie es geht. Und weil keiner stört, sich einmischt, es besser zu wissen meint oder Ideen durchdrücken will.

Diesen Gedanken möchte ich in diesem Buch darstellen und verfeinern. Denn Führungslosigkeit heißt nicht Chaos oder Willkür. Das befürchten Menschen, die im Führungsparadigma sozialisiert sind und daran glauben. In voller Selbstverantwortung und eingebettet in ein Team arbeiten zu dürfen, kann ein wundervolles Privileg sein, das besondere Leistungen ermöglicht.

Und das ist nicht nur eine Idee, sondern es stehen bereits Organisationen Pate dafür. Start-ups suchen neben interessanten Geschäftsideen auch meist innovative Formen der Organisation und Zusammenarbeit. Nun könnte man sagen, dass ein Start-up im IT-Umfeld prädestiniert ist für neue Arbeitsformen. Schließlich ist beispielsweise *Scrum* in diesem Umfeld entwickelt worden. Ein traditioneller Konzern kann da nicht mithalten. Aber auch im traditionellen Umfeld außerhalb des Silicon Valleys gelingt es, sich von Führung loszusagen. Sogar in einem Umfeld, in dem es eigentlich keine Alternative zu einer schillernden Leitfigur gibt: in der Welt der Musik.

Das Orpheus Chamber Orchestra (http://orpheusnyc.org/) aus New York hat seit 1972 (!) keinen Dirigenten. Obwohl es für Kammerorchester undenkbar ist, ohne Dirigenten erfolgreich zu sein, besteht das Orchester seit nun 50 Jahren und hat mehrere Awards gewonnen.

Das Orchester versteht sich nicht als führungslos. Jeder führt sich selbst und seine Kontaktpunkte. Voraussetzung ist, dass jede Person sich als Führungspersönlichkeit mit hoher musikalischer Kompetenz und hoher Selbstkompetenz versteht. Das genügt, um erfolgreich miteinander musizieren zu können. Und alle organisatorischen Aufgaben werden untereinander aufgeteilt.

In diesem Geist kann ein neuer Musiker, der zum Orchester hinzustößt, seine Kompetenz und seine Selbstbestimmung behalten. Mit einem hohen Maß an Aufmerksamkeit für seine Instrumentalgruppe und auch für die anderen Musiker gelingt es, etwas großes Gemeinsames zu schaffen. Ein Dirigent? Wozu?

Teil 1

Überlegungen

Technologie führt

Eliza war der erste psychotherapeutische Chatbot. Sie unterhielt sich in den Sechzigerjahren mit ihren Nutzern, fragte sie nach ihrem Befinden und antwortete nach den Regeln der Gesprächspsychotherapie. Da nicht immer ein Psychotherapeut zur Verfügung stand, konnten Patienten die Maschine nutzen, wann immer ihnen nach einem Gespräch zumute war. Und die Patienten fanden das klasse. Ein Gesprächspartner on demand. Einer, der jederzeit geduldig zuhört und immer verfügbar ist. Wunderbar. Und sehr modern. Sie können das einmal ausprobieren. Unter http://www.med-ai.com/models/eliza.html.de können Sie Eliza erreichen.

Eliza war so beliebt, dass aus ärztlicher Sicht von der Maschine eine Gefahr ausging: Die Wissenschaftler beobachteten, dass sich die Patienten emotional an Eliza banden und sich darauf freuten, mit ihr zu sprechen. Eine emotionale Bindung an eine Maschine schien aus ärztlicher Sicht damals unethisch – außer vielleicht an ein Auto – und man stellte Elizas Service ein. Sehr zum Leidwesen der Patienten. Immerhin pflegten auch damals schon Menschen ihr Auto manchmal liebevoller als ihren Partner, bauten kleine Häuser, damit das Auto vor Wind und Wetter geschützt stand, und strichen hingebungsvoll über die Rundungen des Kotflügels. In Car Clinics wird heutzutage das gute Stück repariert. »Car care you can trust« klingt mehr nach einem Kinderkrankenhaus als nach einer Werkstatt.

Damals wusste man noch nicht, dass Menschen etwa 40 Jahre später mit ihrem Smartphone das Bett teilen würden. Es schläft auf der gleichen Matratze, unter der gleichen Decke oder gar auf dem Kopfkissen. Und man wusste auch noch nicht, dass Menschen hässliche hektische Flecken bekommen würden, wenn sie nicht wissen, wo sich ihr Smartphone gerade befindet – meist liegt es auf der Toilette. Viel entspannter reagieren Menschen, wenn sie nicht wissen, wo ihr Partner gerade ist.

Default-Modus-Kommunikation

Heute steuert die Kommunikationstechnologie unseren Alltag. Sie steht im Vordergrund, strukturiert und will bedient werden. Das Smartphone weckt, erinnert an Termine und To-dos, macht auf Wichtiges aufmerksam, gibt Produktempfehlungen, hält Sprachlektionen bereit, konserviert schöne Momente, kommuniziert in die Gruppen und zu wichtigen Personen und transportiert unsere Emotionen. Was mit harmlosen Geburtstagserinnerungen begann, hat sich zu einem vollumfänglichen Assistenzsystem entwickelt.

Erreichbarkeit ist heute die Standardeinstellung – der Default-Modus. Die Antworterwartung liegt im Minutenbereich. Nichterreichbarkeit wird angekündigt: »*Ich bin mit Anna im Kino*«, wobei es manchen Menschen schon schwerfällt, im Kino das Smartphone wegzustecken. Früher gab es geschützte Orte für die Kommunikation, heute geschützte für Nicht-Kommunikation. Für Ruhe. Offline zu sein heißt quasi, nicht zu existieren, und es fällt schwer, das zu genießen. Fluglinien werben (noch) mit einer Zeit »*Über den Wolken und ganz für sich*«, es gibt die ersten Handyverbotszonen und es beginnt eine kleine, noch ganz verhaltene Offlinekultur – zum Beispiel in Wellnessbereichen oder exotischen Cafés: »*Schließen Sie Ihr Smartphone heute einmal ein.*«

Dem sogenannten Multitasking – »*Ich spreche zwar mit dir, aber lass dich nicht stören, wenn ich dabei meine Chats durchgehe*« – wird eine neue Aufmerksamkeitskultur entgegengesetzt. Ein Phänomen, das immer dann zuschlägt, wenn etwas abhandengekommen ist. Ist die Aufmerksamkeit im Hier und Jetzt verloren gegangen, wird sie propagiert. Gibt es keine Ruhezonen im Alltag, gehen wir zum Schweigewochenende ins Kloster, wurde die körperliche Aktivität aus dem Alltag verbannt, buchen wir uns im Fitnesscenter ein. Lassen wir uns leicht ablenken, planen wir ein Wochenende Achtsamkeit auf Mallorca. Das, was wir nicht mehr können, wird zum Trend.

Aber der Technik-Trend ist kaum umkehrbar. Immer stärker verweben sich Mensch und Maschine, was dazu führt, dass wir nicht mehr eindeutig erkennen können, wer unser Gegenüber ist. Wir können schwer unterscheiden, ob ein Artikel, ein Wikipedia-Eintrag oder eine Message von einem »Bot« oder von einem Menschen geschrieben ist. Wir wissen im Zweifel auch nicht, ob auf unsere Anfrage bei einer Behörde oder einem Unternehmen tatsächlich ein Mensch geantwortet hat. Wir wissen ferner nicht, wer die Bewertung für einen Arzt oder ein Hotel verfasst hat. Wenn die Antwort tatsächlich auf die gestellte Frage abzielt, sie grammatikalisch richtig und fehlerfrei geschrieben ist, dann ist höchstwahrscheinlich ein Bot am Werk. Und manch einer kommuniziert sogar lieber mit einem Bot als mit einem Menschen, da die Antworten voraussagbarer, logischer und folgerichtiger erscheinen.

Internet that thinks

Es fehlen nur noch geringe Entwicklungen, bis Roboter in der Pflege eingesetzt werden können, und auch in der Psychotherapie sind die Bots geduldiger – falls man einer Maschine solche Fähigkeiten zuschreiben mag –, hören sich ohne Murren lange Erzählungen an und erwarten nicht, dass wir unser Anliegen im WhatsApp-Format formulieren. Entsprechende Apps sind auf dem Vormarsch und werden rasant genutzt, auch wenn Psychotherapeuten immer wieder davor warnen, die Apps als Therapieersatz einzusetzen. Und bald schon wird Schrift an sich überholt sein. Alexa, OK-Google, Siri, Cortana und Co. machen es möglich. Wir sprechen mit unseren Bot-Assistenten genauso wie mit Menschen. Tippen wird überflüssig.

So können wir zukünftig eine kleine Therapiesitzung einwerfen, während wir zum Einkaufen gehen, und sogar noch unsere Chats parallel sortieren. Einmal am Tag ein bisschen Psycho kann ja nicht schaden.

Neue Technologien prägen und verändern Gesellschaften stärker, als politische Systeme es jemals vermochten. Privatsphäre ist heute kaum noch ein Thema. Überprüfbarkeit im Sinne der Sicherheit ist gewünscht. Das Privatleben ist offenbarer als in Häusern ohne Gardinen. Öffentlicher, als es mit einer Volkszählung jemals hätte werden können. Die Trennung zwischen Official Life, Private Life und Secret Life verfließt. Auch wenn der Lebenspartner unser Secret Life nicht kennt, Google und Co. wissen darüber Bescheid. Das Profil, das von uns gezeichnet werden kann, ist genauer als das, welches ein nahestehender Mensch von uns entwerfen könnte. Es braucht nur wenige

Likes bei Facebook, um Rückschlüsse zu einer Person, deren Verhaltenspräferenzen und Vorlieben zu ziehen.

Das *Internet of things*, die alle miteinander kommunizieren, wird sich binnen Kürze in ein *Internet that thinks* wandeln. Und dann kehren sich die Verhältnisse möglicherweise nach und nach um. Im Moment noch nutzen wir die Maschinen für unseren Komfort. An Smartphone, Apple Watch und Co. sehen wir schon deutlich, wie Maschinen unsere Lebensgewohnheiten und Verhaltensweisen beeinflussen: *»Du musst noch Mama anrufen und 2000 Schritte gehen.«* Und wenn diese Geräte lernfähig sind und uns immer besser verstehen, ist der Weg nicht mehr weit, dass sie uns lenken: *»Heute kein Zucker mehr.«*

Der Chef der Zukunft ist eine App

Technologie steuert nicht nur den privaten Alltag, sie hat längst einen festen Platz im Unternehmen. Prozesse rund um den Kunden werden nicht mehr von bedürfnisorientierten, optimalen oder logischen Abläufen geprägt, sondern orientieren sich an den Vorgaben und Möglichkeiten der gewählten Technologie. Was ehemals als Unterstützung gedacht war, übernimmt nach und nach die Führung, da es Möglichkeiten vorgibt. Ohne IT ist eine Produktion, eine Distribution oder eine Dienstleistung undenkbar geworden. Menschen haben sich abhängig gemacht von Technik und integrieren sie selbstverständlich in ihren beruflichen und privaten Alltag. Der Wettbewerbsvorteil eines Unternehmens hängt inzwischen maßgeblich von der gewählten unterstützenden Technologie ab. Unzureichende CRM-Systeme, unlesbare Angebote und fehlende Schnittstellen beispielsweise werfen extrem zurück.

Das Schöne an dieser technischen Revolution ist, dass wir als Menschen so wieder die Arbeiten übernehmen können, die unseren geistigen und emotionalen Fähigkeiten entgegenkommen. Vorbei ist bald die Zeit der Fließbandarbeit, die Zeit des stumpfsinnigen Abarbeitens, die Zeit der immer wiederkehrenden Tätigkeiten. Diese legen wir getrost in die Hände von Bots. Die Entfremdung nimmt ab. Wir können uns wieder genau wie als Jäger und Sammler Tätigkeiten hingeben, die uns voll fordern, Spaß machen und unsere soziale Natur bedienen. Anders als unsere Vorfahren in der Steinzeit, aber nicht mehr schlechter.

Nicht nachvollziehbar ist die Idee, dass die Technologie vor den Toren der Führung haltmacht. Und an manchem Trend kann man schon erkennen, welche Richtung das nehmen wird. Unternehmen experimentieren in ihren Thinktanks und in der Praxis mit der Abschaffung von Personal und Personalentwicklung. Alles, was diese Abteilungen leisten können, so die Annahme, folgt programmierbaren Regeln. Außerdem gibt es Belege, dass Maschinen manches besser können. Zum Beispiel liegen sie treffsicherer, wenn es um die Auswahl von geeigneten Personen für bestimmte Rollen im Unternehmen geht. Ihr Urteil ist weniger von persönlichen Präferenzen getrübt, ergaben die Forschungen von Dan Ariely und seinem Team. Das »Look and Feel« fehlt dann bei der Auswahl – ein Faktor, der Menschen viel Sicherheit geben kann. Und so werden Algorithmen zukünftig die Personalarbeit und die Teile der Führung übernehmen, die heute das Mittelmanagement viel Energie und Zeit kosten: Zeiterfassung, Urlaubsplanung, Übertreten von Regeln, Diskussionen um Ausnahmen, Begründungen für mehr Budget, Ringen um Ziele und Bewertung derselben, Kontrolle und Konsequenz. Alles Themen, die oft nicht nur eine Führungsebene beschäftigen, sondern im Flaschenhalsprinzip nach oben weitergegeben werden. Bots sind da anders drauf: S-Bahn verpasst? Abzug im Zeitkonto. Kollegen sind bereits im Urlaub? Ablehnung des Urlaubsantrags. Dem Kunden eine Flasche Wein zu viel ausgegeben? Abzug vom Budget. Ein Mitarbeiter leistet Minder- oder Überstunden? Anzahl der Mehrstunden überschritten? Kein Problem, automatisch wird die Gehaltszahlung angepasst. Noch mehr gearbeitet? Schade. Mehr Geld gibt es nicht. Ein Mitarbeiter überschreitet Complianceregeln? Automatisch wird ihm eine entsprechende Ermahnung zugestellt, die bei Wiederholung auch zum Ausschluss vom Unternehmen führen kann. Und das alles ganz ohne Diskussion, Emotion und Zeitinvest. Big Data macht es möglich.

Die Gründe für all das interessieren einen Bot nicht. Er handelt nach den programmierten Regeln, lernt im Zweifel dazu und setzt konsequent um. Bald schon interagiert der persönliche Bot mit dem Bot des Unternehmens und klärt für den Besitzer Unannehmlichkeiten.

»Übrigens wollte dir Robby wieder das Flugticket nicht erstatten. Aber das konnte ich klären. Das Geld hat er schon angewiesen.«

Schon heute laufen Menschen auf der Straße herum und sprechen scheinbar mit sich selbst. Was vor 30 Jahren noch ein Fall für die Psychiatrie gewesen wäre, prägt das moderne Stadtbild. In größeren Städten sogar auf eigenen Laufspuren – zwischen Fahrrad- und Fußweg. So werden wir zukünftig auch dann sprechen, wenn wir alleine im Büro oder zu Hause sind. Mit digitalen Systemen werden wir in Zukunft so kommunizieren wie mit einem Menschen. Dank KI können Chatbots bald mehr als reagieren. Sie werden uns beraten, können unsere Launen einschätzen und darauf eingehen, noch ehe wir selbst etwas merken.

»Ich glaube«, sagt unser Robby, »du setzt dich mal einen Moment in den Garten und ich bringe dir einen Café. Das wird dir guttun.«

Bots sind einfach strukturiert, klar und noch berechenbar. Algorithmen sind unbestechlich, unemotional und halten sich in jedem Fall an ihre Programmierung. Sie können gar nicht anders. Der Mensch lernt daraus, sich frühzeitig zu organisieren, die Konsequenzen für sein Handeln zu tragen und sich nicht auf die Güte eines Chefs oder auf sein eigenes Überzeugungsgeschick zu verlassen. So verdient keiner mehr besser, weil er mehr Verhandlungsgeschick hat. Der Chef drückt kein Auge mehr zu, weil die Situation so schwierig war. Und wir erhalten keine Fristverlängerung, weil wir schlecht geplant haben.

Wie einst Lesen, Schreiben und Rechnen entstehen neue Basiskompetenzen, über die jeder verfügen sollte, der in Unternehmen tätig ist und immer wieder mit Algorithmen interagiert. Schwer, sich an dieser Stelle zu entziehen, denn auch als Verbraucher oder auch als Bürger wird Informatik als Basiskompetenz unverzichtbar.

Jedem seinen Bot

Heutige Bots sind extrem lernfähig. Sie passen sich an menschlichen Jargon an, übernehmen Begriffe, verstehen Kontexte. Autonomie und On-demand-Lösungen setzen sich durch. Interaktionen mit Menschen gehen manche junge Leute gerne aus dem Weg. Ein Bankberater? Kann ich das nicht im Internet recherchieren? Ein Verkäufer? Die Infos suche ich mir lieber selbst. Ein Psychotherapeut? Ich glaube, die App reicht mir.

Apps sind Algorithmen für Faule. Direkt verfügbar und leistungsfähig. Der Umweg über einen Browser wird überflüssig. Und zukünftig sind Apps auch per Spracherkennung nutzbar. Schätzungen zufolge arbeiteten bereits 2016 0,6 Prozent aller Erwerbstätigen im Bereich App. Tendenz steigend. Apps sind die Assistenten des Lebens. Wir tragen sie in der Hosentasche, in der Hand oder am Handgelenk. Vielleicht auch bald in der Brille oder im Ohr. Und immer mehr Menschen entwickeln selbst Apps. Unter Dreizehnjährigen gibt es Profis und Unternehmensgründer.

Angenehme Musik, warmes Licht und eine wohltemperierte Badewanne erwarten uns, wenn wir nach Hause kommen. Auch wenn wir Single sind.

»Kannst du mal bitte das Licht etwas heller stellen, ich möchte lesen.«
»Ja. Gerne. So oder lieber noch heller?« »Ist okay. Und eine Pizza wäre
auch ganz schön.« »Wie immer mit Rucola und Parma-Schinken?«

Die App kennt unsere Vorlieben, kann unsere Stimmungen wahrnehmen und unser Umfeld darauf abstimmen. Das können Menschen zwar auch, wollen es aber nicht immer.

Kurz und knackig

- Technologie bestimmt unseren Alltag und unser Verhalten.

- Bots arbeiten in vielen Bereichen präziser und weniger fehleranfällig als Menschen.

- Administrative Führungsaufgaben können von Bots erledigt werden.

- Programmieren wird zu einer Basiskompetenz wie Lesen, Schreiben, Rechnen.

Selbstführung als Basisprinzip

Wäre »Fehler finden bei anderen und sie ihnen aufs Brot schmieren« eine olympische Disziplin, würden die meisten Menschen ganz oben mitspielen. Wir sprudeln vor Ideen, haben jede Menge Tipps für Kollegen, Mitarbeiter, Chefs, Kunden, Partner, Kinder, Eltern und Hund, wenn es darum geht, wie diese sich besser verhalten können. Es gibt eigentlich niemanden, zu dem uns nichts einfiele. Man braucht sich nur fünf Minuten auszutauschen und schon liegt uns ein entsprechender Kommentar auf den Lippen. Meist eine nett gemeinte Empfehlung.

Und dann geht es los. Wir reden – meist zu lange. Wir mischen uns ein – obwohl es uns nichts angeht. Wir reden dem anderen etwas ein – was er nicht möchte. Etwas aus – an dem er hängt. Wir fällen Urteile – obwohl uns keiner darum gebeten hat. Und die Königsklasse: Wir geben supertolle Ratschläge, die alles einfacher und besser machen würden. Scheinbar für den anderen. Im Grunde genommen nur für uns selbst. Kurz: Wir nerven.

Schön, dass wir diesen Drang nach Entwicklung in uns spüren. Schade, dass wir andere quälen, anstatt bei uns selbst zu starten. Genug zu tun gäbe es in jedem Fall. In den Spiegel blicken, Dinge identifizieren, die wir verbessern möchten, und diese anpacken. Das ist der Schlüssel für beruflichen und privaten Erfolg.

Oft ist der eigene Spiegel verzerrt oder nahezu blind. Es ist ganz schwer, einen freien Blick auf sich selbst zu erhaschen. Zu viele Reflektoren haben wir im Laufe der Zeit vor unserem Spiegel des Selbst aufgebaut. Unsere Inszenierung steht. Und diese verteidigen wir mit ganzer Kraft. Wir wollen vor uns selbst in einem guten Licht erscheinen, weichgezeichnet, geschönt, überdurchschnittlich.

Ich aggressiv? Niemals. Unkooperativ? Kann nicht sein. Gar inkompetent? Unmöglich.

Auch wenn wir schon viel erfahren und erreicht haben. Auch wenn wir uns optimal selbst managen und unseren Alltag gestalten können.

Auch wenn wir rundum zufrieden mit uns selbst sind: Wir haben alle blinde Flecken, die in der Zusammenarbeit Probleme aufwerfen können. Deswegen hatten es Führungskräfte manchmal nicht ganz leicht mit uns. Und sie haben versucht, uns zu ändern. Auch das war nervig.

Zur Selbstführung gehört, sich jeden Tag etwas weiterzuentwickeln. Jeden Tag zu prüfen, ob das, was man tut, das gewünschte Ergebnis erzielt, oder ob eine andere Art und Weise zielführender sein könnte. Blinde Flecken erschließen sich schwer durch Selbstreflexion. Das ist ihr Wesen. Auch bei aller Aufmerksamkeit bekommen wir eine ganze Menge nicht mit. Deswegen brauchen wir andere Menschen. Ihre Reaktion kann uns die Augen öffnen, wenn wir es zulassen. Denn andere Menschen sind der beste Spiegel für unser Selbst.

Jemand weicht meinem Blick aus. Vielleicht schaue ich ihn zu durchdringend an? Jemand beteiligt sich nicht. Möglicherweise gebe ich ihm keinen Raum? Jemand redet ununterbrochen. Vermutlich fürchtet er meine Fragen? Jemand berichtet nur über Probleme. Betrachtet er meine Einschätzung als zu idealistisch? Jemand sucht Abstand. Komme ich zu nahe?

Jeder Tag bietet unzählige Möglichkeiten, sein eigenes Verhalten zu reflektieren und sich systematisch weiterzuentwickeln. Wenn man das möchte. Setzen wir weniger Energie dafür ein, andere zu ändern, Vorwürfe zu machen oder einen Schuldigen zu finden, haben wir Zeit, um uns selbst zu ergründen. Dann können wir erkennen, dass das Schweigen des Gegenübers nicht unbedingt Zustimmung bedeutet. Auch bedeutet es in den seltensten Fällen, dass unser Redebeitrag genial ist. Oder dass unsere erleuchtete Erscheinung den anderen sprachlos macht.

Eine gewisse Selbstüberschätzung ist psychisch durchaus gesund. Zu viel auf den eigenen Bauchnabel zu schauen und sich kritisch selbst zu reflektieren, kann auch vom Wesentlichen ablenken und uns dazu verführen, uns zu wichtig zu nehmen. Und das entspricht nicht unbedingt der Realität. Gleichzeitig lohnt der Blick auf den eigenen Anteil. Weil dieser oft für uns verborgen bleibt, hilft ein fremder, kompetenter Blick. Für eine gelungene Selbstführung brauchen wir in manchen Lebensphasen oder Situationen Unterstützung.

Aus einer eigenen unreflektierten und emotionalen Sicht heraus beurteilen wir andere oft schlechter, als sie es verdient haben. Wir unterstellen Inkompetenz oder schlichtweg Faulheit und fühlen uns in dem Moment der Unterstellung pudelwohl. Ist der andere abqualifiziert, dann fühlt man sich doch gleich selbst wieder etwas besser. Nahezu aufgerichtet.

Wenn wir so urteilen, haben wir meist nicht das gesamte Licht im Oberstübchen eingeschaltet, das uns zur Verfügung steht. Denn im Schummrigen urteilt es sich deutlich leichter. Das Urteil wird dann zumindest nicht durch Fakten getrübt. Und das ist der Moment, in dem wieder deutlich wird, dass Führung eigentlich das Ziel haben müsste, die Fähigkeit zur Selbstführung zu unterstützen.

Knapp neben der Realität ist auch vorbei

So warten manche Menschen bis heute auf den Prinzen, der auf dem weißen Ross würdevoll heranreitet, oder auf die gute Fee, die Wünsche von den Augen abliest und sie sofort erfüllt. Wir halten an Vorstellungen fest wie Wahnkranke an ihren Stimmen. *»Ich arbeite zuverlässig, also müssen alle anderen auch zuverlässig liefern.«* Ist das realistisch? Vermutlich nicht. Trotzdem legen viele Menschen diese Vorstellung nicht ab. Pünktlichkeit ist eine Zier, aber nicht für jeden. Ehrlichkeit genauso wenig. Außerdem ist es nicht einmal klug, immer offen und ehrlich auszusprechen, was man denkt. *»Und wenn alle nachdenken würden«*, wie viele Menschen gebetsmühlenartig erbitten, wären wir vermutlich auch nicht weiter. Denn andere Personen haben genauso nachgedacht wie wir selbst. Sie kommen einfach nur zu einem anderen Ergebnis.

Wir leben in einer Welt von Vorstellungen. Darum denken und planen wir nicht selten an der Realität vorbei. Wir schätzen Zeiten und Abstimmungsprozesse falsch ein. Wir planen auf der Basis von unrealistischen Voraussetzungen und Annahmen und sind enttäuscht, wenn die Dinge nicht so laufen, wie wir uns das vorgestellt haben.

Die eigene Wahrheit hat mit Objektivität nichts zu tun. Und trotzdem halten wir daran fest. Auch wenn wir eigentlich wissen, dass sich Dinge immerzu verändern. Wir leben in unserer eigenen Welt.

Manchmal braucht es einen sanften Schubs von außen, um zu erkennen, dass wir knapp danebenliegen. Nicht alles, was wir denken, trifft zu. Manchmal hilft es, wenn uns jemand aufmerksam macht und uns zu einer guten Selbstführung zurückbringt, indem er uns einfach fragt: »*Merkste was?*« und uns dann dabei unterstützt, in Optionen zu denken: »*Wie magst du damit umgehen? Was kannst du jetzt tun?*«

There is no such thing as a free lunch (TINSTAAFL)

TINSTAAFL wird häufig unterschätzt. Um etwas zu erreichen, das wir haben wollen, müssen wir investieren. Auch wenn wir es lieber umsonst hätten. Und manchmal müssen wir sogar etwas aufgeben, was wir gerne mögen. Für einen guten Job müssen wir pünktlich zum morgendlichen Stand-up da sein. Aufgeben müssen wir das Ausschlafen. Oder bei einer intensiven Teamarbeit müssen wir uns eng abstimmen, um das gemeinsame Ziel zu erreichen, obwohl wir es anstrengend finden, uns mit anderen zu koordinieren. Einschränken müssen wir dafür die geliebte unabhängige Arbeitsweise oder das zeitvergessene Arbeiten. Für eine gute Abstimmung müssen wir relevante Fakten so dokumentieren, dass andere damit arbeiten können. Es reicht also nicht, die Dinge im Gedächtnis zu tragen und bei passender Gelegenheit auszupacken. Zusatzaufwand, der uns persönlich nicht weiterbringt. Wer mag das schon?

Manchmal kann der Preis ganz schön hoch sein. Und manchmal auch den Arbeitsalltag nachhaltig bestimmen. Diese Kosten gehören zu einer ergebnisreichen gemeinschaftlichen Arbeit dazu. Wer sich gut selbst führen kann, weiß, dass eine Einladung zum Lunch an Erwartungen gekoppelt ist. Denn Erfolg kommt nicht von alleine und Gewinn und Verlust liegen oft nah beieinander. Psychotherapeuten und Coachs fassen das ganz simpel: »*Jede Lösung schafft neue Probleme.*« Also zu warten, bis die ultimative Lösung gefunden ist und man alles, was einem lieb und wichtig ist, integrieren kann, ist vermutlich keine günstige Strategie. Und gleichzeitig können wir jeden Tag wieder entscheiden, ob wir am Lunch teilnehmen möchten, auch wenn wir die Kosten tragen müssen. Auch dieser klare Blick gehört zur Selbstführung.

Am Leben teilhaben zu wollen, kostet seinen Preis. Jeder hat die Wahl, einfach im Bett liegen zu bleiben. Wenn man aufsteht, dann entscheidet man sich dafür, mit allen Unwägbarkeiten, die da kommen, umzugehen. Man entscheidet sich für die Gesetze des Lebens, die auch dann nicht geändert werden, wenn sie uns nicht angenehm sind. Wer Spaß haben will, muss auch den Preis bezahlen. Wer sich verliebt, riskiert eine Trennung. Wer gut zusammenarbeiten möchte, riskiert Enttäuschung. Wer sich engagiert, kann frustriert werden. Wenn man das alles nicht haben möchte, dann muss man es lassen. Das Leben.

Da kann es von Vorteil sein, wenn man sich austauschen und die Situationen kritisch reflektieren kann. Neue Ideen zu gewinnen und seine Einstellung zu hinterfragen braucht manchmal einen Spiegel, der nicht der eigene ist. Auch hier ist nicht Führung, sondern die Fähigkeit zur Selbstführung am Werk. Unterstützt durch eine Vertrauensperson. *»Merkste was?«*

Angst treibt

Zugegeben: Angst ist ein großes Wort. Und gleichzeitig steuern Bedenken, Feigheit, Furcht und Angst maßgeblich unser Tun. Unser Organismus ist aufs Überleben programmiert. Das heißt, dass unser Gehirn immer das bevorzugen wird, was sicher und vertraut ist. *»Ein neuer Prozess soll eingeführt werden? Warum? Der alte funktioniert doch prima. Klar kann man mit ihm einiges nicht abbilden. Aber: Braucht man das wirklich?«* Wenn Angst ins Spiel kommt, dann reden wir uns raus. Wir finden und erfinden sehr kreativ Gründe, warum das Neue, das Fremde nicht funktioniert. Unser Gehirn wünscht das Altbewährte und damit basta. Jede Umstellung kostet Energie und birgt die Gefahr, dass die Dinge nicht mehr so funktionieren wie gewohnt.

Angst ist oft ein starker Treiber, gleichzeitig aber nicht immer ein guter Berater. Angst entsteht immer dann, wenn die körperliche Unversehrtheit bedroht wird. Aber auch ein Angriff auf die eigene Inszenierung und auf die Selbstachtung löst Angst aus.

Wir alle haben eine konkrete Vorstellung davon, wie wir sein und vor allem wirken möchten. Wir empfinden uns als fair, ausgeglichen, interessiert, klug, haben das Gefühl, autonom arbeiten zu können usw. Wenn uns jetzt jemand oder etwas in den Weg kommt, der oder das dieses Selbstbild gefährdet, löst das Angst aus, die dann in Aggression mündet (»Was bildet der sich ein«) oder in den Rückzug führt (»Ich muss hier nicht arbeiten«). Unsere eigene Inszenierung ist ein filigranes Netz von Vorstellungen über uns selbst. Sie besteht aus positiven wie negativen Zuschreibungen, die wir uns selbst, aber auch andere uns gegeben haben.

Im Grunde genommen wissen wir bereits, dass einiges davon nicht zutrifft. Aber wir erhalten dieses Selbstbild gerne aufrecht – auch den negativen Anteil. Und weil wir wissen, dass unsere Vorstellung von uns selbst nicht zu 100 Prozent zutrifft, reagieren wir empfindlich bis ängstlich, wenn wir spüren, dass andere das auch merken. Und dann setzen sofort die Mechanismen zur Angstbewältigung ein, die oft ungünstig wirken.

Angst kann bei risikofreudigen Persönlichkeiten auch den bestimmten Kick im Leben auslösen. Die Konfrontation mit einer gefährlichen Situation und die Überwindung derselben befreien in diesem Moment von der Angst und erzeugen ein Gefühl der Stärke. Deswegen fädeln manche Menschen erst gefährliche Situationen ein, um sie dann souverän lösen zu können. Man denke an die bekannte Rolle des internen Feuerwehrmanns, der seine Psyche damit zufriedenstellt, Feuer zu legen, um es zu löschen. Tatsächlich die Augen offen zu halten, auch wenn uns unser Spiegelbild nicht gefällt, ist gar nicht so einfach. Gleichzeitig ist diese Fähigkeit der Schlüssel.

»Ich erlebe mich als fair. Gerade erlebe ich aber, dass sich die Kollegin unfair behandelt fühlt. Das kann doch nicht sein.« Die einfachste Reaktion ist nun: »Dann schätzt sie die Lage falsch ein, dann versteht sie es nicht, dann überschätzt sie ihre eigenen Fähigkeiten ...« Die reifere Variante wäre: »Wenn an dem, was die Kollegin rückmeldet, etwas dran wäre, was könnte das sein?«

Suchen wir, dann finden wir. Manchmal kommt man nicht gleich drauf. Es braucht etwas Zeit und Muße, um sich mit diesen Fragen zu beschäftigen. Ein Spaziergang allein durch Feld und Wiesen kann manchmal Aufschluss bringen. Aber auch ein Gespräch mit einer vertrauenswürdigen Person. *»Merkste was?«*

Bereits in der Antike haben sich die Menschen mit dem Thema Führung und vor allem Selbstführung beschäftigt. Ein positives Machtstreben wurde aus Sicht der Philosophen immer von Tugenden begleitet. Vor allem Tapferkeit, Maß und Klugheit wurden hier immer wieder hervorgehoben. Dabei geht es nicht nur um die militärische Stärke. Im Unternehmen tapfer zu sein, bedeutet, mutig Verantwortung zu übernehmen. Und mutig meint, dass die inneren Bilder und Einstellungen mit der Realität übereinstimmen.

Der Mutige kennt seine eigenen Kräfte, er über- und unterschätzt sich und andere nicht. Er ist in der Lage, Müdigkeit wahrzunehmen, und weiß, dass er am falschen Thema ist, wenn er im Meeting anfängt zu gähnen (es sei denn, es fehlt Luft oder das Mittagessen war zu schwer). Der Mutige nimmt sich die Pausen, die er braucht, um seine Leistungsfähigkeit zu erhalten, und folgt seinem inneren Rhythmus. Mut, Maß und Klugheit – dieser Dreiklang wird zur Basis der Selbstführungskompetenz, die durch keine Führung von außen ersetzt werden kann.

Kurz und knackig

- Selbstführung als Kernkompetenz ersetzt zukünftig mittlere Führungsebenen.

- Ein realistisches Selbstbild ist die Basis.

- Selbstführungskompetenz bedeutet, mit Angst umgehen zu können.

Führung folgt der Kompetenz – Geschäftsführung mit Experten

Der erste Cocktail schmeckt richtig gut und hebt die Stimmung. Und weil er so gut schmeckt, ist er auch schnell weg und es dürstet uns nach einem zweiten. Den zweiten trinken wir schon langsamer und bemerken meist auch schon eine Wirkung. Vor allem, wenn wir uns vom Stuhl erheben, ins Sonnenlicht treten oder intensiv nach einem Wort suchen, das uns doch immer so leicht über die Lippen sprang. Schwere beginnt sich auf die Gedanken zu legen. Schnelligkeit und Wendigkeit gehen verloren. Gedanklich und körperlich. Und der dritte ist dann einfach zu viel. Uns wird alles egal. Ein Zuviel gibt es in jeder Hinsicht. Kritische Größen, wohin man schaut. Das betrifft die Erdbevölkerung genauso wie einzelne Arten im Ökosystem oder die Aufmerksamkeit eines Lehrers oder die Ferien. Wenn es zu viel wird, geht etwas kaputt. Einer Gruppe von zwölf Schülern kann ein Lehrer optimal gerecht werden, 20 sind schon viele und bei 30 kennt er manche Schüler auch nach einem Jahr Unterricht nicht richtig. Selbst von Ferien kann man genug bekommen. Drei Tage nichts tun ist wundervoll. Je nach Typ können sieben oder 14 Tage schon zur Qual werden. Und den ganzen Tag das zu tun, was man möchte, ohne sich eine Aufgabe vorzunehmen oder ein Ziel zu verfolgen, ist für viele Menschen nicht interessant. Wir können in jedes Fachgebiet hineinschauen. Es gibt optimale Maße. Es gibt ein Zuviel und ein Zuwenig und ein optimales Maß. Und ein Zuviel hat immer Folgen.

Große Unternehmen mit vielen Tausend Mitarbeitern sind im Grunde genommen nicht mehr steuerbar. Auch nicht durch stabile Standards und Prozesse, wie viele Manager annehmen. Denn diese sind bei der genannten Größenordnung automatisch redundant und widersprüchlich. Das kann man schon bei Unternehmen mit 2000 Mitarbeitern beobachten. Es ist nicht möglich, die unternehmensinternen Prozesse aufeinander abzustimmen und dabei alle Vorgaben und Regularien zu berücksichtigen, ohne gegensätzliche Anweisungen zu erzeugen.

Auf der einen Seite darf nicht länger als zehn Stunden gearbeitet werden. Auf der anderen Seite sollen mindestens sechs Kunden täglich besucht werden. Und aus Sicherheitsgründen darf im Auto nicht telefoniert werden, auch nicht mit Freisprechanlage. Da wird es schon eng und an manchen Tagen klappt das einfach nicht. Denn wenn sich der Mitarbeiter für eine Telko auf einen Parkplatz stellt, dann schafft er einen Kundenbesuch weniger oder überschreitet sein Zehnstundenlimit. Genauso sollen Kunden optimal nach ihren Bedürfnissen beraten werden, gleichzeitig gibt es aber Verkaufsvorgaben für bestimmte Produkte und Dienstleistungen. Was sich anfühlt wie eine gedankliche Querschnittslähmung, erfordert eine gute Portion Ambiguitätstoleranz und die Fähigkeit, mit widersprüchlichen Anweisungen umzugehen. In solchen Fällen greifen wir auf Niklas Luhmanns systemischen Ansatz »Brauchbare Illegalität« zurück. Sich zu entschuldigen ist besser und weniger folgenreich, als Kunden gegenüber handlungsunfähig zu werden.

Soll eine Einheit steuerbar bleiben, darf sie eine gewisse Größe nicht überschreiten. Nicht dass es in kleinen Einheiten keine Ambiguitäten gäbe. Aber sie bleiben zumindest überschaubar und handhabbar. Genau wie die Kompetenz zur Selbstführung in kleinen Einheiten stärker genutzt wird.

Platon hat in seiner Diskussion um den idealen Staat genau 5040 Menschen vorgeschlagen. Seiner Meinung nach sind größere Staaten nicht regierbar. Der ideale Staat spiegelt aus seiner Sicht die menschliche Seele, damit die Struktur dem Menschen entspricht. Dafür bildet er vier Kategorien:

- Weisheit
- Tapferkeit
- Selbstbeherrschung
- Gerechtigkeit

Alle vier Kategorien leiden bei einer größeren Anzahl von Menschen. Es ist nicht mehr möglich, mittels Vernunft zu regieren. Aus Platons Sicht ist es mit zunehmender Größe auch schwierig, ein Volk durch tapfere Krieger zu verteidigen. In größeren Gruppen, so mutmaßt er, verlieren Menschen eher ihre Selbstführung und lassen sich gehen. Denn die Aufmerksamkeit gegenüber dem Einzelnen lässt nach.

Und auch Gerechtigkeit ließe sich durch die Überschreitung dieser Zahl nicht mehr gewährleisten. Masse zerstört Tugenden. Man muss das Gefühl haben, nahezu alle Beteiligten kennen zu können – zumindest wissen, aus welchen Familien sie stammen, um einen guten Staat führen zu können.

250 sind optimal

Ähnlich kann man das für Unternehmen denken. Je größer ein Unternehmen wird, umso weniger wird es steuerbar, da auch hier die Basiskriterien für den unternehmerischen Erfolg nicht mehr tragfähig umgesetzt werden können. Die Erfahrung zeigt, dass gut funktionierende Einheiten bis etwa 500 Personen fassen. Als Unternehmensleitung reicht eine Gruppe von zwei bis vier Personen aus. Nähert sich die Anzahl der Mitarbeiter 1000, nehmen Redundanzen und Widersprüche überproportional zu.

Folgt man Yuval Noah Harari, dann ist das Besondere an Menschen, dass sie große Gruppen steuern können. Aber schon 150 Personen halten nicht von alleine zusammen. Es braucht eine gemeinsame Geschichte, etwas, an das alle glauben und wofür sie bereit sind, ihre Energie und Arbeitskraft einzusetzen. Gelingt das, dann wird die Gruppe von innen heraus stabil. Das zeigen uns Staaten und Religionen. Erst kommt die Ideologie, dann die Gruppe.

Es ist kein Geheimnis, dass der Mittelstand rentabler wirtschaftet als Großunternehmen. Darauf weisen Unternehmensberater immer wieder hin und ermutigen Konzerne, sich in kleineren autonomen Einheiten zu organisieren. Da die Vorstellung von Größe sehr eng mit der Vorstellung von Macht verbunden ist, haben große, am besten weltumspannende Strukturen für Menschen einen enormen Reiz. Auch wenn sie disfunktional sind und viele Ressourcen verschlingen. Größer erscheint besser und bedeutender.

In der Geschäftsführung sitzt im Mittelstand meist der Unternehmensgründer, der Ideengeber oder derjenige, der investiert hat und das Risiko trägt. Hinzu kommen die Personen seines Vertrauens, die ergänzende Kompetenzen mitbringen. Würde man ein größeres Unternehmen in diese Art Einheiten zerlegen, würde man als Unternehmensführung ebenfalls ein Team einsetzen, das sich durch Kompetenz und im platonischen Sinne durch Weisheit auszeichnet. Wichtig ist, dass der Chefsessel nicht als Sprungbrett missbraucht oder als eine Art Machtgarant fehlinterpretiert wird.

Weisheit bedeutet hier auch, dass keine weitere Führungsebene eingezogen wird, um bereits beschriebene Probleme zu vermeiden. Berichtet wird an die Unternehmensleitung, damit Information die Chance hat, direkt zu fließen, ohne auf ihrem Weg nach oben nach mehreren Schönheitsoperationen und bis zur Unkenntlichkeit entstellt schließlich der Geschäftsführung vorgelegt zu werden. Es braucht kein Mittelmanagement.

Und da Schnelligkeit heute ein Erfolgskriterium ist, weswegen man eine optimale technische Infrastruktur benötigt, braucht es eine Vielzahl an Geschäftsführungssitzungen, um strategisch immer mit dem aktuellen Marktgeschehen mitzuhalten. Empfehlenswert sind heute viermonatliche Strategiesitzungen mit der Möglichkeit von drei Kurskorrekturen pro Jahr, zu denen die jeweils relevanten Spezialisten und Experten aus dem ganzen Unternehmen eingeladen sind. Manchmal sind einzelne Personen erforderlich, ein anderes Mal ganze Teams. Das hängt vom thematischen Schwerpunkt der Sitzung ab. Alle vier Monate zwei Tage mit entsprechenden Experten die Ausrichtung zu betrachten bringt mehr für ein Unternehmen als ein Mittelmanagement, das Zahlen aufhübscht und der Geschäftsführung vorstellt. Die direkte Information von den Menschen, die tagtäglich für den Kunden etwas entwickeln oder herstellen, ist unschätzbar für die richtige Positionierung am Markt.

Auch wenn eine ganze Reihe oder auch einmal alle Personen erforderlich sind, muss das Unternehmen noch keine unüberschaubaren Summen an Reisekosten investieren und ein großes Happening organisieren. Es gibt inzwischen verschiedene online-gestützte Verfahren zur Meinungsbildung, die mit vielen Personen geteilt werden können. So kann beispielsweise die aktuelle Strategie vorgestellt werden und Fragen dazu können veröffentlicht werden. Zu jeder Frage gibt es dann einen Stream, in dem die Teilnehmer diskutieren können. Die Ergebnisse werden zusammengefasst und es wird darüber abgestimmt. Bewährt haben sich vor allem Verfahren, an denen die Experten und Anwender, manchmal auch vertraute Kunden beteiligt werden. Ausgewählte Kunden in strategische Überlegungen miteinzubeziehen hat ohnehin einen ganz besonderen Charme.

Wenn tatsächlich alle Personen befragt werden, dann kann schon mal der Brexit-Effekt eintreten: Menschen beteiligen sich an Diskussionen und stimmen über Dinge ab, die sie nicht durchschauen. Möglicherweise dominieren dann Emotionen die Diskussion und damit die Entscheidung, die in der Sache unpassend sein können. Aus diesem Grund ist die Geschäftsleitung gut beraten, immer genau zu überlegen, wen sie zu welchem Thema einbezieht.

In den Siebzigerjahren findet sich schon die Idee einer hoch flexiblen, adaptiven, dynamischen, informellen Organisationsform ohne Hierarchien. Der Wirtschaftswissenschaftler Warren Bennis nannte diese Organisationsform 1968 *Adhokratie* und der BWL-Professor Herny Mintzberg übertrug diese Idee auf wirtschaftliche Organisationen.

In dieser Idee gibt es eine Führungsebene und sonst funktionale Teams, die ad hoc zusammengestellt und aufgelöst werden. Es besteht also keine feste Organisation mit Rollen und Zuständigkeiten, sondern es wird für jedes neue Projekt ein eigenes kompetentes und funktionales Team zusammengestellt. Bei der Auswahl der Beteiligten fällt nicht nur die fachliche Kompetenz ins Gewicht, sondern es sind auch andere Fähigkeiten wichtig. Bei Mintzberg gibt es außerdem ein mittleres Management, das zwischen der Unternehmensführung und den Teams vermittelt. Dieses würde in unserem Modell wegfallen. Unternehmenscoachs übernehmen einen Teil dieser Funktion, haben aber einen anderen Schwerpunkt.

Voraussetzung ist eine gute technologische Infrastruktur, die alle organisatorischen Führungsaufgaben übernehmen kann: Algorithmen, die sich um Organisation und Administration kümmern. Das ist heute gegeben. Und morgen erst recht.

Im Zentrum eines modernen Unternehmens steht eine dynamische, organische Struktur, die sich den Notwendigkeiten und Gegebenheiten flexibel anpassen kann. Es gibt sehr wenig Formalien und Prozesse, um den Arbeitsalltag zu strukturieren. Kleine bewegliche Teams arbeiten an bestimmten Aufgaben und schließen diese ab. Danach löst sich das Team wieder auf und sucht sich neue Aktionsfelder. Durch diese flexible Struktur entsteht ein erhöhter Kommunikationsbedarf, der sich durch moderne Medien gut abfedern lässt.

Vorbilder für eine Organisation dieser Art finden wir in *Crowd-sourcing*, *Commons-based-peer-production*, *Jugaad* (Indien), im *Social peer to peer process* und anderen verwandten Ansätzen. Dass es funktionieren kann, wenn gemeinsam in die gleiche Richtung gearbeitet wird, zeigen uns verschiedene Ergebnisse, die auf freiwilliger Basis entstanden sind, zum Beispiel Wikipedia. Ein Ergebnis, das sich sehen lassen kann. Oder auch die Open-Source-Anwendung Libre im Office-Bereich.

Empirisch denken und handeln

Der charismatische Führer, der den Überblick bewahrt, ruhig und souverän durch Wind und Wetter führt und die richtigen Entscheidungen trifft, ist eine veraltete Vorstellung, die immer noch durch die Flure spukt, aber von jungen Menschen nicht mehr ernst genommen wird. *»Wer soll das denn bitte schön sein?«*

In modernen Unternehmen wird Leitung nach und nach unsichtbar. Anzüge sind ohnehin inzwischen out, Krawatten schon lange – vor allem seitdem man weiß, dass sie die Luftzufuhr zum Gehirn minimieren –, und so trägt die Unternehmensleitung die gleichen Jeans, isst gemeinsam mit den Kollegen, fährt das gleiche Auto oder nutzt gar Carsharing. Die Insignien der Macht werden ersetzt durch die Fähigkeit zur Selbstführung und Selbstkritik, durch die Fähigkeit, komplexe Daten zu analysieren und kluge Schlüsse zu ziehen, und durch die Fähigkeit, die Kompetenzen, die das Unternehmen an Bord hat, optimal zur Ergebnissicherung zu nutzen. Moderne Unternehmensführer fragen ihre Experten, diskutieren mit den richtigen Personen und treffen passende Entscheidungen. Sie lernen aus Vergangenem und bilden Hypothesen über eine erfolgreiche Zukunft. Und das gelingt auch ohne Eckbüro, Sekretärin, Bügelfalte und goldene Uhr am Handgelenk.

Eine empirisch ausgerichtete Leitung hat verstanden, dass der wichtigste Produktivfaktor ihre Experten sind, die wie Unternehmer im Unternehmen agieren. Und deswegen arbeitet sie direkt mit ihnen zusammen. Die Unternehmensleitung braucht die Fähigkeit, Markt und Kunden genau zu beobachten und aus dem Verhalten Schlüsse für die eigene Organisation abzuleiten. Durch starke Mitarbeiter steht die Geschäftsführung im Zweifel nicht allein. Und die Aufmerksamkeit geht in alle Richtungen. Die Aufgabe des Managements ist es, die Daten, die es aus den Teams und den Projekten erhält, richtig zu interpretieren. Aus dieser Interpretation wird eine sinnvolle Strategie abgeleitet, die schnellstmöglich Umsetzung findet. Auf der Basis von gegebenen Parametern, Technik und Ressourcen kann dann frei gearbeitet werden. Da sich die Realität so schnell verändert, bleibt es wichtig, sich immer wieder an ihr zu orientieren und entsprechende Daten zu generieren. Das ist die Bauweise des empirischen Managements, das in besonderen Zeiten manche Antworten liefert.

Die Unternehmensleitung weiß, dass Experten keine Führung brauchen. Experten verantworten selbst ihre Ergebnisse. Sonst sind sie keine. Sie suchen sich ihre Aufgaben: Wo kann ich einen Beitrag leisten? Was kann ich mit voranbringen? Wie kann ich meine Zeit effektiv einsetzen? Eigeninitiative und Verantwortlichkeit zeichnen das Expertentum aus. Durch das Wechseln der Rollen bleibt die Aufmerksamkeit höher und es passieren deutlich weniger Fehler. Das weiß auch die Lufthansa und besetzt jedes Flugzeug mit einer neuen Crew. Ganz selten fliegt man mit Kollegen, die man bereits kennt. Denn in der Flugsicherheit sticht Kontrolle Vertrauen und ohne das konsequente Vier-Augen Prinzip könnten viele Sicherheitsstandards nicht eingehalten werden. So achten die Kollegen gegenseitig aufeinander und erzielen zuverlässig qualitativ hohe Leistungen. In einem stark geregelten Umfeld, in dem es eindeutig ein Richtig und Falsch gibt, erhöht dieses Verfahren die Aufmerksamkeit der Menschen.

Sobald wir in einen kreativen Bereich wechseln, avanciert Vertrauen untereinander zu einem sehr wichtigen Prinzip. Ein permanenter Wechsel wird ineffektiv. Feste Strukturen wirken auf der anderen Seite gleichermaßen kreativitätshemmend. Wie so oft folgt die Form der Zusammenarbeit dem Ziel, das erreicht werden soll. Form follows function. Auch hier.

Die richtigen Personen zu finden und ihnen zu vertrauen, dass sie ihre Kompetenz zielgerichtet einbringen, macht mittlere Führungsebenen überflüssig. Wenn das Team intensiv miteinander kommuniziert und die Personen häufig genug ihre Teams wechseln oder in mehreren Teams gleichzeitig arbeiten, dann ist eine Vernetzung garantiert. Es braucht dann keine Abteilungsleiter oder Gruppenleiter, die sich in Führungsmeetings untereinander austauschen. Es braucht keine Managementebenen, die sich gegenseitig beschäftigen und damit so ausgelastet sind, dass sie das Auge für Markt und Maß verlieren. Auch ohne drei Cocktails.

Kurz und knackig

- Jedes Unternehmen braucht eine Leitungsebene.
- 250 bis 500 Personen gehören zu einer Organisationseinheit.
- Strukturen sollten dynamisch und organisch sein.
- Expertentum zeigt sich in Initiative und Verantwortung.

Merkste was? Der Unternehmens-coach als Teambegleiter

Kooperation will gelernt sein, sie ist nicht jedem in die Wiege gelegt. Viele Menschen sind zu sehr damit beschäftigt, ihre eigenen Bedürfnisse zu befriedigen. Das lastet sie 24 Stunden am Tag aus und sie nehmen andere nicht wirklich wahr. So gibt es den Vertriebsmitarbeiter, dem nicht bewusst ist, wie viele Personen im Innendienst für ihn tätig sind. Oder den Techniker, der sich freut, wenn er eine uralte Maschine repariert, auch wenn die Kosten explodieren. Oder den Buchhalter, der darauf besteht, dem Kunden eine falsche Rechnung zuzusenden, weil der Prozess diesen Sonderfall nicht anders abbilden kann. Jeder Mensch sucht Anerkennung. Jeder in seiner bevorzugten Form. Und jeder ist sich zunächst selbst der Nächste. Was Kooperation genau bedeutet, muss in manchen Köpfen erst etabliert werden.

Selbstreflexion steht nicht bei jedem Menschen auf der täglichen To-do-Liste. Bei manchen Menschen hat man mitunter das Gefühl, dass die Selbstreflexion sogar explizit auf der Not-to-do-Liste steht. Dabei ist sie durchaus erfolgskritisch. Nur wer seine eigenen Anteile kennt, kann sie beeinflussen und sich neu aufstellen. Das gilt für die Unternehmensleitung genauso wie für alle Mitarbeiter. Hier kommt der Unternehmenscoach ins Spiel. Idealerweise ist er gleichermaßen Sparringspartner für Leitung und Mitarbeiter. Bei mehreren Coachs ist er mitunter einer der Kollegen. Möglich ist auch eine rollierende Aufstellung.

Dass die Absichten oft gut sind, die Wirkung aber verheerend, ist nicht jeder Person bewusst. Und ohne ein »Merkste was?« kommen die meisten auch nicht drauf. Die Art und Weise des bisherigen Verhaltens scheint oft die einzige Option zu sein. Eine kluge Alternative kommt vor allem dann nicht in den Sinn, wenn das Verhalten lange geprägt ist und sich gefühlt auch bewährt hat. Verhalten genießt ein Gewohnheitsrecht. Es bleibt bestehen, auch wenn es bereits in den ersten Lebensjahren entstanden ist und im heutigen Kontext nicht

mehr besonders günstig wirkt. Sich schmollend in sein Büro zurück-
ziehen, wenn die Dinge nicht so laufen, wie man sich das vorstellt?
Mal richtig mit dem Fuß aufstampfen und seine Meinung sagen? Bei
jeder Kleinigkeit dem Chef eine E-Mail schicken? Wie sollen Führungskräfte neben allen anderen Aufgaben diese hochdifferenzierte
Arbeit mit Menschen zusätzlich leisten können? Sie verfügen weder
über eine entsprechende Ausbildung noch über die notwenige Zeit,
um sich mit Menschen so auseinanderzusetzen, dass diese sich reflektieren und lernen können.

Lernen, ohne Chef auszukommen

Die Führungskraft im mittleren Management sorgt heute dafür, dass
ihr Team gut arbeiten kann. Sie entlastet das Team von Administration, stellt entsprechende Tools zur Verfügung und organisiert die
Kommunikation. Sie bespricht mit jedem die Ziele, betrachtet Ergebnisse, gibt Feedback. Und das auch dann, wenn sie keine Ahnung
davon hat, was die Person genau tut. In manchen Unternehmen beurteilen Führungskräfte Mitarbeiter, die in Projekten tätig sind oder
Tausende von Kilometern entfernt in einer anderen Organisationseinheit arbeiten – mit einer anderen Sprache, einer anderen Kultur
und durchaus mit einer differenten Vorstellung von einer erfolgreichen Arbeitsweise. Die schwache Basis für ihre Führung führt zu
entsprechenden Ergebnissen. Virtuelles Führen steht hoch im Kurs.
Mitarbeiter, die ihren Chef in Spanien, den USA, Südafrika oder Ja-
pan haben, sind sehr gut in der Lage, sich selbst zu führen. Sonst
würde schon lange nichts mehr gelingen. Und sie genießen es. *»Mein
Chef sitzt in China. Das ist angenehm.«*
  Die Realitäten, denen sich Unternehmen heute stellen und die
sich teilweise auch schon in ihren Strukturen abbilden, widersprechen der klassischen Auffassung von Führung. Eine Führungskraft
ist heute oft schon gar nicht mehr dazu in der Lage, dafür zu sorgen,
dass ihre Mitarbeiter gut arbeiten können. Die Dinge, die sie bisher
leistete, laufen in vielen Unternehmen bereits über Tools, die die Mitarbeiter selbst bedienen. Und das, was an Führung in fluiden Strukturen mit hochkomplexen Aufgabenstellungen gebraucht wird, ist so

spezifisch, dass es überfordert. Die fachliche Führung geht an Experten, denn nur sie können sinnvolle Entscheidungen treffen. Und je nach Fragestellung übernimmt ein anderer Kollege die Diskussionsführung und Entscheidungsfindung in einer definierten Gruppe. Die Führungskraft schaut bestenfalls zu. Wozu?

Was aber immer wieder bei der überwiegenden Anzahl von Mitarbeitern gebraucht wird und nicht von den fachlichen Spezialisten angeboten werden kann, ist eine Unterstützung in der Weiterentwicklung der Selbstführung. Als Basisprinzip wächst die Bedeutung der Selbstführungskompetenz für den individuellen und für den Teamerfolg deutlich an. Wenn gut ausgebildete Menschen gemeinsam etwas erreichen wollen, dann ist der Engpass in der Regel nicht die Fachkompetenz. Es sind die sogenannten »weichen Faktoren«, die heute in aller Härte den Unternehmenserfolg steuern. Wenn man seine Leute in Ruhe arbeiten lassen will und sie nicht durch Ziele, Kontrolle und Beurteilungsgespräche gängeln möchte, dann braucht es einen Experten für das Menschsein, der hier unterstützt. Einen Experten mit einer soliden Ausbildung und Erfahrung. Ein paar Führungsseminare reichen für diese komplexe Aufgabe nicht aus. Dieser Experte ist der Unternehmenscoach.

Dabei geht es gar nicht um das Ziel einer glückseligen Arbeitswelt. Mancher New-Work-Gedanke mutet etwa so an. Es geht vielmehr um eine hohe Funktionalität, die es mit der Komplexität und Geschwindigkeit der Marktveränderungen aufnehmen kann. Dieses »Sich permanent neu orientieren müssen« und »Immer hoch aufmerksam arbeiten« erfordert andere strukturelle Vorgehensweisen als die bisher bewährten, bei denen 90 Prozent der Arbeitsaufgaben durch Regelprozesse definiert werden konnten. Und im kreativen, entwickelnden Bereich ist natürlich schon lange eine andere Führungskultur notwendig. Wissenschaftsbetriebe kennen das Thema seit 50 Jahren.

Da bei gleichem Standard von Technologie und Innovation heute die Art und Weise der Selbstorganisation und der Zusammenarbeit über den Erfolg eines Unternehmens entscheidet, spielt das Thema Selbstführung inzwischen in der ersten Liga. Und da es auf jede To-do-Liste gehört, braucht es eine Person, die es stets aufs Neue draufsetzt. Auch wenn es anstrengend ist, immer wieder in den Spiegel zu schauen.

Selbstführung ist das Thema, das der Unternehmenscoach fokussiert. Denn manche Menschen dürfen erst lernen, ohne Chef auszukommen. Gewohnt, in hierarchischen Strukturen zu arbeiten, fällt es einigen schwer, sich am Team zu orientieren, zu kollaborieren und diszipliniert ihren Beitrag zu leisten. Für andere ist das leichter, weil sie es gewöhnt sind, sich selbst zu führen. Selbstführung besteht neben vielen Details aus vier Elementen, die deutlich die Charakterbildung unterstützen:

- **Selbstwahrnehmung:** die Fähigkeit, die eigenen Gedanken und Emotionen in einem Moment wahrzunehmen, zu verstehen und bei sich zu bleiben, sich einzuschätzen, sich zu fordern, aber nicht zu überfordern, seine Muster zu erkennen und damit umzugehen;

- **Selbstkontrolle:** die Fähigkeit, Aktionen und Reaktionen bewusst zu steuern und zu bewerten, sich selbst Grenzen zu setzen, maßvoll und bescheiden zu agieren, sein Ego und seine Ängste zu kontrollieren;

- **Kollaboration:** die Fähigkeit, die Perspektive anderer Personen einzunehmen und gesunde und produktive Beziehungen zu Kollegen aufzubauen und zu pflegen, sich gleichzeitig durchzusetzen und sein Expertenwissen an der richtigen Stelle einzusetzen;

- **Metaebene:** die Fähigkeit, sich, andere und das Geschehen aus einer professionellen Distanz zu betrachten, um Muster und Mechanismen zu verstehen, zu entschlüsseln und zu gestalten.

Ein Unternehmenscoach nutzt alle vier Themenbereiche. Er beobachtet, reflektiert unter vier Augen oder im Team, gibt Hilfestellung zur Entwicklung in diesen Bereichen und ermittelt Stärken. Vielen Menschen sind ihre Stärken nicht bewusst. Was gut gelingt und einfach geht, nehmen wir meist nicht besonders wahr. »*Kann doch jeder...*« Kann eben nicht jeder. 45 Minuten Wandsitzen? Einfach. Einen Kongress organisieren? Kein Problem. Ein paar gute Ideen fürs Kundenportal entwickeln? Easy. Für den, der es kann.

Selbstwahrnehmung ist der Schlüssel zu den anderen Kompetenzen. Zu wissen, was geht und was nicht, ist die Basis für Entwicklung. Denn nach dieser Bestandaufnahme kann der Mitarbeiter Entscheidungen treffen: Wie kann ich gut arbeiten? Was brauche ich? Und wie kann es für mich weitergehen?

Kompetenter Vertrauter

Der Unternehmenscoach arbeitet fest im jeweiligen Unternehmen und betreut mehrere selbstverantwortliche Teams. Er versteht etwas vom Thema, vom Markt und vom Wettbewerb und hat idealerweise neben der Branchenkenntnis auch fachliche Kompetenzen. Ein Unternehmenscoach in der IT-Branche, der keine Ahnung von Software-Entwicklung, von Betrieb oder von Service hat, wäre genauso fehl am Platz wie ein Unternehmenscoach im Bankenumfeld, der nicht mit Zahlen umgehen kann und nichts von Dienstleistung versteht. Solide Branchenkenntnis und fachliche Expertise sind notwendig, um die verschiedenen Aufgaben im Unternehmen verstehen und einschätzen zu können.

Der Unternehmenscoach nimmt an Geschäftsführungssitzungen teil, um in Strategie, operatives Vorgehen und in alle anderen Überlegungen miteinbezogen zu sein. Darüber hinaus kennt der Unternehmenscoach die Technologie, mit der das Unternehmen arbeitet. Der Unternehmenscoach ist Experte für das Menschsein und hat idealerweise eine entsprechende Ausbildung absolviert. Er blickt selbst auf einige Jahre Tätigkeit in Unternehmen zurück. Idealerweise war er selbst schon Mitglied einer Geschäftsführung.

Der Unternehmenscoach arbeitet für mehrere Teams und gilt als persönlicher Ansprechpartner der Geschäftsführung und für alle Mitarbeiter. Sämtliche Informationen behandelt er streng vertraulich. Er unterstützt Mitarbeiter und Teams dabei, sich selbst optimal zu organisieren, hilft ihnen, einen guten und professionellen Umgang miteinander zu finden, und klärt, falls es zu Konflikten kommt. Als Beobachter sitzt er in Meetings dabei, optimiert das Format, hält den Spiegel zum individuellen Verhalten und zur Teamperformance und gibt kontinuierlich Feedback zur Kommunikation und zum Umgang miteinander. Er sorgt für regelmäßige Boxenstopps für Einzelne und für das Team und kümmert sich darum, dass kontinuierlich gelernt wird und alle Selbstführungskompetenz, Leistungsbereitschaft und Handlungskompetenz weiterentwickeln. Und so geht er immer wieder mit Beobachtungen und Ideen auf einzelne Personen zu: *»Mal wieder Zeit für einen Spaziergang? Könnte helfen.«*

Blick zurück

Was in der Software-Entwicklungsmethode Scrum »Retrospektive« heißt und meint, dass jeder Sprint, also Arbeitsabschnitt, einer Reflexion unterzogen wird, um dem Team die Möglichkeit zu geben, sich permanent zu verbessern, wird in unserem Modell genutzt und zusätzlich auf die einzelne Person übertragen. Teamretros finden regelmäßig statt, besonders nach definierten Abschnitten oder nach Ablauf bestimmter Zeiten. Jedes Teammitglied und der Coach tauschen ihre Beobachtungen, reflektieren kritisch und verabreden sich für die nächsten Wochen. Durch kurze Zeiteinheiten kann hier gut experimentiert werden. Was nicht funktioniert, wird einfach wieder verworfen. Oft hören sich bestimmte Vorgehensweisen in der Diskussion prima an, lassen sich aber nicht umsetzen. Und manches, was zunächst schräg klingt, klappt einfach wunderbar. Zum Beispiel Stehen oder Wandsitzen bei Teammeetings. Genauso regelmäßig reflektiert sich der Einzelne.

Um es im Bild von Systelios-Klinikleiter und Psychotherapeut Gunter Schmid zu formulieren: Der Unternehmenscoach versteht sich als »Realitätenkellner«. Er bietet Sichtweisen an, überprüft kritisch und empfiehlt. Er ist aber nicht weisungsbefugt. Jedes Individuum hat die Freiheit, seine Beobachtungen für sich zu akzeptieren und die gemeinsamen Schlüsse umzusetzen. Gleiches gilt für Teams. Da jeder Zeit mit dem Coach genießt, schärfen alle ihre Wahrnehmungsfähigkeit und ihre Selbstführungskompetenz und damit kommt der Umgang untereinander auf eine andere Ebene.

Der Unternehmenscoach fokussiert das Verhalten am Arbeitsplatz. Wenn private Herausforderungen beginnen, Energie zu binden, kann er auch für einen gewissen Zeitraum zu privaten Situationen beraten.

In Krisen kann die Performance eines Mitarbeiters für einige Wochen unterhalb der Erwartungen liegen. Diese Phase wird auf eine maximale, angemessene Länge beschränkt und Hilfe wird zur Verfügung gestellt. Danach wird wieder die gewohnte Performance erwartet.

Das System schützen

Gewissenhaftigkeit und innere Stabilität nehmen im Alter zu. Das ist die gute Nachricht. Und weil wir mit zunehmender Reife immer mehr Handlungsspielraum bekommen, werden wir unseren Eltern immer ähnlicher. Das klingt paradox, es konnte aber kürzlich in der Zwillingsforschung wiederholt nachgewiesen werden.

Teenager grenzen sich bewusst oder unbewusst von ihren Eltern ab. *»Ich will die Dinge neu und anders machen. Vor allem anders als meine Eltern.«* Dadurch kommen Umwelteinflüsse stärker zum Tragen. Die Peergroup beispielsweise hat eine hohe Relevanz. Der Teenager passt sich an. Auch wenn er zum Beispiel sicher ist, Physik studieren zu wollen, verwirft er diesen Gedanken, weil die Peers Physik uncool finden und der Vater Physiker ist. Laufen diese wichtigen Entscheidungen in die falsche Richtung, werden Studien abgebrochen und ein paar Jahre später, wenn die Abhängigkeit von Eltern und Peergroup nachlässt, erneut aufgenommen. Und dann wird es doch die Physik oder ein verwandtes Fach.

Nach dem Einstieg ins Berufsleben oder bei der Geburt des ersten Kindes nimmt dieses Bedürfnis der Abgrenzung gegenüber dem Elternhaus deutlich ab. Das ist das Startzeichen für die Erbanlagen. Sie schlagen nun durch. Denn Menschen wählen ihren Job, ihr Umfeld und auch ihren Partner nicht zufällig. Auch wenn wir es nicht bemerken, spielen die Erbanlagen mit und weisen uns den Weg, der sich für uns richtig anfühlt. So finden sich gesellige Menschen eher auf Grillpartys, offene Menschen eher in fremden Ländern und freiheitsliebende eher in der Selbstständigkeit. In der Begegnung mit anderen an diesen Orten und in diesen Situationen finden wir Menschen, die sich in ihrem »So-Sein« bestätigen, denn auch sie sind nicht ohne Grund an diesem Ort. So stärkt man sich gegenseitig in seiner Ähnlichkeit und bereitet den Erbanlagen einen soliden Boden.

Ziemlich wahrscheinlich also, dass wir unseren Eltern im Alter immer ähnlicher werden.

Wenn das Verhalten genetisch so determiniert ist, was kann dann ein Unternehmenscoach erreichen? Ein Unternehmenscoach leitet zur Selbstreflexion an, damit eine gute Selbstführung durch den beruflichen Alltag trägt. Er überprüft die Haltung und achtet darauf, dass sich Menschen nicht selbst im Weg stehen. Oft sind es nicht die anderen, die den Weg versperren, auch wenn es sich für die betreffende Person so anfühlt. Der Coach trainiert das Erkennen und die Flexibilität im Denken und im Verhalten. Er sorgt dafür, dass jede Person verschiedene Optionen hat und sich bewusst für eine dieser Optionen entscheidet und wahrnehmen kann, welches Ergebnis sie damit erzielt. Auf der Basis der Genetik gibt es deutliche Varianz. Erbanlagen können an- und abgeschaltet werden. Proteine machen es möglich.

Darüber hinaus kümmert der Coach sich um die Handlungskompetenz und die Arbeitsfähigkeit im Team. Er ist verantwortlich für die Entwicklung im Sinne des Individuums, im Sinne des Teams und im Sinne des unternehmerischen Erfolgs. Er sorgt dafür, dass die Menschen und damit die Organisation flexibel, leistungsbereit und handlungskompetent bleiben, und verhindert, dass die Mitarbeiter die Organisation nutzen, um ihre psychischen Bedürfnisse zu befriedigen. Auch wenn man in manchen Organisationen das Gefühl hat, dass dies der geheime Zweck der Unternehmung sei. Der Coach stoppt sofort, wenn Menschen versuchen, das System zu missbrauchen, um sich besser, größer und schöner zu fühlen. Er macht aufmerksam, bietet Alternativen an und unterstützt Individuen in ihren Entwicklungsprozessen. Der Unternehmenscoach zeigt aber auch Grenzen auf, wenn jemand sich nicht bewegen möchte und damit die Organisation und andere Menschen Kraft kostet.

In einem anspruchsvollen Marktgeschehen brauchen Organisationen Mitarbeiter, die souverän, selbstbestimmt, ergebnisreich, flexibel und kollaborativ arbeiten können. Dafür können Führungskräfte nicht ausreichend sorgen.

Kollaborativer Minimalismus

Der erste Geiger dreht sich um zum zweiten Geiger: »*Schön, dass Sie so gut Geige spielen können. Sie sollten aber nicht besser spielen als ich.*«

Der erste Geiger gibt den Ton an. Das ist die Regel. Auch wenn der zweite Geiger eine andere Interpretation der Musik bevorzugt, stört er die Harmonie, wenn er anders spielt. Das macht der erste Geiger hier deutlich. Streng hierarchisch sind die meisten Orchester aufgebaut und auf dieser Hierarchie basiert das Zusammenspiel.

In unserem Modell würden die Geiger gemeinsam eine Interpretation festlegen. Diese würde nicht einfach durch den hierarchiehöchsten entschieden werden. Sobald diese gemeinsame Interpretation festgelegt ist, wird sie verbindlich umgesetzt. Damit diese Art von Kollaboration funktioniert, braucht es drei Basiselemente:

1. Timeboxing
2. Kollaboration
3. Verbindlichkeit

Das erste Element stellt sicher, dass in einer angemessenen Zeit ein Ergebnis gefunden wird. Lange Diskussionen sind enorm kräftezehrend und verderben eher den Spaß an einer Zusammenarbeit. Das konsequente Einhalten eines festen Meetingzeitfensters diszipliniert die Redebeiträge und hält den Geist wach und frisch. Zum *Timeboxing* gibt es tatsächlich keine Alternative.

Timeboxing muss durchaus eingeübt werden, da diese Art des Umgangs miteinander in Schule und Ausbildung nicht unbedingt trainiert wird. Die Herausforderung für den Unternehmenscoach besteht darin, alle Mitarbeiter auf diese Methode vorzubereiten und zu trainieren, bis sie schließlich auch ohne seine Unterstützung funktioniert. Sein Ziel ist, dass das Team unabhängig von ihm optimal zusammenarbeitet und hervorragende Ergebnisse erzielt. Wenn in einem Statusmeeting Teilnehmer ihr Statement etwa beginnen mit »*Lass mal überlegen, was war denn letzte Woche. Eigentlich gab es nichts Besonderes. Ach doch, jetzt fällt mir eine Kleinigkeit ein …*«, dann kriegen die anderen Meetingteilnehmer nicht nur Pickel, sondern es vergeht ordentlich die Lust am Zuhören. Jedes Katzenvideo ist jetzt spannender als der Bericht des Kollegen.

In letzter Zeit entsteht zunehmend eine Kultur der minimalistischen Kommunikationsform. Universitäten veranstalten ganze Slam-Sessions zu *3MT* (Three Minute Thesis). In diesen Sessions kann jeder seine Abschlussarbeit in drei Minuten mit genau einem Chart vorstellen. Der beste Redner wird anschließend gekürt. Auch gibt es neuerdings Kongresse mit einem ähnlichen Format: Kein Vortragender erhält mehr als fünf Minuten Zeit, um seine Ideen zu transportieren. Das Ergebnis: Eine enorme Vielfalt an Themen und Ideen kann an einem Tag miteinander geteilt werden.

Um in drei Minuten eine Forschungsarbeit darstellen zu können, muss der Redner tatsächlich in der Lage sein, die Message auf den Punkt zu bringen. Labern wird immer weniger toleriert. Icons statt Text – das ist der Trend. Und ausufernde Darstellungen und Redeanteile werden immer weniger mit Aufmerksamkeit belohnt. Wenn nach 1,30 Minuten nichts Interessantes transportiert wird – manchmal auch schneller –, ist die Aufmerksamkeit wieder beim Smartphone, auf dem es immer etwas Neues zu entdecken gibt. Menschen sind neugierig. Und die Konzentrationsgeübtheit nimmt ab.

»Viel hilft viel« ist an dieser Stelle die falsche Hypothese. Viele Argumente überzeugen nicht mehr als wenige richtige. Lange Reden nicht mehr als prägnante. Viele Informationen nicht so sehr wie relevante. Die Flut an Information und Kommunikation, die uns umgibt, macht es notwendig, sich zu fokussieren. Und das gelingt vielen Menschen ziemlich gut. Wir schalten einfach ab, wenn es anstrengend wird. Auch bei der eigenen Führungskraft.

Das zweite Element betrifft die Diskussionskultur. Eine *kollaborative* Auseinandersetzung zu einem Thema steht unter dem Motto der Ko-Konstruktion von Wissen oder Informationen. Und daraus abgeleitet werden Entscheidungen gefunden. Das gelingt nur dann, wenn keiner der Teilnehmer die Wahrheit für sich beansprucht. Leider glauben die meisten Diskussionsteilnehmer, es gäbe eine Wahrheit. Und dann denken viele auch noch, sie persönlich würden sie besonders gut kennen. Ach ja.

In einer kollaborativem Interaktion geht es darum, für das Unternehmen, das Thema und das Team die beste Lösung zu finden. Individuelle Interessen haben hier keinen Platz. *»Produktlaunch* *im November? Schlecht. Da habe ich schon Urlaub gebucht!«* Immerhin kommt in diesem Fall der tatsächliche Grund auf den Tisch. Meist wabern die Argumente drum herum und der November wird verworfen. Warum, weiß dann keiner so richtig. Aber die persönlichen Interessen haben sich durchgesetzt. Besser wäre es, die Kompetenz auf einen Kollegen zu übertragen, das Produkt zu launchen und in den Urlaub zu fahren. Das ist vielleicht nicht einfach, aber meist gibt es mehr Wege, als man zunächst wahrnehmen kann.

Für eine kurze, intensive kollaborative Interaktion testet der Coach verschiedene Formate mit dem Team und empfiehlt das Format, das für dieses Team zum entsprechenden Thema das zielführendste ist. Mit der Zeit gewinnt das Team an Erfahrung und wählt zunehmend selbst die beste Interaktionsform. Sobald neue Personen zum Team hinzustoßen, wird die Interaktionsform wieder überdacht und an die neuen Personen angepasst. Denn eine gewählte Form passt nur für die Teammitglieder, die sie für ein bestimmtes Thema und ein bestimmtes Ergebnis gewählt haben.

Zum dritten Element *Verbindlichkeit: »Einer Vereinbarung zuzustimmen ist das eine, die verbindlichen Umsetzung das andere.«* Der Schlaumeier bringt es auf den Punkt. Menschen, die keine Lust haben, zu diskutieren, halten oberflächlich die Zusammenarbeit am Laufen und machen im Nachgang genau das, wozu sie Lust haben. Erst zustimmen, dann nichts tun. Das funktioniert in unserem Modell nicht. Und wenn jemand das versucht, wird er vermutlich zu einem Spaziergang eingeladen.

Das große gemeinsame Ziel

Was für die Evolution gilt, passt auch für ein Unternehmen: Was sinnvoll und erfolgreich für die Gemeinschaft ist, fühlt sich für den Einzelnen nicht immer passend und gut an. Was sich nachvollziehbar anhört, führt in Unternehmen aber manchmal zu Konflikten. Denn es wird erwartet, dass persönliche Bedürfnisse gemeinschaftlichen Zielen untergeordnet werden. Und das fällt manchmal ganz schön schwer. Bei Licht betrachtet ist zwar jedem klar, dass der Zweck des Unternehmens nicht heißt *»Lieschen Müller muss sich wohlfühlen«*, doch manchmal hat man schon das Gefühl, das viele insgeheim so denken: »*Wenn ich mich wohlfühle, läuft's prima.*« Wenn es so einfach wäre. Damit jeder lernen kann, die unternehmerische Situation einzuschätzen und die Wirkung seiner Handlungen abzulesen, braucht es die Transparenz der Unternehmensdaten. Und mit diesen kann dann jeder lernen, unternehmerisch zu denken.

Etwas Nachhilfe benötigt mancher Mitarbeiter, wenn eine Software ausgetauscht wird, obwohl sie leicht zu bedienen war und die Funktionalität abbildete, die er brauchte. An anderer Stelle gab es aber Schnittstellenprobleme und mancher Kundenwunsch konnte nicht dargestellt werden. Oder es wird ein Mitarbeiter aus einem Projekt herausgerufen, in dem er sich persönlich sehr wohlgefühlt hat und gerne länger geblieben wäre, weil an anderer Stelle dringend seine Kompetenz benötigt wird. Oder zwei Bereiche werden zusammengelegt und müssen nun ihre Kompetenzen zusammenbringen, obwohl sie sich getrennt auch sehr wohlgefühlt haben. Beispiele gibt es viele. Mit den entsprechenden unreflektierten Frustrationen, die zu Kündigungen führen können.

Sie zu betrachten und neu zu interpretieren führt nicht nur dazu, dass sich Menschen weiterentwickeln, sondern auch dazu, dass sie länger im Unternehmen bleiben möchten. Auch wenn es nicht immer nach ihrer Nase läuft. Aufgabe des Unternehmenscoachs ist es, dafür zu sorgen, dass im Denken und Handeln der Einzelnen übergeordnete, unternehmerische Ziele immer präsent sind und die Richtung geben. Und zwar persönlichen Bedürfnissen und Interessen übergeordnet. Manche Organisationen verschwenden Ressourcen, weil sich ihre Mitglieder in der einen oder anderen Art gemütlich einrichten und sich ein Umfeld schaffen, in dem sie persönlich angenehm arbeiten können. Dabei kann der unternehmerische Erfolg schon mal aus den Augen verloren werden. Auch bei Führungskräften.

Jeder in seiner Rolle …

… und doch aufmerksam auf das Ganze. Das ist das Ziel. Rollenklarheit hilft, um schnell Arbeitsergebnisse zu erreichen. Rollenklarheit bedeutet aber nicht, dass eine Rolle für Monate oder gar Jahre festgeschrieben oder an eine Person gebunden ist. Die Rolle ist nur einfach klar.

Wenn eine Person die Prinzessin spielt, dann kann sie nicht gleichzeitig der Drache oder der Ritter sein. Was aber nicht heißt, dass vielleicht eine Person für die ersten zwei Stunden die Prinzessin spielt, anschließend den Drachen und am Nachmittag den Ritter, wenn das für das Projekt bedeutsam ist. Rollenklarheit bedeutet nur, dass es an eine Rolle klare Erwartungen gibt, an denen sich die anderen Rollen orientieren. Dabei ist es wichtig, aushalten zu können, dass ein Kollege die andere Rolle füllt, die man auch spannend findet und bei der man gerne mitmischen würde. Eine Prinzessin, die Feuer spuckt, wirkt eher ungünstig.

Die innere Spannung auszuhalten und sich an ihrer Rolle zu orientieren ist besonders für gewissenhafte und zur Perfektion neigende Menschen eine große Herausforderung, die sie oft alleine nicht ausreichend stemmen können. Zu verführerisch erscheinen Feuer, Pferd oder die hübschen Kleider. Besonders dann, wenn wir das Gefühl haben, die Kollegin bringe das schöne Kleid gar nicht richtig zur Geltung, der Kollege könne nicht reiten oder spucke das Feuer in die falsche Richtung. Manchmal resultiert das allzu große Interesse an anderen Rollen auch aus einer Langeweile heraus oder aus zu großer Routine. Manche nehmen an, der Kollege habe die Rolle nicht richtig verstanden. Er sollte doch den bösen Drachen übernehmen, nicht den schmusigen, knuffigen Drachen, der nur leicht raucht und mit seinem Feuer eine Kerze anzündet.

Dabei ist es durchaus erwünscht, seinen Input zu geben, aber die Rolle zu wechseln und die Erwartungen nicht mehr zu erfüllen passt nicht. Auch wenn sich hier eine Stärke offenbart. Eine Rolle schützt also nicht vor den Persönlichkeitsanteilen, die im Moment nicht gefragt sind. Deswegen müssen diese Persönlichkeitsanteile aktiv geführt werden. Im Idealfall von der Person selbst. Oder mit Unterstützung des Unternehmenscoachs. *»Gute Idee. Ist aber nicht deine Baustelle. Richtig?«*

Haltung führt

Kultur ist ein echter Wettbewerbsvorteil. Das legen die Ergebnisse einer Umfrage des Wirtschaftsprüfungsunternehmens Deloitte nahe. 82 Prozent von 7000 international befragten Führungskräften aus Human Resources und Unternehmensleitung teilen diese Auffassung. Kultur als Vorteil. Das sagt sich so leicht. Aber wie kommt man zu einer guten Kultur? Und wie erhält man sie?

Wenn wir ein Unternehmen betreten, spüren wir sofort, wie es »tickt«. Schon beim ersten Kontakt mit dem Unternehmen, sei es am Telefon, per Mail oder beim Betreten des Gebäudes, weht ein besonderer Wind, der die Unternehmenskultur dem Besucher zuflüstert. Räumlichkeiten und Ausstattung sind genauso Teil dieser Kultur wie der Umgangston untereinander, die Freundlichkeit gegenüber Kunden und die Auffassung von Service. Auch das leise Stimmengewirr im Hintergrund, das von Lachen durchsetzt sein kann, konzentriertes Schweigen oder geschlossene Türen und lange Gänge tragen zum Gesamtbild bei. In hierarchischen Unternehmen sind Chefs nicht sichtbar.

Eine Unternehmenskultur ist ein Wertesystem, das durch Haltungen definiert ist und transportiert wird. Um in den dargestellten freien und kollaborativen Formen miteinander arbeiten zu können, braucht es eine besondere Haltung als Voraussetzung. Haben alle Mitarbeiter diese Haltung verinnerlicht, dann fällt eine optimale Zusammenarbeit vergleichsweise leicht. Wenn man versucht, die Haltungen zusammenzustellen, die dafür relevant sein könnten, erzeugt man schnell sehr lange Listen. Und wenn man dann nochmals darüber nachdenkt, wird die Liste noch länger.

Lange Listen langweilen. Sie werden vergessen. Zieren bestenfalls noch die Gänge. Deswegen liegt die Kunst in der Verkürzung und in der Relevanz. Wenige gemeinsame Werte schaffen eine gemeinsame Haltung, die eine Zusammenarbeit ermöglicht.

Da sich viele kluge Köpfe bereits darum bemüht haben, solche wenigen, aber relevanten Werte aufzuspüren, fangen wir hier nicht von vorne an, sondern schauen einer Methode über die Schulter, die schon einige Jahre erfolgreich praktiziert wird und die ebenso auf autonomen Teams basiert. Die agile Methode Scrum aus der IT-Produktentwicklung, die sich inzwischen in weiten Bereichen des

Projektmanagements wiederfindet, gibt sich beispielsweise folgenden Wertekanon:

- Mut
- Respekt
- Commitment
- Offenheit
- Fokus

Diese Handvoll Werte hat es in sich. Wir sind ja keine Bots und deswegen ist es unrealistisch, bei jeder E-Mail oder jedem Arbeitsschritt zu überprüfen, ob alle Werte berücksichtigt sind. Wenn die Werte der Haltung der Individuen entsprechen, dann reicht das aus. Denn die Haltung steuert auch unbewusst das Handeln. Unternehmen, die einen solchen Wertekanon umsetzen, investieren zu Beginn einige Zeit, damit sich die Mitarbeiter an diese Art Selbstcheck gewöhnen. Wenn ein Unternehmen das wirklich ernst nimmt, dann begleitet es seine Mitarbeiter von Anfang an ganz intensiv. Auch mit Einzelgesprächen. Und die finden nicht nur mit dem Coach statt. Hier ist auch die Unternehmensleitung gefragt, die Geschichten erzählt. Geschichten, die die Kultur transportieren. Sie zeigen, was in der Vergangenheit gut und schiefgelaufen ist, und weisen darauf hin, welches Verhalten erwartet wird, ohne es explizit zu fordern.

Geschichten werden so lange transportiert, bis der innere Scan automatisch abläuft. Das Schöne an einem Wertekanon dieser Art ist, dass er vor allem im Konfliktfall einen Maßstab für Urteile bietet. Sollten Unstimmigkeiten auftreten, kann sich ein Individuum oder ein Team immer wieder an diesen Haltungen selbst messen, um zu klären, ob gerade die richtige Wahl getroffen wurde. Auch hier unterstützt der Unternehmenscoach, wenn die Person oder das Team selbst nicht weiterkommt. Werte sind stärker als Aufgaben. Sie sorgen dafür, dass die Menschen nicht einfach nur arbeiten, sondern bewusst die Art und Weise reflektieren. Ein Plakat zu drucken und es aufzuhängen reicht nicht aus. Im Gegenteil. Es wirkt nahezu lächerlich, wenn hohe Werte auf Plakaten formuliert werden, die im Alltag mit Füßen getreten werden. Geschichten, und dazu gehören auch Dinge, die nicht besonders funktioniert haben, formen das Urteilsvermögen.

Morgendlicher Check im Badezimmerspiegel

Morgens, wenn wir aufstehen, ist die beste Gelegenheit, die eigene Haltung zu überprüfen. Geschieht das nicht bewusst, macht unser Gehirn das, wozu es da ist: Es erhält unsere Körperfunktionen aufrecht und sorgt dafür, dass wir uns um Schutz und Sicherheit kümmern und Spaß haben. Mehr erst einmal nicht, jedenfalls nicht freiwillig. Erst, wenn wir uns aktiv bewusst werden, dass wir eine lebendige Haltung annehmen wollen, können wir mit den späteren Ereignissen des Tages umgehen. Wir teilen dann nicht aus, um uns zu schützen, oder entwickeln Ängste, wenn unser Verantwortungsgebiet verkleinert wird. Diese bewusste Entscheidung treffen viele Menschen alleine, andere brauchen dafür Anleitung, weil sie eher davon ausgehen, dass die Signale, die das Gehirn ihnen übermittelt, die treffenden sind, die auch im modernen Arbeitsalltag unterstützen. Dass diese noch auf Wilma- und Fred-Feuerstein-Niveau arbeiten, uns also helfen, den Säbelzahntiger frühestmöglich zu erkennen und die schönsten Beeren zu finden, blenden wir getrost aus und lassen uns leiten. Schade eigentlich. So kommt es, dass viele Wilmas und Freds in Besprechungen sitzen und für die berühmten Ergebnisse sorgen.

Leben ist Bewegung und Austausch. So definieren es Biologen bereits für Einzeller. Und wer das als Basisprinzip verinnerlicht hat, kann schon gut in einem Team arbeiten. Die meisten kritischen Themen im Miteinander sind Haltungsfragen und ein Coach kann Menschen immer wieder dazu auffordern, über diese nachzudenken. Identität und Haltung werden bei jeder Form der Kommunikation und Zusammenarbeit transportiert. Die Aufgabe eines Unternehmenscoachs besteht darin, diese konsequent zu hinterfragen und Menschen dazu anzuleiten, ihre Haltung sich und der Umwelt gegenüber weiterzuentwickeln. Was im Unternehmen ganz funktional ist, kann auch privat zu einem fröhlichen und entspannten Leben beitragen.

Menschen klagen immer wieder gerne, wie sich die Dinge in ihren Unternehmen, in ihren Märkten darstellen. Durch das Beklagen ändern sich diese Dinge meistens nicht. Im Gegenteil. Denn die negative Sicht auf die Dinge verfestigt sich im eigenen Kopf so sehr, dass die Person sie zunehmend mit der Realität verwechselt. Der Kopf erzeugt dann Bilder, die es im Unternehmen und im Markt schon lange nicht mehr gibt. Und der Mensch handelt nach dieser selbst erzeugten Fata Morgana, merkt es aber nicht. Hier ist der Coach gefragt, um der Person den Unterschied zwischen der eigens geschaffenen Wirklichkeit und der Realität »draußen« zu vermitteln.

Die Schulung von Haltungen impliziert eine Sensibilisierung der Wahrnehmungsfähigkeit. Je mehr eine Person wahrnehmen kann, umso mehr Handlungskompetenz kann sie entwickeln. Was man nicht wahrnimmt, ist schlichtweg nicht da. Wahrnehmung ist die Basis für alles. Verwunderlich eigentlich, dass ihr im Arbeitsalltag vergleichsweise wenig Aufmerksamkeit geschenkt wird. Im hier beschriebenen Konzept gibt es eine Person – falls der Badezimmerspiegel nicht ausreicht –, die freundlich auf die Schulter tippt: »*Merkste was?*«

Unternehmerische Kompetenzen

Wenn man recherchiert, um herauszufinden, welche Fähigkeiten ein Unternehmer braucht, dann findet man in der Literatur neben der Kompetenz zur Selbstführung vor allem zwei weitere bereits erwähnte Aspekte: Leistungsbereitschaft und Handlungskompetenz. Und da sich eine Mitarbeit in einem Unternehmen, das auf dem Prinzip Selbstführung basiert, in wenigen Aspekten vom selbstständigen Unternehmertum unterscheidet, können diese beiden Fähigkeiten in den Coachingkanon mit aufgenommen werden. Was heißt das nun konkret?

Leistungsbereitschaft zeigt sich in verschiedenen Facetten. Eine wesentliche ist das Interesse am eigenen Fachgebiet, und zwar über die eigentliche Arbeitszeit hinaus. Immer wenn sie etwas Spannendes dazu findet, hat eine leistungsbereite Person den Impuls, sich damit zu beschäftigen, auch wenn gerade Wochenende ist oder sie gerade schlafen gehen wollte. Im eigenen Fachumfeld setzt sich diese Person immer wieder neue und hohe Ziele und setzt viel Energie dafür ein, um diese zu erreichen. Dabei macht es ihr Freude, in einem Thema zu versinken und es gründlich zu erschließen. Alles Neue und jeder Impuls sind für sie genauso interessant, wie das weiterzuentwickeln, was sie bereits kann. Sie bleibt trotz hoher Kompetenz aufgeschlossen und interessiert. Auch am Sonntag. Dabei ist sie mittelmäßig risikofreudig und springt nicht auf jeden neuen Zug auf, sondern prüft genau, bevor sie ihre Arbeit davon beeinflussen lässt.

Bei allem Interesse an Verschiedenem gelingt es dieser Person dennoch, fokussiert zu bleiben und eine Idee so lange weiterzuverfolgen, bis sie erfolgreich abgeschlossen ist oder bis eindeutig klar ist, dass sie von ihr ablassen muss. Sie verzettelt sich nicht im Alltag, sondern fokussiert jeden Tag und jede Woche ein bestimmtes Thema, das sie dann auch in zufriedenstellender Art und Weise vorantreiben kann.

Eine tragfähige *Handlungskompetenz* zeigt sich in einem besonderen Pragmatismus. Handlungsfähige Personen können entscheiden, auch dann, wenn noch nicht alle relevanten Daten auf dem Tisch liegen. Vermutlich sind inzwischen die meisten Themen so kompliziert oder gar komplex, dass es kaum gelingen wird, alle relevanten Daten zu überblicken. Dennoch eine Strategie daraus abzuleiten und entscheidungsfähig zu bleiben kann trainiert werden. Jüngere Menschen wissen ohnehin, dass es nie eine vollständige Analyse geben kann, da sie schon in unüberschaubaren und multikausalen Zeiten groß geworden sind. Für ältere ist es manchmal schwer, die Ursachensuche loszulassen und in die Handlungskompetenz einzusteigen. »Nur mit guter Analyse kann man tragfähige Lösungen bauen.« Was für viele ein Leitsatz ist, stimmt nicht immer. Kostet aber Zeit. Viel Zeit.

Handlungskompetenz zeigt sich besonders dann, wenn etwas schiefgeht oder nicht den Erwartungen entspricht. Eine kompetente Person hat dann sofort Ideen, wie es weitergehen kann und wie sich die Situation managen lässt. Sie ist dazu in der Lage, auch unliebsame Aufgaben direkt anzugehen. Sie schiebt nichts vor sich her, das erledigt werden muss, nur weil sie es nicht gerne macht. Im Gegenteil: Sie bevorzugt diese Aufgabe, damit sie später einen freien Kopf für die wirklich wichtigen Dinge hat, die ihr Spaß machen. Handlungskompetenz ist das Gegenteil von Prokrastination. Und nicht zu verwechseln mit Ad-hoc-Management.

Der dritte Aspekt der Handlungskompetenz betrifft die Kommunikationsfähigkeit. Da die meisten besonderen Leistungen in Teams entstehen, hat die Kommunikation einen deutlich wichtigeren Stellenwert erhalten. Das gilt besonders für autonome Teams, in denen es keinen Chef gibt, der die Kommunikation organisiert. In der Selbstorganisation ist jeder dafür verantwortlich, dass er über die wichtigen Informationen verfügt. Keine Person erwartet, dass ihr »geliefert«

wird. Dieses stets aktive Bemühen löst rege Kommunikationsflüsse aus, die, unterstützt durch neue Medien, unkompliziert und direkt stattfinden können. Jeder ist im Chat aktiv. Sich auszuklinken ist nur während konzentrierter Arbeitseinheiten erlaubt.

Mit diesen drei Kriterien hat der Coach eine sinnvolle Ziellinie und muss nicht, wie zuvor Führungskräfte, seine eigenen Maßstäbe und Auffassungen heranziehen. Ein Mitarbeiter war zuvor besonders gut und leistungsstark, wenn vor allem sein Chef ihn dafür hielt. Das konnte bei einem Chefwechsel ganz anders aussehen, wenn dieser andere Maßstäbe hatte oder ihm vertraute Personen nachzog. Die Person, die von dem einen besonders beachtet und weiterentwickelt wurde, konnte bei dem anderen eher als vernachlässigbar wahrgenommen werden. Und manche blieben einfach »unentdeckt«, weil der Chef für diese Art, zu sein und zu arbeiten, keine Rezeptoren hatte. Mit klaren und transparenten Anforderungen haben beide Seiten eine gute Orientierung und das schafft Sicherheit durch Berechenbarkeit.

Und darüber hinaus?

Impulse und Affekte verführen uns immer wieder zu Gesichtsausdrücken, Kommentaren oder Handlungen, die wir besser unterlassen hätten. »*Aber ich habe doch gar nichts gesagt …*« lautet eine vielbemühte Entschuldigung. »*Aber du hast geschaut. Das reicht*«, kommt es retour. Impuls- und Affektkontrolle kann Beziehungen stabilisieren und die Zusammenarbeit schmieren. Deswegen hat der Unternehmenscoach hierauf ein besonderes Auge.

Die Zeiten, in denen ein unreflektiertes authentisches Verhalten am Arbeitsplatz gefordert wurde, sind lange vorbei. Seit einigen Jahren schon ist klar: Man muss nicht unauthentisch werden, aber alles zu sagen, was einem gerade durch den Kopf geht, ist durchaus unprofessionell. Haltung und Stimmung kontrollieren zu können, zu überlegen, welches Verhalten zieldienlich ist, und vor allem unterscheiden zu können, welches der eigene Beitrag für eine entstandene Situation ist und was andere zu dem Desaster beigetragen haben, ist durchaus eine Kunst, auf die sich nur wenige Menschen verstehen.

Gerne entgleitet uns die Realität beim Nachdenken. Unser Gehirn ist stets bemüht, die Daten, die es mittels Sinnessystemen aufzunehmen vermag, so zu interpretieren, dass unser Selbst maximal geschützt und stabilisiert wird. Nach dem bedenkenswerten Motto »*Zu viele Selbstzweifel machen krank*« ändert das Gehirn den Input, blendet aus, fügt hinzu, überzieht mit Weichzeichner, stärkt die Farbgebung oder setzt gezielte Highlights, sodass wir selbst eine gute Figur machen, uns zufrieden zurücklehnen können im Genuss der selbstgerechten Gedanken, die uns das Gehirn schickt.

Nicht alles, was das Gehirn flüstert, ist real. Denn die Bearbeitung des inneren Films hat bereits stattgefunden. Das vergessen wir oft, wenn wir uns der persönlich konstruierten Wahrnehmung hingeben und diese mit der Wirklichkeit verwechseln. Bevor Dinge bewusst werden, sind sie bereits durch mehrere Bearbeitungsstraßen gefahren. Das interne Bildbearbeitungsprogramm funktioniert prächtig. »*War doch so*«, fassen wir selbstgefällig zusammen und fühlen uns wohl mit der optimierten Fassung. Menschen sind wie kein anderes Wesen dazu in der Lage, auf sich selbst Einfluss zu nehmen. Wir können uns genauso begeistern wie behindern. Genauso stabilisieren wie verunsichern. Uns recht geben wie zweifeln.

Gerade bei emotionaler Beteiligung sind wir darauf angewiesen, dass uns eine äußere Person Realitäten anbietet, die abhandengekommen sind. Die sozusagen das gegenteilige Programm zu unserem anbieten kann. Nur so gelingt es, Situationen zu beurteilen und ein kluges und zieldienliches Handeln abzuleiten. Es braucht jemanden, der uns aufmerksam macht, Hinweise liefert, Feedback gibt. Jemanden, der wohlmeinend, aber hartnäckig dranbleibt und nicht verzagt, wenn wir auf unserer Wahrnehmung bestehen oder falsche Schlüsse ableiten.

Eine Führungskraft kann das in seltenen Fällen leisten. Ein Coach ist darauf trainiert, diese Aspekte wahrzunehmen und so zu kommunizieren, dass sie aufnehmbar und integrierbar sind, zu neuer Handlungskompetenz anleiten.

Die eigenen 90 Prozent

Affektfrei oder Bot-ähnlich durch den Arbeitstag zu marschieren ist nicht das Ziel. Auch wenn das in manchen Fällen der Ausdrucksweise zuträglich wäre. Wichtig ist nur, zu begreifen, was passiert, und nicht impulsartig Emotionen zu folgen, die aus ganz anderen Kontexten und Erfahrungen stammen, aber den Anspruch haben, das Denken, Fühlen und Handeln zu bestimmen, um uns zu schützen. Manchmal ist es hilfreich, unreflektiert auf Erfahrungen aufzubauen, um nicht ein zweites oder drittes Mal in eine ungünstige Situation zu gelangen. Wir vermeiden eine dunkle Straße. Schließen das Fenster, bevor wir das Haus verlassen, und stellen den Herd ab. Manchmal bremst uns dieses erfahrungsgeleitete Vorgehen aber auch aus. Wir ignorieren die E-Mail eines Kollegen, der sich uns gegenüber mal unzuverlässig gezeigt hat. Wir reden mit Leuten nicht mehr, die uns kritisieren. Wir vermeiden Kunden, die unzufrieden sind.

90 Prozent der Ursachen für eine ungünstige Situation, vermuten Familientherapeuten, liegen in uns selbst. Wenn etwas schiefgeht oder nicht so funktioniert, wie wir uns das vorstellen in Partnerschaft und Familie, dann sind wir selbst zu 90 Prozent beteiligt. Und nicht zu zehn Prozent. Obwohl wir das in der Regel so empfinden. Diese 90 Prozent zu ergründen, zu erkennen, warum wir wie handeln, welche Muster in uns getriggert werden, gibt Menschen meist viel Handlungskompetenz zurück. Erkennen und Einsicht sind nicht immer angenehm. Das ist ihr Wesen. Und das ist vielleicht grundsätzlich wichtig zu bemerken: Die Arbeit mit einem Unternehmenscoach produziert nicht nur großartige Gefühle. Sie offenbart auch Seiten und Eigenschaften, die man selbst wenig an sich mag, und die Arbeit daran ist auch nicht immer von Glück begleitet. Aber das Ergebnis zahlt sich aus und so ist es die Aufgabe des Unternehmenscoachs, sehr sensibel mit diesen Anteilen umzugehen und die Person immer wieder zu ermutigen, dunklere Stellen auszuleuchten, auf die Gefahr hin, hier Dinge anzuschauen, die wenig spektakulär sind und die wir aus unserem Selbstbild gerne retuschieren. Haben wir doch alle am liebsten zufriedene Kunden, werden lieber gelobt als kritisiert und finden Unzuverlässigkeit respektlos.

Dabei fokussiert der Coach Funktionalität und geht ganz pragmatisch vor. Ziel ist es nicht, das Dachstübchen komplett zu renovieren.

Ziel ist, pragmatisch die Handlungskompetenz zu stärken und die günstigen und ungünstigen Elemente zu betrachten.

Stress kostet IQ-Punkte

Auf diesem Weg lernen wir beispielsweise, gut für uns selbst zu sorgen, um nicht die eigene Unzufriedenheit auf andere zu projizieren. Auch wenn wir das Gefühl haben, dass andere nerven, spiegeln diese Personen in dem Moment meist nur das ohnehin schon angespannte Gefühl. Diese Verlagerung des Gefühls nach außen hilft zwar, psychisch Spannungen abzubauen, baut aber in autonomen Teams schnell Spannung auf. Jeder ist deswegen dafür verantwortlich, dafür zu sorgen, dass es ihm selbst gut geht. Und wenn das Team bemerkt, dass ein Kollege sich ausbeutet, ist es auch mitverantwortlich, wenn es dies zulässt. Ihn heimzuschicken und Distanz zu verordnen hilft dann allen bei der Erreichung der Ergebnisse.

Denn unter überbordendem Stress funktionieren wir – sagen wir mal – nicht ganz so optimal. Stress kostet IQ-Punkte. Und dieses ungünstige Fühlen und Verhalten schafft schlechtere Ergebnisse, produziert Fehler und Missverständnisse. Kurz: Es führt zu Mehrarbeit und Konflikten. Weiterzuarbeiten, wenn man eigentlich eine Pause und etwas Distanz braucht, um die Dinge neu und unemotional betrachten zu können, ist in autonomen Teams nicht zulässig. Denn stressbehaftete Phasen gibt es immer und wenn ein Team diese Phasen gut managt, bleiben die Ergebnisse solide.

Wenn eine Person unter Stress gerät, tut sie oft die falschen Dinge. Möglicherweise priorisiert sie falsch, hat ein Problem damit, sich abzugrenzen, verfolgt umständliche Wege, hat das Bedürfnis, sich mehrfach abzusichern … Die Liste für Stresssymptome ist lang. Die Wirkung bedenklich, wenn man davon ausgeht, dass viele Menschen tagein, tagaus unter Stress stehen.

Gemeinsam ist den meisten auslösenden Anlässen, dass der Stress im eigenen Kopf entsteht. Wieder eine gute Möglichkeit für den Coach zu unterstützen. Er kann manchen äußeren Einfluss nicht verändern oder wegnehmen, aber er kann mit jeder Person daran arbeiten, wie sie genau mit dieser Situation so umgeht, dass sie einen

Stress vermeidet, der sie behindert oder gar lähmt. Gleichzeitig arbeitet der Coach hier als Spiegel, denn häufig bemerken Menschen nicht, dass sie unter Stress stehen. Das ist das Gute daran. Das Ungünstige ist, dass die Personen im Umfeld das sehr wohl bemerken und mit den stressinduzierten Denk-, Fühl- und Handlungsweisen dieses Menschen umgehen müssen. Es gibt Schöneres.

Menschliches Aspirin

»Die Hölle, das sind die anderen«, wie Jean-Paul Sartre sich ausdrückte. Menschen können enorm für Stress sorgen, sie können aber auch erstaunlich entspannend wirken, wenn es gut im Miteinander läuft. Ein sehr wichtiger Stresskiller ist eine gute Atmosphäre untereinander. Wer im Team sozialen Rückhalt spürt, ist nicht nur gegen Stress gewappnet, sondern steckt auch Schnupfenviren besser weg. Zu diesem Ergebnis kamen viele Studien der letzten Jahre unabhängig voneinander. Einen bedeutenden Anteil daran haben auch Umarmungen. Schon eine Umarmung am Tag, von einer Person, die man mag, setzt die Resistenz gegen Stress und Viren deutlich nach oben. Die Wirkung zwischenmenschlicher Beziehungen wird immer noch unterschätzt. Sich um eine gute Atmosphäre im Team zu kümmern avanciert vor dem Hintergrund dieser Forschungsergebnisse zu einer der wichtigsten Teamaufgaben. Junge Bewerber wollen zunehmend neben dem Chef auch das Team kennenlernen. Sie wissen, worauf es ankommt.

Manche Unternehmensleitung delegiert das Thema und bietet ein Stressseminar für die Mitarbeiter an. Ein solches Seminar mag zwar das Wissen über das Thema erweitern, die Bewältigung aber eigens in die Verantwortung der Mitarbeiter zu legen und zu fordern, sie mögen ihre Resilienz selbst optimieren, ist hier zu einfach. Und es funktioniert auch nicht. An dieser Stelle unterstützt der Teamcoach, der aktiv eingreift und zeigt, wie der Umgang untereinander optimal gestaltet werden kann. Aufgabe jedes Einzelnen bleibt es, sich selbst immer wieder in einen guten Zustand zu bringen. Denn schlechte Laune ist kein Schicksal, sondern eine Entscheidung. Und es gibt keine Berichtspflicht dafür.

Kurz und knackig

- Selbstreflexion gehört auf die tägliche To-do-Liste.

- Der Unternehmenscoach sorgt für Timeboxing, Kollaboration und Verbindlichkeit.

- Der Unternehmenscoach mutet jeder Person regelmäßige Boxenstopps zu.

- Entwicklung bedeutet, die eigenen 90 Prozent zu betrachten.

Das Modell im Überblick

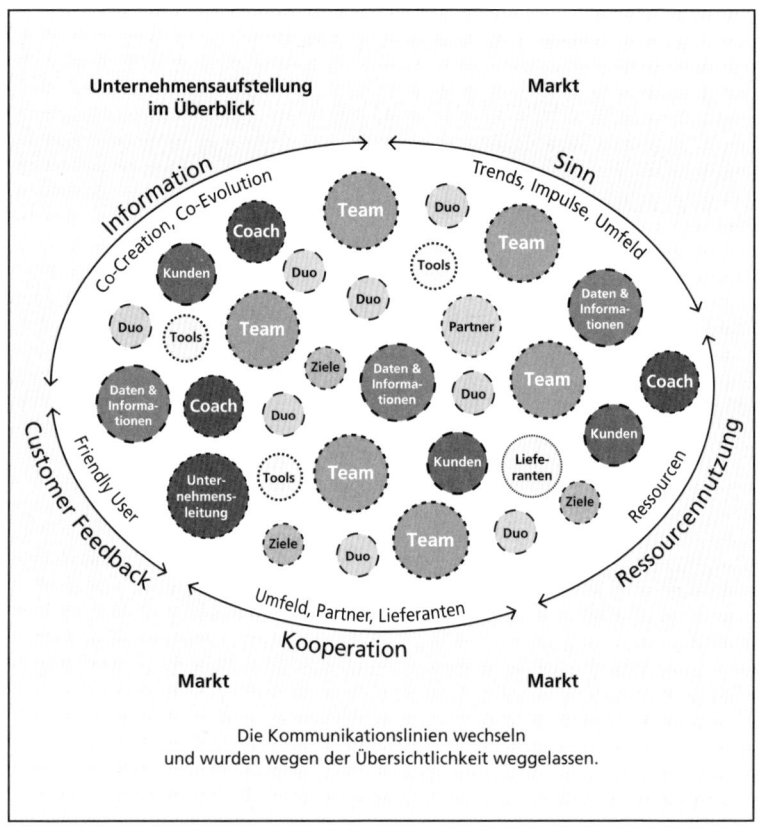

Die Kommunikationslinien wechseln
und wurden wegen der Übersichtlichkeit weggelassen.

Teil 2

Alternativen

1. Wenn du nicht die Probleme deines Kunden löst, tut es ein anderer – nah am Kunden statt nah am Chef

Der Plattformgedanke aus der Automobilindustrie klang bestechend: Auf der gleichen technischen Basis sollten unterschiedliche Modelle entstehen. Das vereinfachte, Produktionsmittel ließen sich optimal nutzen und trotzdem blieb der Eindruck von verschiedenen Fahrzeugen bestehen.

Für die Optimierung von Prozessen stand dieser Gedanke nun viele Jahre Pate. Unternehmen versuchen seitdem, ihre Abläufe zu standardisieren, zu vereinfachen und nur wenige Ausnahmen zuzulassen. So bemühen sie sich auch, Kundenbedürfnisse ihren Prozessen anzupassen und Leistungen wie Service technisch zu unterstützen. Heraus kommen beispielsweise Angebote, die für einen normalen Kunden (Menschen) unlesbar sind. Auch dann, wenn man zuvor mit einem Kundenberater gesprochen hat und sich gut informiert fühlt. Was sich in IT-Sprache wiederfindet, hat oft nichts mit dem zu tun, was man glaubt besprochen zu haben. Und recht dämlich kommt man sich als Kunde vor, wenn man sich nicht mehr in der Lage sieht, das Angebot des Lieferanten zu lesen. Die Vereinfachung des Prozesses macht es also im Nachgang notwendig, wieder mit dem Kunden zusammenzutreffen und ihm das Angebot zu übersetzen und zu erläutern. Und manchmal muss man gar einen entrüsteten Kunden beruhigen. Oder man legt einen netten Brief dazu, der das Angebot erklärt. Wo genau liegt nun die Optimierung?

Auch beliebt ist ein Berater an der Haustür, der verspricht, die Telefonkosten um 10 Euro monatlich zu reduzieren, wenn man auf seinen Anbieter umstellt. Der vertrauensvolle Kunde unterschreibt und wird ein paar Tage später angerufen, um zu erfahren, dass die Umstellung 70 Euro Gebühr kostet. Und eine weitere Recherche bringt ihm die

Information, dass der Sondertarif nur für ein Jahr gilt und er dann
wieder den üblichen Preis bezahlen darf. Der Hausbesuch, die Erklä-
rungen, die Unterschrift, alles wird dann zurückgenommen, weil der
Standardprozess nicht sofort alle Informationen auf den Tisch legt, in
der Hoffnung, der Kunde würde sie »häppchenweise« besser tolerie-
ren. Manche Kunden vielleicht. Andere sind so verärgert, dass sie mit
diesem Anbieter nichts mehr zu tun haben wollen.

Standardisierte Prozesse lösen Kundenprobleme von gestern. Heute ist die Erwartung an Information und Transparenz so hoch, dass
Kunden unzufrieden sind, wenn sie mit Standards abgespeist werden. Unternehmen sind deswegen nur dann noch erfolgreich, wenn
sie zwei Wege verfolgen: Standard und situative Individualisierung.

Um zielgenauer auf die Art und Weise der Annäherung zwischen
Kunden und Unternehmen Einfluss nehmen zu können, ist der Begriff *»Customer-Journey«* aus dem Onlinemarketing von verschiedenen Branchen übernommen worden. War ursprünglich das Ziel, die
sogenannten Touch-Points zwischen Kunde und Unternehmen bis
zur Kaufentscheidung zu betrachten, wird heute häufig der gesamte
Prozess bis hin zum Loyalitätsempfinden nach der Kaufentscheidung
angeschaut.

Beispiel für eine typische Customer-Journey: Annäherung → Über-
legung → Kaufentscheidung → Service → Loyalität

Mit der Betrachtung der gesamten Customer-Journey möchten Unternehmen ihren Prozessen eine stärkere externe Referenz geben
und sie aus Sicht des Kunden optimal gestalten.

Weil Kunden immer wieder auf ihrer Customer-Journey das Gefühl haben, eher auf einer Heldenreise unterwegs zu sein, da sie mit
vielen Widerständen umgehen müssen, kann die Betrachtung der
Kundenreise dem Unternehmen wertvolle Hinweise geben. Nicht
jeder Kunde hat Spaß daran, ein Odysseus zu sein. Und nicht jedes
Unternehmen hat 20 Jahre Zeit, bis die Helden ihre Irrfahrt beendet
haben und sich endlich für den Kauf entscheiden.

Mit der Betrachtung der Prozesse nach der Kaufentscheidung
orientiert sich ein Unternehmen an den Erwartungen des Kunden.
Oft ist es sehr erleuchtend, was hier bei Workshops entwickelt wird.

Unternehmen stellen dann fest, dass ihr Odysseus so viele weitere Touch-Points sucht, weil ihm Informationen fehlen, er von falschen Voraussetzungen ausgegangen ist oder aber auch die Entscheidung für ein bestimmtes Produkt für seine Situation schlichtweg ungünstig war.

Ein unzufriedener Odysseus irrt weiter und hört auch auf leise Sirenengesänge anderer Unternehmen. Manchmal so sehr, dass er kurz nach der Kaufentscheidung von seinem Rückgaberecht Gebrauch macht und anderen Gesängen folgt, wenn seine Reise bisher nicht zufriedenstellend war.

Kennt das Unternehmen seinen Odysseus persönlich, kann es ihn direkt befragen und bei der Gestaltung der Prozesse miteinbeziehen. Nicht jedem Odysseus ist bewusst, warum er umherirrt, aber seine Überlegungen und Beweggründe zu kennen kann dem Unternehmen helfen, die Prozesse zu überdenken und neue relevante Kriterien einzubeziehen. An der direkten Auseinandersetzung mit Kunden führt kein Weg vorbei. *Co-Evolution* oder *Co-Creation* nennt man das heutzutage, wenn man mit dem Kunden gemeinsam etwas entwickelt. Dabei spielen Befragungen nach wie vor eine Rolle. Wichtiger aber wird das Beobachten: Wie nutzt der Kunde das Produkt tatsächlich? Der Kunde wird oft direkt ins Unternehmen eingeladen und darf das Produkt testen und verbessern. Gemeinsam kreiert, muss das Erfundene gar nicht mehr beworben werden. Der Markt wartet schon darauf.

Adaptives Vorgehen

Unternehmen müssen zunehmend damit umgehen, dass Prozesse, sobald sie fertig sind, zumeist schon wieder veraltet sein können, weil sie nicht ausreichend kreativ sind, um die neuen Probleme der Kunden zu lösen. Die Ausnahme von früher wird heute zur Regel. Und wenn der Prozess an die eine regelhafte Ausnahme adaptiert wird, dann entsteht am Markt eine neue Ausnahme. Man käme aus dem Standardisieren gar nicht mehr heraus.

Kurz gesagt: Die Suche nach dem besten Prozess und dem besten Weg, um mit Kundenanfragen umzugehen, ist obsolet. Es gibt schlichtweg keinen besten Weg mehr. Konnten noch vor fünf Jahren

80 Prozent der Anfragen standardisiert bedient werden, sind es heute nur noch etwa 50 Prozent. Trotzdem halten Unternehmen an ihren Prozessen fest und festigen sie auch intern weiter. Sie lassen nicht ab von 360-Grad-Feedbacks, von Regelmeetings, vom Erstellen von Excel-Listen oder PowerPoint-Präsentationen fürs Management oder von der Budgetplanung. Obwohl es schon viele spannende Berichte darüber gibt, wie man ohne Budget auskommen kann. *Beyond Budgeting* oder *Zero-based Budgeting* sind nur zwei Experimente in diese Richtung.

Wenn Mitarbeiter dauerhaft die Erfahrung machen, dass die internen Prozesse nicht zu den Kundenbedürfnissen passen – *»Ich darf nur bis 100 Euro entscheiden. Dafür muss ich jetzt erst meinen Chef anrufen«* oder *»Verstehe, dass Sie über diese Rechnung verärgert sind. Würde mich auch nerven. Aber das ist nun mal unser Prozess.«* –, dann braucht man sich nicht zu wundern, wenn Kundenberater frustriert werden. Maßgeblich ist der Kunde. Keine interne Person. Wenn Mitarbeiter mehr Zeit damit verbringen, ihren Chef zufriedenzustellen als ihren Kunden, dann läuft etwas deutlich schief.

Ein Unternehmen muss seine Kundenberater in die Lage versetzen, ihren Kunden brauchbare Lösungen anzubieten, und ihnen die Möglichkeit geben, diese zufriedenzustellen. Auch muss der Berater wissen, wie er mit Kunden umgeht, die das Angebot nur zu ihrem Vorteil nutzen möchten. Da gibt es eine lange Liste mit Unverschämtheiten. Und auch dafür findet man eine Lösung. Das gelingt nur mit einem hohen Anteil an Selbststeuerung und Entscheidungskompetenz. Fühlt sich ein Mitarbeiter wie eine Marionette, die vom Chef bewegt wird, wundert es nicht, wenn die Kunden immer weniger zufrieden sind. Oder das Unternehmen ausnutzen.

Algorithmen können die Arbeit am Kunden gut unterstützen. Prozesse brauchen aber eine Flexibilität, die sie nur durch Menschen erhalten können. Und dafür braucht der Mensch das Vertrauen seines Unternehmens und eine Ausstattung mit entsprechender Kompetenz und einem passenden Verhandlungsspielraum. Adaptives Vorgehen setzt sich zusammen aus einer sehr hohen Individualität bei gleichzeitiger situativer Ausrichtung. Ist beides gegeben, empfindet der Kunde tatsächlichen Service. Was heute von vielen Kunden noch erträumt wird, kann morgen schon mit guter Technik und serviceorientierten und verantwortungsvollen Mitarbeitern umgesetzt werden.

Der falsche Reflex

»Wer ist die wichtigste Person für Sie an Ihrem Arbeitsplatz?« Wenn Sie diese Frage Führungskräften und Mitarbeitern stellen, bekommen Sie durchweg eine Antwort: »Mein Chef.« Und je höher die befragte Person in der Unternehmenshierarchie angesiedelt ist, umso reflexartiger schießt die Antwort hervor.

Chefs in Deutschland wird das Ergebnis dieser kleinen Privatbefragung vermutlich freuen. Das ist doch der Beweis dafür, dass Führung wichtig ist und die Mitarbeiter ohne den jeweiligen Chef nicht wüssten, was sie tun und lassen sollen. So könnte man das interpretieren. Muss man aber nicht.

Bei Licht betrachtet, sagt der Kunde den Mitarbeitern im Unternehmen, was sie tun und lassen sollen. Und das Unternehmen prüft für sich, ob es die Kundenwünsche rentabel umsetzen kann. Auch das ist nicht immer möglich, denn Kundenwunschlisten sind mitunter sehr lang. Und manchmal nicht erfüllbar. Zumindest nicht im Rahmen der Preiserwartung. Aber das ist ein anderes Thema.

In Start-ups funktioniert das noch. Die wichtigste Person ist der Kunde und mit Glück ist auch bei bedeutsamen strategischen Entscheidungen ein Kunde mit von der Partie. Wenn ein Start-up wächst und die 150-Personen-Grenze erreicht ist, dann werden interne Prozesse aufwendiger: Teams werden eingerichtet, Führung definiert und schon dreht das Unternehmen intern ein größeres Rad als extern. Wenn dann noch kluge Unternehmensberater aufwendige Managementprozesse einführen, dann verlangsamt das Unternehmen stark und wird rechts und links von kleineren, wendigeren Start-ups überholt.

Nichts ist mehr zu erkennen von dem einst so schnellen Speedboot, das über die Wellen hüpfte, Spaß hatte und mit jeder Wettersituation klarkam. Traurig winken die Mitarbeiter auf dem inzwischen zum Tanker angewachsenen Koloss den neuen Speedbooten zu und fragen sich, ob ihre Entscheidung, an Bord zu bleiben, die richtige ist. Wenn nicht mehr der Chef im Zentrum des Geschehens steht, sondern das Team, die Zusammenarbeit mit Kunden und Lieferanten, dann kommt ein reger Austausch schnell in den Fluss. Besser, man berichtet den Projektstatus dem Kunden anstatt dem Chef. Besser, man dokumentiert für den Kunden als für den Chef. Und besser, man bespricht Fehler mit dem Kunden als mit dem Chef und sucht direkt im Team eine Lösung. So ist allen geholfen und die viele Energie, die in Unternehmen nach innen verplempert wird, kann so dem eigentlichen Zweck des Unternehmens dienen: der Kundenzufriedenheit.

Lebensentwürfe werden immer unterschiedlicher. Genauso wie es keinen Standardkunden mehr gibt, gibt es auch keinen Standardmitarbeiter mehr. Jeder tickt anders und möchte in seiner Individualität entsprechend gewürdigt werden. Und das möchte er auch dokumentiert sehen. Inzwischen bekommt man jeden Arztbrief in die Hände und kann lesen, wie es einem geht. Um an die Prüfberichte für die eigene Heizungsanlage zu kommen, muss man manchmal drei Telefonate führen und zwei Mails schreiben. Wartungs-, Prüfberichte und anderes gehören genauso wie alle Datenblätter und Gebrauchsanweisungen ins Kundenportal. Wir sind es inzwischen gewöhnt, uns selbst zu bedienen. Und wir möchten die Information genau dann finden können, wenn wir sie brauchen. Auch am Sonntagnachmittag.

Kurz und knackig

- Markt und Kunde führen, nicht der Chef.
- Kunden wollen situativ und individuell verstanden werden.
- Co-Evolution ist das neue Basisprinzip.

2 Daten für alle – einfacher Zugang statt elitärer Räume

Die meisten Unternehmen haben schon dazugelernt. Sie stellen ihre Zahlen definierten Personengruppen im Intranet zur Verfügung. Auf zugangsberechtigten Laufwerken. Unter Auflagen. Ab einem gewissen Hierarchielevel gibt es dann entsprechende Zugangsdaten und regelmäßige Updates, damit die Person beobachten kann, wie sich die Situation des Unternehmens entwickelt.

Im Zeitalter der Sicherheit ist es wichtig, einen geschützten Raum für die Unternehmensdaten zu finden. Und dazu gehören passwortgeschützte Pfade, einstellbare Benutzerberechtigungen und E-Mails, die sicherheitsdefiniert sind. Der Sicherheitsaufwand wird vermutlich weiter zunehmen.

Fragen kann man sich an dieser Stelle, ob die hierarchische Position im Unternehmen das richtige Kriterium ist, um zu entscheiden, ob einer Person Zugriff zu diesen Daten gewährt wird. Und fragen darf man sich auch, ob ein Mitarbeiter dazu in der Lage ist, eine gute Entscheidung zu treffen, wenn er so wenig von Unternehmenszahlen versteht, dass er nicht einschätzen kann, wie er das Ergebnis durch sein Handeln beeinflusst.

Sinnvolle Entscheidungen lassen sich nur dann treffen, wenn man den Rahmen, in dem man sich bewegt, genau kennt und versteht. Die meisten Menschen suchen nach einer soliden Basis für ihre Entscheidungen. Intuitiv vorzugehen liegt nicht so vielen. In Unternehmen finden sich berechtigterweise oft mittelmäßig risikofreudige Charaktere. Eine Entscheidung »ins Blaue« ist diesen Mitarbeitern unangenehm. Gerne würden sie überblicken, welche Wirkung ihre Entscheidung auf das Unternehmensergebnis haben kann. Und dafür haben diese Mitarbeiter Fragen, die sie im Moment noch ihrer Führungskraft stellen.

»Wie wird der Deckungsbeitrag beeinflusst, wenn ich dem Kunden nun fünf Prozent Sonderrabatt einräume?«, mag sich beispielsweise ein Vertriebsmitarbeiter fragen. Oder: *»Was passiert, wenn sich die Produktent-*

wicklung bis zur Marktreife um zwei Monate verzögert? Um vier? Um ein Jahr? Was passiert, wenn wir 100 000 Euro in die Weiterbildung investieren? 200 000? Mehr? Wie kann ich erkennen, welche Auswirkung meine Entscheidung hat?«

Gefragt hat man sich bisher aber noch nicht, wie es gelingen kann, dass alle Mitarbeiter das System Unternehmen grundlegend verstehen und die Abhängigkeiten einschätzen können. Genau wie mangelnde IT-Kompetenz ist eine mangelnde Zahlenkompetenz eine Art moderner Analphabetismus. Die Person kann bestimmten Diskussionen einfach nicht folgen, bestimmte Entscheidungen einfach nicht treffen und wird so auch für ihr Fachgebiet inkompetent. Denn die Wirkung ihres Handelns auf den unternehmerischen Erfolg liegt für sie im Nebel.

Solide Entscheidungen fußen auf Kenntnis

Ohne Datentransparenz und ein solides Datenverständnis werden Entscheidungen im diffusen Licht getroffen und führen zu ungünstigen Ergebnissen. Deswegen bleiben heute viele Entscheidungen in der machtvollen Hand. Mitarbeiter müssen rückfragen, sich vergewissern und lernen nicht, Zahlen zu interpretieren und Schlüsse zu ziehen.

Aus Mitarbeitersicht ist immer Geld da. Genau wie ein Jugendlicher nicht versteht, warum sein Budget begrenzt ist, solange er keinen Überblick über Einnahmen und Ausgaben der Familie hat. Aus seiner Sicht bekommt er ein willkürliches Limit zugewiesen, das genauso gut höher ausfallen könnte, denn das Portemonnaie der Eltern erscheint immer gut gefüllt.

Transparenz ist die Voraussetzung für sinnvolles Handeln. Und weil das Zahlenwerk nicht für alle Mitarbeiter gleich lesbar ist, sind Hilfestellungen notwendig, die es erläutern. Jede Person im Unternehmen, die Freiheit genießen will und Entscheidungen treffen möchte, muss sich mit den Unternehmenszahlen auseinandersetzen, um die Folgen ihres Handelns überblicken zu können. Auch dann, wenn sie auf Technik oder Marketing spezialisiert ist. Sich ein Budget zuweisen zu lassen und dieses auszugeben reicht heute nicht mehr aus.

Das Zahlenwerk ist kein Geheimnis, sondern eine Arbeitsgrundlage für jeden Entscheidungsträger. Und gleichzeitig können wir feststellen, dass sich manche Mitarbeiter für Zahlen nicht so sehr interessieren: »Zahlen sind nicht mein Ding«, »Uncool«, »Langweilig«, »Es gibt Interessanteres«, »Jede Party mit mehr als vier BWL-Studenten ist langweilig … (alte Stanford-Regel)«. Zahlen sind nicht besonders beliebt, vor allem bei den Personen, die wenig davon verstehen. Und oft verkaufen Führungskräfte Zahlen wenig interessant: »Und nun kommen wir zu den Zahlen. Entschuldigen Sie bitte, dass ich Sie damit langweilen muss …« Dabei gibt es kaum eine spannendere Lektüre als den eigenen Geschäftsbericht. Besonders dann, wenn man für sich in Anspruch nimmt, sinnvolle Entscheidungen zu treffen.

Ein Mehr an Freiheit und Verantwortung ist zwar auf der einen Seite gewünscht, auf der anderen Seite fällt es Menschen schwer, etwas dafür zu tun, dass sie diese Freiheit und diese Verantwortung auch sinnvoll nutzen können. Dabei handelt es sich hier um keine Bringschuld des Unternehmens. Wer verantwortlich im unternehmerischen Umfeld handeln will, muss das System verstehen. Und dazu gehört eine Menge Eigeninitiative.

Das Übertragen von Kompetenzen ist an das Verständnis der Funktionsweise des Unternehmens gekoppelt. Ohne das Bemühen, sich in das Zahlenwerk einzufinden, die wichtigen Zahlen interpretieren zu können und die Abhängigkeiten zu verstehen, kann keine unternehmerische Kompetenz übertragen werden. Kein Chirurg schneidet ohne Kenntnisse in der Anatomie, kein Pilot fliegt, ohne sein Flugzeug genau zu kennen und vor dem Abflug nochmals zu überprüfen, kein Richter entscheidet ohne Bezug auf Gesetzestexte und Auslegungen. Jeder, der folgenreiche Entscheidungen trifft, kennt die Basisdaten. Dazu gibt es keine Alternative.

Dabei ist es in Zeiten von Webinaren ganz einfach, die entsprechende Kompetenz zu erlangen. On demand und so oft, wie man möchte, kann man sich betriebswirtschaftliche Kenntnisse aneignen und nutzen. Und wenn man etwas vergessen hat, schaut man es einfach noch einmal nach. Wissen bedeutet heute keine Herrschaft mehr, denn kluge Köpfe verschaffen sich ohnehin ihren Zugang. Wissen zu teilen und transparent mit Entwicklungen umzugehen, fördert einen sensiblen Umgang mit dem System Unternehmen und bildet solide Entscheidungsgrundlagen für alle Bereiche.

Interpretation anbieten ...

Papier ist geduldig. Bildschirme auch. Und Zahlen darauf sind es besonders. Menschen sind sehr kreativ, wenn es darum geht, Daten so zu interpretieren, dass sie das eigene Denken und Handeln rechtfertigen. *»Ins Marketing gehört das größte Budget«*, glaubt der Marketingfachmann. *»Marketing wird es in dieser Form bald nicht mehr geben. Jede gedruckte Marketinginformation ist für die Mülltonne«*, unkt der IT-Spezialist. *»Man könnte dieses Budget schon heute entsprechend eindampfen ...«*

Menschen sollten mit Daten nicht alleine gelassen werden. Ihre persönlichen Ziele und Überzeugungen machen Interpretationen möglich, die aus Sicht der Unternehmensleitung abwegig sein können. Wenn eine Unternehmensleitung Daten zur Verfügung stellt, dann immer gepaart mit Interpretationen. Denn für alle Mitarbeiter ist relevant zu erfahren, welche Schlüsse aus den Zahlen für das eigene Thema gezogen werden können.

Zahlen geben den Puls des Unternehmens an. Wir können ablesen, wie vital und leistungsfähig das Unternehmen ist. Ähnlich wie Herzfrequenz, Blutdruck und Reflexe über die menschliche Vitalität Auskunft geben, vermitteln uns Cashflow, Deckungsbeitrag und Investitionsvolumen, wie gut ein Unternehmen aktuell aufgestellt ist. Zwar macht das noch keine zuverlässige Prognose möglich, aber man kann deutlich erkennen, wie es bisher gelaufen ist.

... und Anpassungen einfordern

Über die Interpretation und die daraus abzuleitende Strategie ist ein Austausch im Unternehmen wichtig. Die Geschäftsleitung legt eine Interpretation fest und kommuniziert diese entsprechend. Das geschieht in kleinen Gruppen, um Fragen und Ideen zuzulassen. Und um Zeit für Erläuterungen zu haben. Das Verständnis der Zusammenhänge ist für jeden wichtig.

Jeder Information, die von Zahlen geliefert wird, folgt eine kleine Kurskorrektur. Aus Scrum ist die »Ein-Prozent-Regel« bekannt geworden. Jeder Arbeitstag strebt eine einprozentige Verbesserung an.

Man könnte auch sagen, dass eine einprozentige Ausrichtung auf die Information von den Unternehmenszahlen geliefert wird.

In manchen Meetings kann man erleben, dass die Zahlen konsumiert werden. Und das war's. Es gibt keine Diskussion darüber, wie sich das Handeln im Unternehmen nun an diesen Zahleninformationen orientieren sollte. So gesehen brauchen solche Meetings gar nicht stattzufinden. Die Zeit wäre bei einer Tasse Kaffee im Liegestuhl vermutlich besser investiert gewesen. Das hätte vielleicht den Geist mehr entspannt und angeregt als die ergebnis- und konsequenzenlose Auseinandersetzung mit Unternehmenszahlen.

Zahlen schauen in die Vergangenheit. Die Handlungsweise anzupassen ist eine notwendige Voraussetzung, um in der Zukunft bestehen zu können. Gleichzeitig prognostizieren Zahlen nicht die Zukunft. Zahlen sozusagen wörtlich zu nehmen und das Handeln nur an ihnen auszurichten wäre fatal. Ein Unternehmen würde dann immer ein kleines bisschen hinter dem Markt herhinken. Und hinkend ist man bekanntlich nicht besonders schnell. Die große Kunst im Umgang mit Zahlen ist die Interpretation der Vergangenheit und die richtige Schlussfolgerung für die Zukunft. Dafür braucht es mehr Geist, als Excel-Tabellen ihn liefern. Vielleicht lohnt doch eine Auszeit im Café oder im Liegestuhl im Austausch mit Experten, bevor man dem Team eine tragfähige Interpretation und entsprechende Handlungsempfehlungen anbietet.

Weitergedacht

Datentransparenz hört nicht bei betriebswirtschaftlichen Kennzahlen auf. Das ist nur ein Aspekt eines transparent geführten Unternehmens. Weiter geht es auf Teamebene.

Teams brauchen die Möglichkeit, ihre Ergebnisse für alle Beteiligten transparent zu dokumentieren. Auch ohne dass ein Kollege Zeit hat und Fragen beantworten kann, muss es für jedes Teammitglied möglich sein, zu jedem Zeitpunkt ein Update zum Status einer bestimmten Aufgabe zu erhalten. Das gelingt nur über ein Ein-Raum-Verfahren. Genau wie in einem virtuellen Klassenzimmer werden in diesem Raum alle relevanten Daten übersichtlich zur Verfügung gestellt. Es gibt Bibliotheken, Statusberichte, Arbeitsfragen, White Boards, Hilfsmittel, Vereinbarungen, Chats und vieles mehr. Zu Tagesbeginn durchforstet jeder den Raum nach wichtigen Informationen und halbtäglich legt jeder neue Informationen ab. Jedes Team pflegt den gemeinsamen Raum und entwickelt ihn beständig weiter, sodass genau die Informationen zur Verfügung stehen, die für dieses Team mit seiner besonderen Aufgabe sinnvoll sind.

Teams, die in eigenen virtuellen Räumen arbeiten, erleben das als sehr positiv und fühlen sich zu jedem Zeitpunkt gut miteinander abgestimmt. In der Regel läuft der Chat den ganzen Tag und die meisten kommen zwar nur drei- oder viermal aktiv im Raum vorbei, wenn sie etwas suchen, haben ihn aber ganztägig geöffnet und nehmen jedes Update wahr.

Wie bei allen Themen braucht es auch hier eine gewisse Disziplin zur Raumpflege. Dokumente müssen sorgfältig abgelegt werden, wiederauffindbar beschriftet sein und immer topaktuell. Die Disziplin, die hier vonnöten ist, kennen wir auch aus realen Räumen. Auch eine Bibliothek funktioniert nur, wenn die Bücher sorgfältig sortiert sind und nach Gebrauch an den richtigen Ort gestellt werden. Und jedes Ablagesystem ist nur dann hilfreich, wenn nicht willkürlich draufgeheftet, sondern tatsächlich einsortiert wird.

Heute noch diskutieren manche Teams, ob sie den Vorgesetzten zu ihrem Raum zulassen wollen. Diese Diskussion wird zunehmend uninteressant und morgen schon nicht mehr relevant sein. Zum einen, weil Teams vermehrt autonom arbeiten, und zum anderen, weil es gegen den Gedanken der Transparenz wäre, für bestimmte Zielgruppen Räume zu verschließen.

Transparente Gehälter

Moderne Unternehmen experimentieren mit ihrer Transparenz sogar im Bereich Gehalt. Anstatt die Kommunikation über das Einkommen per Vertrag zu untersagen, kann jeder Mitarbeiter das Gehalt eines Kollegen einsehen. Was zunächst einen Aufschrei der Entrüstung provozieren kann, entpuppt sich nach einiger Zeit als eine Frage der Gewohnheit. In vielen Ländern gibt es die deutsche Geheimhaltungspflicht von Gehältern nicht. Und auch diese Menschen leben in einem guten Miteinander. Sie wundern sich immer wieder, wenn sie einmal einen deutschen Kollegen nach seinem Einkommen fragen. Ein typischer deutscher Manager fühlt sich dann so peinlich berührt, als hätte man ihn nach seinen sexuellen Vorlieben befragt.

Jede Person kennt ihren Ausbildungsstand und ihre Kompetenzen. Sie weiß, was sie wert ist, und sie weiß auch, wie leistungsfähig sie ist. Aus diesen Daten generiert sie ihren Gehaltswunsch. Andere wissen das genauso und bilden Hypothesen. Und wenn keine Offenheit herrscht, ist der Raum für Hypothesen, vor allem für falsche, besonders groß. Mit guten Ergebnissen experimentierten auch Unternehmen, indem sie im Team die Gehälter festlegen lassen. Wer hat welche Kompetenzen und kann was liefern? Aufgrund der Arbeitserfahrung im Miteinander werden Gehälter gemeinsam besprochen und festgelegt. So kann sich jeder im Team auf der sicheren Seite wissen, denn es wird versucht, objektive Kriterien für das Einkommen zu finden. Nicht mehr derjenige, der besser verhandelt, obwohl er nicht mehr zu bieten hat, bekommt mehr als ein anderer, der vielleicht bescheidener ist, sich nicht traut und hofft, dass die Unternehmensleitung seine Fähigkeiten erkennt und ein faires Angebot macht.

Transparenz bei Gehältern ist in Deutschland etwas ganz Neues. Interessant ist, dass es funktioniert. Und es hat sogar den Effekt, dass sich Mitarbeiter mehr einbringen. Denn wenn die anderen wissen, was eine Person verdient, dann binden sie auch eine gewisse Leistungserwartung an diesen Betrag. Und dieser Erwartung muss jede Person nachkommen. Das zeigen uns Erfahrungen aus anderen Ländern wie auch aus den Experimenten von jungen Unternehmen, die andere Wege gehen.

Ergänzt werden kann diese Offenheit durch vertrauensvolle Spesen. Anstatt Centbeträge abzurechnen, erhält jeder Mitarbeiter die Möglichkeit, seine Reisen so zu buchen, wie er es für richtig hält. Keine Reisekostenanträge, keine Abrechnung, kein Controlling. Nur Vertrauen. Unternehmen, die nach diesem Prinzip agieren, machen sehr positive Erfahrungen. Kompetente Mitarbeiter nutzen ihren Spielraum verantwortlich.

Transparente Kriterien für Verantwortung

Auch die Übernahme von Verantwortung ist an transparente Kriterien gebunden. Wenn Jobs, Aufgaben und Verantwortung unter der Hand und nach dem Nasenfaktor vergeben werden, dann braucht es nicht zu wundern, wenn die Stimmung schlecht ist und keiner dem anderen über den Weg traut. Die individuelle Hidden Agenda kann dann mehr Raum und Energie absorbieren als die tatsächliche Rolle und Aufgabe im Team. Auch bei den anderen, die das beobachten.

Je offener mit diesen Themen umgegangen wird, umso weniger Konflikte gibt es in Teams. Die Möglichkeit, sich mit einer neuen Aufgabe zu befassen, seine Expertise an anderer Stelle einzubringen oder Verantwortung zu übernehmen, muss für alle gegeben sein. Auch hier werden die Kriterien allen transparent kommuniziert und jeder darf sich sowie andere Personen vorschlagen.

Kurz und knackig

- Transparenz schafft Vertrauen.

- Interpretationen müssen angeboten werden.

- Entscheidungen fallen auf kompetenter Basis.

3 Weil sie kontrollieren, müssen sie kontrollieren – Prinzipien statt Anweisungen

Nadine hat sich dieses Mal sehr viel Mühe mit ihrer Präsentation für ihren Chef gegeben. Sie möchte so gerne einmal erreichen, dass er zufrieden ist. Bisher hatte er immer einige Kritikpunkte. Die hat sie sich alle aufgeschrieben und zu Herzen genommen. Jetzt muss es einfach perfekt sein.

Kann es nicht. Ohne Nadine enttäuschen zu wollen. Es geht einfach nicht. Einen Chef, der nichts mehr an einer Präsentation zu ergänzen hat, die für ihn erstellt wurde, gibt es einfach nicht. Das liegt in der Natur der Sache. Zum einen muss er selbst die Präsentation halten und sie deswegen genau seiner Art zu denken und zu argumentieren anpassen. Das kann keine andere Person für ihn leisten. Sie kann immer nur eine gute Arbeitsgrundlage anbieten. Und zum Zweiten muss ein Chef auch immer wieder seine Rolle rechtfertigen. Und das gelingt am einfachsten über Kritik.

Nadines Frust ist voraussagbar. Und das Ergebnis klar: Noch einmal setzt sie sich nicht Abend für Abend hin und versucht alle Kritikpunkte ihres Chefs umzusetzen. Jetzt wird sie die Abende wieder mit ihrem Partner genießen, schön kochen und vielleicht noch tanzen gehen. Denn die Kritik ändert sich nicht durch hohes Engagement. Und sie wird damit klarkommen, dass er nie ganz zufrieden ist. Denn es liegt nicht an ihr. Der scheinbar persönliche Konflikt ist systemischer Natur.

Auch dann, wenn es tatsächlich ein paar Defizite in der Arbeitsweise der Mitarbeiterin gibt. Die Beispiele dazu sind so alt wie aktuell. Eine Person, die eine E-Mail nach der Maßgabe des Chefs vorformulieren soll, legt diese dem Chef vor. Er nimmt Änderungen vor, rügt die Weitschweifigkeit und eventuell noch Grammatik und Rechtschreibung und schickt die E-Mail dann ab. Wird die Person beim nächsten Auftrag sorgfältiger handeln? Vermutlich nicht. Denn der Chef greift ohnehin in den Text ein. Warum sich dann so große Mühe geben? Zudem findet er alle Grammatik- und Rechtschreibfehler. Also warum sich dann damit herumschlagen, wenn es ihm ungleich leichter fällt, diese zu finden?

Wenn wir kontrolliert und korrigiert werden, verlieren wir den Spaß daran, Dinge selbstverantwortlich in die Hand zu nehmen. Wenn wir uns auf uns selbst verlassen müssen, arbeiten wir sorgfältig. Sobald eine Person weiß, dass sie kontrolliert wird, stellt sich Nachlässigkeit ein. Sie verlässt sich auf die zweite Person und hat keinen Anreiz mehr, ihre Arbeit so zu machen, dass das Ergebnis vorzeigbar ist.

Verantwortung entsteht erst dann, wenn E-Mails selbst geschrieben werden und die Person selbst für alle Fehler oder unglücklichen Formulierungen geradestehen muss. Wer Missverständnisse durch unklare Formulierungen produziert und diese selbst geraderücken muss, lernt. Wer dafür Kritik erfährt, verliert die Lust. Also ganz einfach: Jeder schreibt seine E-Mails. Und jeder geht selbst mit der Wirkung um, die er produziert. Bei schwierigen Themen hilft das Vier-Augen-Prinzip. Fertig.

Und weil die Art und Weise, wie aus der Firma heraus kommuniziert wird, nicht ganz beliebig ist, braucht es hier Prinzipien, an denen sich alle orientieren können.

»Wir kommen höflich auf den Punkt«

kann helfen, um eine E-Mail selbst kritisch zu prüfen. Und dass E-Mails, die das Unternehmen verlassen, durch die Rechtschreibkorrektur geschickt werden, gehört zum guten Ton. Besser, eine Person daran zu erinnern, wenn sie es vergisst, als selbst zur Rechtschreibkorrektur zu werden. Das wäre Ressourcenverschleudern. Rechtschreibung kann jeder Bot. Das ist nichts, womit eine Führungskraft glänzen könnte.

Oder ein Beispiel aus dem Dienstleistungsbereich:

»Wir handeln wirtschaftlich.«

Mit diesem Motto als Basisprinzip brauchen viele Themen nicht mehr diskutiert zu werden:

- Kann ich diesen Rabatt jedem Kunden gewähren?
- Kann ich den Kunden zu dieser Veranstaltung einladen?
- Lohnt es sich, 200 km zu einem Kunden zu fahren?
- Wie viel Zeit kann ich für dieses Projekt investieren?

Und auch Fragen wie:

- Was kann ich verdienen?
- Welchen Dienstwagen kann ich fahren?
- Wie viel Fahrzeit im Verhältnis zu Kundenbesuchen ist sinnvoll?

Alle diese Fragen und noch viele weitere werden mit dem formulierten Prinzip beantwortet. Sofern man rechnen kann. Weniger ist auch hier mehr.

Oder eine Zahnarztpraxis, die sich folgendes Motto gibt:

»Unsere Patienten fühlen sich bei uns wohl.«

Themen wie Ordnung, Pünktlichkeit, Blumenschmuck, Freundlichkeit und anderes brauchen in dieser Praxis nicht mehr besprochen zu werden. Klar ist, dass sich ein Patient in einem unordentlichen Wartezimmer nicht wohlfühlen wird. Auch dann nicht, wenn er vor verschlossener Tür steht, unfreundlich empfangen wird oder der Empfang keinen einladenden Eindruck macht. Das Motto leitet alle Mitarbeiter durch den Tag und jede Kommunikation und jede Handlung wird vor diesem Hintergrund überprüft.

Feste gemeinsame Wertvorstellungen münden in einer starken Unternehmenskultur, machen Kontrolle überflüssig. Die Kultur wirkt wie ein Muster, das die individuelle und die kollektive Handlung prägt. Strukturen, Regeln, Routinen und Arbeitsplatzbeschreibungen haben nicht die gleiche Kraft wie eine starke Kultur, die alle verinnerlichen und gemeinsam leben. Wenige Kernwerte sind dabei wichtig. Man kann keine Liste verinnerlichen, aber zwei bis vier Prinzipien, die maßgeblich das Handeln steuern und wie ein Filter über dem liegen, was man tut. Die Unternehmenskultur avanciert so zur Richtschnur des Handelns.

In Indien gibt es eine Schule, da sitzen 60 bis 80 Kinder in einem Klassenraum und arbeiten gut zusammen. Die Wartelisten für

Schüler und Lehrer, die sich an dieser Schule bewerben, sind lang. Die Schule ist bekannt für engagierte Lehrer und für hervorragende Schüler. Wie kann das gehen, bei Klassengrößen, die hier undenkbar wären? Der Regelkatalog zum friedfertigen Umgang kann in deutschen Schulen gar nicht lang genug sein, um für ein geordnetes Miteinander zu sorgen. Die indische Schule kommt ohne langen Regelkatalog aus. Bildung ist ein Privileg und das ist jedem Schüler sehr bewusst. Jeder Lehrer und jeder Schüler schätzt sich glücklich, an dieser Schule arbeiten zu dürfen. Und dafür haben alle mit dem Arbeits- oder Ausbildungsvertrag folgendes Motto unterschrieben:

»Wir lernen und lehren hier, damit wir unser Land weiterentwickeln.«

Empfundene Verpflichtung ist viel stärker als jede Form von Regeln und die kontrollierte Einhaltung derselben. Mehr als dieses verpflichtende Gefühl braucht es nicht.

So fokussiert sich beispielsweise ein Internet-Reisebüro auf folgendes Prinzip:

»Fanatisches Lernen«

Die eigenen Strukturen und Prozesse stehen jederzeit genauso zur Disposition wie technische Lösungen, das Produktportfolio oder der Umgang miteinander. So kann jeden Tag etwas Neues entstehen, ohne dass Change-Zyklen eingeführt werden müssten oder Menschen sich an Routinen klammern.

Ich mache, was ich sage

Tools und Hilfen, die ein Unternehmen zur Verfügung stellt, müssen genutzt werden. Das fängt bei E-Mail-Programmen (mit Rechtschreibunterstützung) an, geht über elektronische Kalender zu Smartphones, Tablets, CRM-Tools, Office-Paket, Grafikprogrammen und vielem mehr. Per Arbeitsvertrag wird zugestimmt, dass die Tools nicht nur geliefert, sondern auch genutzt werden. Das ist der feste

Rahmen, in dem gearbeitet wird. Die Freiheit findet also in einem festen Rahmen statt. Immer noch kommt es vor, dass Mitarbeiter ihr neues Tablet ihren Kindern zum Spielen überlassen und nach wie vor mit Stift und Notizblock beim Kunden sitzen. Was heute schon antiquiert wirkt, ist morgen nur noch peinlich. Und übermorgen lachen die Kunden laut auf, wenn jemand seinen Auftragsblock zückt, anstatt die Bestellung direkt elektronisch zu veranlassen. Vorausgesetzt, es gibt den Fachverkäufer dann noch und er ist nicht längst durch informative Websites und fachkundige Chats ersetzt worden.

Und auch intern ist es nicht möglich, Tools abzulehnen oder einfach nicht zu nutzen, mit denen die Kollegen arbeiten. Es gehört zur Basiskompetenz, sich mit allen Werkzeugen zu befassen und mit ihnen umgehen zu können. Eine Schulung kann dafür nur ein initialer Kick sein. Ein nutzbringender Umgang ergibt sich erst bei der immerwährenden Anwendung im Alltag. Übung macht den Meister.

Das Gleiche gilt für alle gesetzlichen Vorschriften und Compliance-Richtlinien, Wettbewerbsverbote oder auch Anti-Korruptionsvorschriften usw. Alle diese Dinge bilden den Korridor, in dessen Rahmen gearbeitet werden kann, und sind bindend einzuhalten, um das Unternehmen nicht in Schwierigkeiten zu bringen. Darüber gibt es einen Passus im Vertrag und keinen Spielraum für Diskussion.

Erinnert werden wir bereits durch Bots. Die in einem immer freundlichen Ton die Vorschriften gerne wiederholen. So oft, wie wir es wollen. Und darüber hinaus auch gerne.

Führung wird gewissermaßen durch Bots und Tools auf der einen Seite und durch Autonomie und Selbstkontrolle auf der anderen Seite eingetauscht. Wenn dieses Zusammenspiel gut funktioniert, braucht es keine Führungskräfte der unteren und mittleren Ebene mehr. Schon heute gibt es den unübersehbaren Trend, Führungsebenen einzusparen. Nicht nur wegen Nachbesetzungsproblemen, sondern schlichtweg deswegen, weil sie in modernen Arbeitswelten keine sinnvolle Funktion mehr erfüllen. Ein »Du machst, was ich sage« passt nicht mehr in diese neue Welt.

Diese Aussage wird eingetauscht gegen eine neue Anweisung in der Selbstführung: »Ich mache, was ich sage.« Klingt einfach, ist es aber nicht. Denn dafür muss das Selbstbild sitzen. Immer noch reden Menschen den ganzen Tag und merken überhaupt nicht, dass sie wenig bis nichts von dem tun, was sie propagieren. Und das nicht nur in der Elternrolle; *»Wie oft habe ich dir schon gesagt, dass wir beim Essen das Handy weglegen?«* Oder als Hundebesitzer: *»Ich rufe dich jetzt noch einmal ...«* Der Hund würde innerlich lachen, wenn er es verstünde, weil er leicht aus einmal zwanzig Mal machen kann.

Und wie wir schon wissen, ist das mit dem geraden Selbstbild ein oft lebenslanger Prozess. Meistens hängt dieses Bild doch etwas schief.

Langsamer durch Kontrolle

In manchen Organisationen gibt es das homogene Gefühl, keine Zeit zu haben. Das gesamte Unternehmen leidet so unter Stress. Und jeder, der mit diesem Unternehmen Kontakt aufnimmt, spürt das. Deswegen nutzen Führungskräfte dieser Unternehmen das klassische Führungstool der Kontrolle. Damit hoffen sie, Prozesse zu beschleunigen und Mitarbeiter steuern zu können. Damit alles noch schneller und reibungsloser funktioniert. Diese innere Hektik führt aber erst recht zu Problemen. Es klingt in den Rechtfertigungen für Kontrolle fast so, als litten Unternehmen unter ADHS. Und damit kann man eine Weile sehr erfolgreich sein. Nicht umsonst stimmen einige der Krankheitskriterien mit den Tugenden des für erfolgreich befundenen Managements überein. Als dauerhafter Mechanismus hat sich dieser Ansatz aber nicht bewährt.

Neben den Konsequenzen, die der Unternehmensbot übernimmt (Gehaltsabzug, Urlaubssperre), wird die Kontrolle in autonomen Teams über das Team selbst gelebt. Soziale Gemeinschaften kontrollieren sich untereinander. Darauf braucht niemand zu achten. Feedback von Kollegen, das Aufmerksammachen auf ein Verhalten, das Einfordern des Beitrags eines jeden zum Teamerfolg, das alles macht Kontrolle von außen überflüssig. Autonome Teams regulieren sich selbst. Und wenn sie auf Komplikationen stoßen, können sie den Unternehmenscoach zurate ziehen.

Dieser kann noch einen weiteren Aspekt der Kontrolle beleuchten: Menschen glauben oft, dass sie sich selbst vollends kontrollieren können. Dass nichts geschieht, nicht eine Emotion aufsteigt, die sie nicht bewusst veranlasst haben. Sie glauben, dass sie mit genauem Überlegen und strikter Disziplin ausschalten können, dass einmal etwas nicht gelingt. Das ist ein sehr lustiges Selbstbild. Viele Menschen laufen tatsächlich damit herum.

Ein lebendiger Organismus, der sich dafür entscheidet, am Leben teilhaben zu wollen, trägt das Risiko, dass manches gelingt, anderes nicht. Das ist nicht abstellbar. Auch nicht mit sehr viel Energie und Disziplin. Und die aus der Fehlbarkeit entstehende Spannung muss ausgehalten werden.

Je mehr Angst ein Mensch hat, umso mehr versucht er, sich und andere zu kontrollieren. Das gibt ihm ein Gefühl von Sicherheit und beruhigt die Angst. Mehr nicht. Um diese Angst zu beruhigen, führen manche Unternehmer aufwendige Reportingsysteme ein. Dann fühlen sie sich besser, obwohl sich nicht viel verändert. Nur, dass die Mitarbeiter nun Zeit brauchen, um diese Reportingsysteme zu befüllen. Dass das gerade dazu einlädt, weniger inhaltlich zu leisten, und die Energie gleichzeitig dahin geht, das Wenige, das geleistet wurde, in ein gutes Licht zu setzen, das wird dabei leicht vergessen.

Im Grunde genommen hat ein Vorgesetzter nur die volle Kontrolle über sein Team, wenn dieses nichts tut. Solange alle zu Hause in ihren Betten bleiben, hat er zu 100 Prozent die Kontrolle. Sobald seine Mitarbeiter auch nur ein bisschen aktiv werden, beginnt der Kontrollverlust. Und damit haben tatsächlich manche Menschen Probleme.

Die eigene Fehlbarkeit, das eigene Unvermögen, der Kontrollverlust: All das bringt sehr schräge Verhaltensweisen zutage. Und all das sind wichtige Themen, die der Unternehmenscoach aufgreift und mit den Einzelnen bearbeitet.

Gefühlte Kontrolle

Da es ohnehin kaum gelingen kann, dass ein Mensch den anderen kontrolliert, geht es nur um gefühlte Kontrolle. Alles Lebendige ist dynamisch und damit nicht kontrollierbar. Jede Art von Kontrolle sorgt zudem dafür, dass Menschen Schlupflöcher suchen und finden. Das erhöht den Aufwand des Kontrollierenden. Wir weichen aus und versuchen wieder selbst die Kontrolle über unsere Arbeit in die Hand zu nehmen. Kontrolle macht passiv, reduziert Motivation und das

Gefühl von einem Kontrollverlust kann bis hin zur Depression führen. Vertrauen ist ein entscheidender Wettbewerbsvorteil. Aber das ist nicht neu. Neu ist der Dreiklang von Autonomie, Vertrauen und Selbstverantwortung. Jedenfalls in dieser Konsequenz. Und mit den entsprechenden Folgen.

Kurz und knackig

- Verantwortung entsteht, wenn Kontrolle eingestellt wird.

- Prinzipien funktionieren besser als Regeln und Ermahnungen.

- Freiheit hat einen Rahmen.

4 Führung folgt der Kompetenz – Handeln statt Reden

»Ich sag's nochmal …« – *wenn ein Satz eines Vorgesetzten so anfängt, dann macht es keine Freude, ihm zuzuhören. Nochmal heißt: ist schon gewesen. Nochmal ist langweilig. Stumpf. Turnt ab. Genau wie die Nachrichten von gestern. Also schalten wir ab und lassen es über uns ergehen. Die Zeit kann man nutzen, um die Einkaufsliste für den Abend durchzugehen oder zu überlegen, was man noch besorgen muss, um das Fahrrad wieder klarzukriegen. Hat nicht auch der Nachbar am Samstag Geburtstag? Was könnte man dem mitbringen?*

Zu viel reden nervt. Wiederholtes Zu-viel-Reden noch mehr. Und warum sollte man auf den ersten Aufruf hören, wenn man sicher davon ausgehen kann, dass ohnehin ein zweiter kommt. Das wissen Kinder und Hunde schon lange. Genau wie an ein Radio gewöhnen sich Mensch und Tier an den Redeschwall der Eltern, des Partners, des Herrchens oder des Chefs. Die Stimme wird zu einer Art Hintergrundgeräusch im Alltag und nimmt an Bedeutung ab. Eltern werden zum Radio. Partner manchmal auch. Und das Rauschen, das der Chef produziert, gehört zur Geräuschkulisse am Arbeitsplatz. Vor allem, weil man den Inhalt ohnehin kennt. Was wichtig ist, kommt wieder. Darauf können wir uns verlassen.

Wiederholung als rhetorisches Stilmittel stärkt zwar die Eindringlichkeit, zu viel Wiederholung lässt jedoch auch wichtige Themen banal erscheinen. Kinder und Mitarbeiter werden erst dann aufmerksam, wenn das Geräusch abebbt. Ist was passiert? Geht es Mama nicht gut? Hat der Chef das Büro verlassen? Habe ich etwas verpasst?

Manch vorzeitige Schwerhörigkeit hat mehr mit den kommunikativen Gewohnheiten in einer Familie zu tun als tatsächlich mit der Funktionsfähigkeit des Ohrs. Manchmal tritt diese auch selektiv auf. Das Anstrengende blenden wir einfach aus. Was uns nicht interessiert, überhören wir. Was wir nicht wollen, wurde nicht gesagt.

»Was hast du gesagt?« Ausklinken ist eine verbreitete Strategie, um in Ruhe arbeiten und leben zu können.

Wiederholung macht es nicht besser. Worum ging es gleich? Um das von gestern? Ach so. Na dann. Vorgesetzte glauben, dass sie sich viel Zeit zum Reden nehmen müssen. Sie wollen erklären und überzeugen. Sie wollen ihre Auffassung durchsetzen. Sie glauben, wenn sie eine gute Analyse liefern und den Weg erläutern, hören Mitarbeiter hin und tun, was sie erwarten. Und wenn etwas Druckbeschallung nicht funktioniert, dann ist der Mitarbeiter schlichtweg doof.

Wenn der Mitarbeiter aber eine andere Meinung hat oder einfach nicht will, kann er mit einem lapidaren »Versteh ich nicht« eine weitere Erläuterung einläuten, während der er getrost abschalten kann. Das können schon Dreijährige. Mit ihrem wiederholten »Warum?« halten sie den elterlichen Gesprächsfluss am Laufen. Die erneute Erklärung ist der ersten sehr ähnlich und bringt vermutlich keine weitere Erkenntnis. Immerhin hat der Vorgesetzte dann das Gefühl, einen guten Job gemacht zu haben, weil er sich Zeit genommen hat und auf den Mitarbeiter eingegangen ist. Und der Mitarbeiter hat seine Ruhe und macht einfach das, was er für richtig hält. Reden ist dem Handeln deutlich unterlegen. Und die Entscheidung folgt ohnehin der Kompetenz, nicht der Hierarchie.

Menschen tun gerne das, was sie können. Etablierten Ritualen zu folgen macht immer weniger Personen Spaß. Beim Thema Unternehmenspolitik rollen die meisten nur noch die Augen. *Lass mich damit bloß in Ruhe. Ich habe keine Lust auf diese Spielchen.* Die Sache voranbringen, das macht Spaß. Aber nicht dieses »Wer mit wem und mit wem nicht und wer muss berücksichtigt werden und wer wird zuerst gefragt sonst fühlt er sich übergangen«-Spiel. Dafür sind jungen Menschen ihre Zeit und ihr Engagement zu schade.

Beispiel und Respekt

»Erziehung ist Beispiel und Liebe, sonst nichts.« Dieses Zitat des deutschen Pädagogen Friedrich Fröbel (1782–1852) enthält alles, was Eltern wissen müssen, um ihre Kinder gut begleiten zu können. Was der Gründer des ersten Kindergartens beobachtete, stützt die heuti-

ge Hirnforschung: Ein liebevoller Umgang, gepaart mit einem guten Vorbild, macht alles Reden darüber, wie man sich verhalten sollte, überflüssig. Vorbild statt Moralpredigt. So einfach kann Erziehung sein. Das vorleben, was man selbst für richtig hält. Ohne es mit Worten zu betonen oder gar darauf hinzuweisen. Selbstverständliches wird besser gelernt.

Immer wieder konnten Studien nachweisen, dass Kinder, die Erwachsene dabei beobachten können, wie sie hartnäckig ein Problem lösen, bei einer anschließenden Aufgabe auch mit mehr Engagement und Intensität daran arbeiten, eine Lösung zu entwickeln. In Versuchen mit kleinen Aufgaben arbeiteten auch schon sehr junge Kinder weitaus konzentrierter und gaben nicht so schnell auf, wenn sie zuvor einen Erwachsenen dabei beobachten durften, wie er eine knifflige Aufgabe löst.

Übersetzt ins Unternehmen heißt das »Beispiel und Respekt«. Viel mehr braucht es nicht, um als Unternehmensleitung eine Kultur zu etablieren, an der sich alle Mitarbeiter orientieren.

Alles wird nachgemacht

2008 schwappte die Neuigkeit von Italien nach Deutschland: Unsere Neuronen werden nicht nur dann aktiv, wenn wir eine Handlung selbst vollziehen, sie »feuern« auch ihre Signale, wenn wir jemanden beim Tun beobachten. Diese sogenannten Spiegelneuronen sind für das empathische Nachvollziehen von Handlungen anderer verantwortlich. Und sie lösen sogar kleine, unmerkliche Muskelkontraktionen aus, die uns das Gefühl geben, tatsächlich selbst zu handeln. Eine vollständige eigene Handlung wird durch entsprechende Neuronen im Rückenmark wieder blockiert. Sonst wäre es sehr lustig zu beobachten, was in Zuschauersälen von Theatern und Kinos passierte. Dabei können wir genau unterscheiden, ob eine Handlung, die wir beobachten, tatsächlich ausgeführt wird oder nicht. Selbst Primaten erkennen Vorgespieltes. Greift beispielsweise ein Versuchsleiter hinter einer blickdichten Leinwand nach einer Frucht, werden die Spiegelneuronen eines ihn beobachtenden Primaten aktiviert. Imitiert der Versuchsleiter diese Geste nur und greift tatsächlich ins Leere, bleiben die Spiegelneuronen still. Und nicht nur das. Auch können Menschen sehr gut antizipieren, was eine Person als Nächstes tun wird. Das bedeutet, wir vervollständigen neuronal unvollständige Handlungen. So können Eltern ihre Kinder nur dann beeindrucken, wenn sie tatsächlich ihr Handy ausschalten. Nur vorzugeben, es abzuschalten, und neben den Ausschaltknopf zu drücken, reicht nicht aus.

Genauso wie Kinder ihre Eltern beobachten, schauen Mitarbeiter ihren Teamkollegen und der Unternehmensleitung auf die Finger. Sie lernen Abläufe und Verhalten durch Vormachen und kopieren Verhaltensweisen, die sie wahrnehmen. Denn ihr neuronales Netz bereitet sie unmerklich auf das vorgelebte Verhalten vor. Dazu kommt noch der nachgewiesene Effekt, dass in dem Moment, in dem die Spiegelneuronen aktiviert werden, die Selbstwahrnehmung sozusagen heruntergefahren wird. Wir sind ganz beim anderen und nehmen eigene Wünsche und Bedürfnisse nicht mehr so stark auf. Diesen Zustand kennt man aus der Hypnose. Wir fokussieren uns voll und ganz. Lernen gelingt wie von alleine. Auch wenn wir etwas beobachten, das wir eigentlich nicht lernen sollten …

»Ich weiß gar nicht, warum Sie hier ewig so rumnörgeln«, schimpft der Chef. »Nichts passt Ihnen. Alles betrachten Sie negativ. Überall sehen Sie Risiken. Das ist echt anstrengend. Und dann Ihre ständigen Verallgemeinerungen, wenn es mal an einer Stelle brennt. Wann lernen Sie endlich, konkret zu werden und mit Lösungen zu kommen?«

Wenn er sich selbst zuhören würde, würde ihm vielleicht auffallen, warum der Mitarbeiter diese Art für erfolgversprechend hält. Immerhin kann er sie jeden Tag beobachten.

Wenn also jeder einfach nur das vorlebt, was er vom anderen erwartet, dann funktioniert vieles leichter. Die Herausforderung liegt in den Wörtchen »einfach« und »nur«. Denn einer guten Teamperformance geht eine optimale Selbstführung voraus. Wenn wir erwarten, dass die Kollegen freundlich sind, dann ist es wichtig, selbst auch – sogar unter Stress – freundlich zu bleiben. Und das gelingt vermutlich nicht immer, denn wir sind alle Menschen. Wenn wir es aber selbst nicht konsequent vorleben, braucht das Ergebnis nicht zu wundern. Und in dieser Konsequenz liegt die gegenseitige Regulierung im Team. Teammitglieder passen sich im Laufe der Zeit aneinander an. Was oft mit Teamspirit beschrieben wird, den manche Unternehmen mittels eines Events aktiv herzustellen versuchen, stellt sich üblicherweise durch gemeinsame Erfahrungen von selbst ein. Gute wie schlechte Erfahrungen können dazu beitragen, einen Teamspirit zu begründen. Ohne besonderes Event. Einfach durch intensive Zusammenarbeit.

Wenn Menschen zusammenleben, gleichen sie sich aneinander an. Die Sprache, ihre Gewohnheiten, ihre Routinen werden mit der Zeit immer ähnlicher. Nicht nur Herr und Hund ähneln sich, auch langjährige Ehepartner sind sich manchmal ähnlicher als Geschwister. Und es entsteht in jeder Gemeinschaft eine Kultur: Wie gehen wir miteinander um? Was erwarten wir voneinander? Was verstehen wir unter Erfolg?

Führungskräfte versuchen manchmal, Phänomene zu erzeugen, die von alleine entstehen würden, wenn sie sich raushielten. Sie wollen aber beschleunigen, motivieren und am liebsten am Schluss sagen: »*Schau mal, das habe ich gemacht …*« Durch ihre – oft finanzielle – Abhängigkeit vom Teamerfolg instrumentalisieren sie Mitarbeiter und schwächen den Zusammenhalt. Kurz: Sie stören die Mitarbeiter beim Arbeiten.

Der Wauwau-Effekt

Vorbilder werden durch Erfahrungslernen oder Action-Learning vertieft. Was eine Person beobachten kann, möchte sie selbst ausprobieren. Und auch genau das, was sie nicht beobachten kann, ist spannend. Das wusste schon der Philosoph und Pädagoge John Dewey vor hundert Jahren: Neben Vorbildern lernen Menschen am besten durch die reflektierte Auseinandersetzung mit konkreten Erlebnissen. Menschen wollen tun, nicht zuhören. Wir wollen ausprobieren, korrigieren, anders tun. Wir wollen wagen und auf die Nase fallen. Wir suchen Risiken und überleben Fehlschläge. Dabei steht bei diesem konstruktivistischen Ansatz nicht nur das Erlebnis allein, sondern vor allem die reflexive Auseinandersetzung damit im Vordergrund: Idee, Ausprobieren und Erfahren, Korrigieren und Ergänzen, Reflektieren. Leider lassen viele Menschen Schritt vier aus. Sie sind so von ihrer Idee überzeugt, dass sie dazu tendieren, auch ein Nicht-

Gelingen als Erfolg umzuinterpretieren. »*Es hat alles super geklappt. Trotzdem möchte ich von diesem Projekt Abstand nehmen.*« Na ja.

Ausprobiert wird viel. Mal mit mehr Erfolg, mal mit weniger. Was in der Regel deutlich zu kurz kommt, ist die Reflexion. Menschen lieben es, Erfahrungen, die sie machen, zu assimilieren. Wir interpretieren einfach das, was wir erleben, so um, dass es zu unserem Mind-Set passt. Genau wie unser Körper dazu in der Lage ist, fremde organische und anorganische Stoffe in körpereigene Stoffe umzuarbeiten, können wir Inhalte, die nicht in unser kognitives Schema passen, so verändern, dass der Fit wieder stimmt. So kommen wir nicht aus dem Gleichgewicht und alles bleibt beim Alten. Wie schön.

Als Kinder haben wir gelernt, dass alles mit Fell, zwei Ohren, vier Beinen und einem Schwanz, das bellt, ein Hund ist. Dieses sogenannte Wauwau-Schema können wir auch auf Hunde übertragen, die wir noch nie vorher gesehen haben.

Das Wauwau-Schema greift aber auch bei anderen Themen. Stehen wir beispielsweise einem beruflichen Problem gegenüber, das wir noch nicht kennen, sehen wir auch dieses gerne als Wauwau, weil wir dann wissen, was wir zu tun haben. Die Andersartigkeit des Problems zu erkennen und tatsächlich andere Strategien zu entwickeln, die zu einer neuen Lösung führen, fällt Menschen eher schwer. Wir bevorzugen, mit gewohnten Strategien an die neue Situation heranzugehen. Und das tun wir auch oft dann immer noch, wenn wir uns bereits eine blutige Nase geholt haben. »*Sonst klappt das aber immer*«, rechtfertigen wir die roten Tropfen auf dem Revers vor uns selbst.

Wenn zum Beispiel der Vertrieb von Fachprodukten nach und nach ins Internet rutscht, weil auch hier das Fachwissen, das ein Kunde zur Entscheidungsfindung braucht, verfügbar ist, dann denken sich Geschäftsleitungen und Marketingabteilungen weitere tolle Verkaufsstrategien aus, anstatt die Tatsache anzuerkennen und ihr Kerngeschäft ganz neu auszurichten. Dazu würde gehören, die Energie des Unternehmens aus diesem Geschäftsfeld abzuziehen und über ganz neue Möglichkeiten nachzudenken. Der Wauwau-Effekt hat sie hier voll im Griff. Sie möchten einfach nicht, dass sich ihr Kerngeschäft auflöst. Deswegen nutzen sie alles, was sie gelernt haben, um es zu stabilisieren. Aber wenn es doch gar kein Wauwau ist? Dann nützt es auch nichts, so zu tun, als wäre es einer.

Lernen und Weiterentwicklung entsteht im Wesentlichen aus dem ergänzenden Prozess der Akkommodation: Alles Neue wirkt wie eine Störung auf bestehende Strukturen. Kein Wauwau! Wenn die Störung zu stark wird und wir den entsprechenden Reiz nicht mehr anpassen können – Fell, Ohren oder Pfoten fehlen, bellt nicht –, dann müssen wir unsere Strukturen und Vorannahmen entsprechend verändern. Dafür braucht es eine aktive Reflexion, die manchmal von außen angestoßen werden muss: Ist ein Tiger. Und dann ist darauf zuzugehen und zu streicheln vielleicht nicht die beste Strategie. Wir müssen ganz neu denken und Vertrautes loslassen. Nicht einfach. Markt statt Laden ist zum Beispiel eine solche neue Herangehensweise.

Unternehmensleitung als Vorbild

Die Unternehmensleitung ist das erste Vorbild zur Orientierung. Mit ihrem Auftreten und mit ihrem Verhalten setzt sie Maßstäbe und lädt zur Nachahmung ein. So wie sie sich aufstellt und mit anderen umgeht, wirkt sie auf jeden Mitarbeiter. Die Art und Weise, wie die Personen der Geschäftsleitung sprechen, inwiefern sie in der Lage sind, zuzuhören, und wie sie mit Meinungsunterschieden umgehen, lässt sich in allen Teams spüren. Jedes Detail im Denken und Verhalten hat Vorbildfunktion und prägt die Kultur der Organisation. Diesen Effekt kann man gar nicht hoch genug einschätzen.

Die Teams sind ja auch nicht führungslos. Es gibt aber keine Führungskraft, die qua Rolle immerzu den Lead hat. Führung folgt hier der Expertise und wechselt dadurch ständig. Aber wie bei der Unternehmensleitung kann man auch hier beobachten, dass sich ein Team immer dem Experten angleicht, der für den Moment den Lead hat. Ist er eher diskussionsfreudig, äußern alle bereitwillig ihre Meinung. Ist er eher still, wird weniger gesprochen. Ist er ein humorvoller Mensch, wird mehr gelacht. Auch im Wechsel gelingt es Teams, sich zu adaptieren.

Da die inhaltliche Führung konsequent der Kompetenz folgt, kann sie auch mehrmals am Tag wechseln. Es kommt auf die Komplexität der Aufgabe an. Oder es können auch mehrere Personen gleichzeitig für unterschiedliche Aspekte den Lead haben. So gelingt es, dass inhaltliche Führung und Kompetenz wieder unmittelbar miteinander verbunden sind. Das ist in manchen Hierarchien abhandengekommen.

Markt und Kunden geben die Richtung vor. Regularien der Branche und Tools zeigen den Korridor, in dem man sich bewegen kann. So braucht es nur hin und wieder die Meinung oder die Entscheidung eines Experten, um handlungsfähig zu sein. Die Führung liegt also immer nur für den Moment in der Hand, die jetzt einen wertvollen Beitrag leisten kann. Und wer ließe sich nicht von einem kompetenten Experten gerne führen?

Kurz und knackig

- Führung in Teams wechselt von Experte zu Experte.

- Handeln ist Reden deutlich überlegen.

- Der unverstellte Blick auf das Kundenverhalten lässt uns Trends antizipieren und das unternehmerische Handeln daran ausrichten.

5 Lebendige Ziele – Augenhöhe statt Zielvorgaben

Ein Wald in Kanada. Eine Gruppe von Holzfällern. Ein Arbeits-psychologe. Die Aufgabe: Holzfäller dazu zu motivieren, mehr Bäume zu fällen. Der Psychologe Gary P. Latham formulierte für die Holzfäller ein SMARTes Ziel und erreichte eine deutliche Steigerung gefällter Bäume. Dafür machte er den Arbeitern genaue Vorgaben, wie viele Bäume sie in welcher Zeit zu fällen hatten und wie der Transport der Stämme und deren Weiterverarbeitung, etwa die Verladung auf bestimmte Lkws, exakt zu erfolgen hatte. Seither sind Arbeitspsychologen davon überzeugt, dass ein SMART formuliertes Ziel zur Leistungssteigerung führt. Und der Erfolg gibt ihnen recht. Voraussetzung: klar struktu-rierte und einfache Aufgaben, bei denen Quantität maßgeblich ist.

Manche Forschungsergebnisse werden hartnäckig generalisiert. So ist es auch den SMARTen Zielen ergangen. Was sich für das Holzfällen bewährte, wurde jahrzehntelang – und wird noch immer – gnadenlos auf alle anderen Aufgaben übertragen. Auch wenn sie genau das Ge-genteil von dem erzeugen, was man erreichen möchte, halten Füh-rungskräfte an SMARTen Zielen fest. Ein interessantes Phänomen. Das Gute: Menschen sind beständig, sie lieben feste Prozesse und vorhersagbare Ergebnisse. Der Preis: Sie versuchen, tote Pferde zu reiten.

Die Übertragung der Ergebnisse von Latham auf alle anderen For-men der Arbeit, vor allem auf komplexe und kreative Felder wie Kommunikation, Verkauf oder Führung, ist gewagt. Manchmal ge-fällt uns ein Tool einfach so gut, dass wir es gerne benutzen, auch wenn es nichts bringt. Vielleicht müssen wir es nur genauer oder häufiger anwenden, sagen wir uns, und probieren es gleich wieder. Auch dieses Mal ergebnisfrei.

»Wenn etwas nicht funktioniert, dann versuche einfach etwas anderes«, gilt bei Therapeuten als feste Regel. Was leicht klingt, fällt Menschen eher schwer. Und das auch dann, wenn die Ziele jeden Entdeckergeist und Mut zum Risiko killen. Durch SMARTe Ziele wird abgearbeitet, nicht aber weiterentwickelt und kreativ durchdacht. Man mag gar nicht zusammenrechnen, wie viel Verlust Unternehmen machen, weil sie Mitarbeitern SMARTe Ziele vorsetzen.

Da steht beispielsweise ein Mitarbeiter völlig inkompetent vor seinen Kunden, weil er Gesprächsleitfäden abarbeiten muss, Kernbotschaften aufsagen soll oder bestimmte Fragen stellen muss. Denn das steht in seiner Zielvereinbarung. Und es wurde im Rollenspiel bis zum Abwinken trainiert. Als ob er nicht selbst wüsste, wie er seine Kunden anpacken und interessieren kann. Schließlich kennt er sie teilweise sehr lange, hat selbst Ideen und bereits die Beziehung gestaltet und stabilisiert. Und wer keine Idee hat, tauscht sich mit seinen Kollegen aus oder nutzt andere Impulse auf Tagungen, Weiterbildungen usw. Ein Gesprächsleitfaden macht unflexibel, Kernbotschaften gehen am Bedarf vorbei und Fragezwang schränkt ein lockeres Gespräch ein. Umsatzziele, die auch liebend gern SMART »vereinbart« (gemeint: gesetzt) werden, bringen so manchen Vertriebler in die Ecke der »Produktschubser«. Seriöse Beratung? Eingehen auf Kundenbedürfnisse? Fehlanzeige. Das Unternehmen gibt vor, was der Kunde zu wollen hat. Auch ein veraltetes Modell, das sich branchenübergreifend nach wie vor sehr großer Beliebtheit erfreut. Nur nicht bei Kunden.

Individuelle Zielvereinbarungen oder auch -setzungen greifen darüber hinaus, wenn Teamarbeit erforderlich ist, in die Teamleistung ein. Und zwar nicht unbedingt günstig. *»Ich würde dir gerne weiterhelfen und einen Part hier zusteuern, aber ich muss unbedingt noch meine Ziele erreichen. Das verstehst du sicher. Sonst muss ich am Jahresende auf einen hohen Betrag verzichten …«* – wer will den Kollegen schon in die Bredouille bringen? Dann gelingt die gemeinsame Arbeit nicht, um die individuelle Zielerreichung nicht zu schmälern. Natürlich nehmen alle Rücksicht aufeinander. Und so arbeitet jeder an seinen Zielen, ohne zu wissen, welche der andere verfolgt. Das Ganze gerät aus dem Blick, weil die individuellen Ergebnisse fokussiert werden. Und am Schluss wundert sich der Vorgesetzte, dass die gemeinsame Leistung zurückgeht. Schade.

Ziele müssen nur klar sein, nicht SMART. Jeder muss verstehen, was gemeint ist. Und wir haben ja schon gesehen, dass in vielen Fällen sogar Prinzipien, an denen man sich orientieren kann, mehr nützen als individuelle Ziele. Der Charme an Prinzipien ist, dass sie für alle gleichermaßen relevant sind. Wenn wir zwischen Teamzielen und individuellen Zielen unterscheiden, dann machen wir sofort eine Konkurrenz beider Zielarten auf: Kümmere ich mich heute um meine individuellen Ziele? Oder sollte ich mal wieder etwas tun, das auf die Teamziele einzahlt?

Ziele verführen dazu, in erster Linie die eigenen Taschen füllen zu wollen. Denn viele Unternehmen koppeln die Zielerreichung an den variablen Anteil des Gehalts. Das unternehmerische Denken beschränkt sich dann ganz schnell auf das Kleinunternehmen »Ich«. Denn hier spüren wir die Auswirkungen direkt. Viel direkter als das Unternehmen, für das wir arbeiten. Und wem ist das eigene Portemonnaie nicht näher als das unternehmerisch Notwendige?

Anstatt also das zu tun, was Menschen sinnvoll finden, tun sie das, was vereinbart ist. Um ihren Bonus zu sichern. Auch wenn die Vereinbarung bereits sechs Monate her ist und sich die Rahmenbedingungen längst verändert haben. Also weg vom Sinn, weg von der Lösungssuche für den Kunden, weg von der Marktentwicklung.

»Ich würde Ihnen ja gerne helfen«, ist dann die lapidare Antwort zum Kunden, *»aber es ist schon November und ich muss noch meine Ziele erfüllen.«* Schwer, sich einen Kunden vorzustellen, der das versteht. Wo Kollegen mitfühlend Rücksicht nehmen, schütteln Kunden nur verständnislos mit dem Kopf.

Iterativ und gemeinsam

Jedes Team braucht eine gemeinsame Orientierung, mit der es arbeiten kann. Das Ziel kann sehr abstrakt formuliert sein. Gleichzeitig werden jeder Person zum Erreichen dieses Ziels eine Rolle und eine Aufgabe zugeordnet. Das genügt. Denn ein gemeinsames Ziel sorgt dafür, dass jeder auch nach rechts und links schaut, weil ohne das Einbringen der anderen im Team das gemeinsame Ziel nicht erreicht werden kann. Und weil nur das Team selbst zuverlässig seine Leistungsfähigkeit einschätzen kann, vereinbart die Unternehmensleitung die Ziele gemeinsam mit allen Personen. Der Coach kann seine Einschätzung dazu geben, um das Bild abzurunden.

Und manchmal muss auch nur die Richtung klar sein. Alles andere regeln die Situation und die Aufmerksamkeit jedes Einzelnen. Anders als den kanadischen Holzfällern geht es Fischern in Sri Lanka. Wird ein Fischschwarm in der Bucht entdeckt, ist klar, dass die jungen, kräftigen und größten Männer am weitesten mit dem Netz ins Meer hinauslaufen. Die älteren und weniger kräftigen stabilisieren es am Ufer. Frauen packen genauso mit an wie Kinder. Jeder ist aufmerksam, beobachtet, handelt. Schwer vorstellbar, dass dies alles in einem Meeting geplant und die Anzahl der zu fangenden Fische vorher festgelegt wurde. Auch wie die Beute geteilt wird, folgt dem Zusammenhalt. Große Familien bekommen mehr und für Alte und Kranke gibt es an diesem Tag auch Fisch.

Ein Teamprozess, der dazu dient, sich auf eine Richtung zu verständigen, basiert auf Augenhöhe und ist iterativ, nähert sich also schrittweise dem Ziel. Die Unternehmensleitung kommuniziert ihre Vorstellungen, das Team seine und man bespricht gemeinsam den optimalen Ansatz. Das kann auch mal hitzig sein, schützt aber vor falschen Richtungen und Fehlentscheidungen. Augenhöhe ist kein Konzept, das Meinungsverschiedenheiten verhindert. Im Gegenteil, je mehr Augenhöhe im Unternehmen gelebt wird, umso mehr setzen sich Personen aktiv miteinander auseinander. Denn die gesamte Kompetenz der Experten hilft, Machbares zu definieren, Markterfahrungen zu integrieren und Trends zu prognostizieren. Eine Auseinandersetzung, um gut zusammenzufinden. Und das wird heute schon in Schulen eingeübt. Augenhöhe beginnt hier Fuß zu fassen und Schüler erwerben eine ganz andere Arbeitshaltung. Es wird spannend, wenn die so geschulten jungen Leute auf traditionelle Strukturen in Unternehmen stoßen.

Wem das zu anstrengend klingt, der mag eine Weile über die Alternative nachdenken: Menschen ziehen sich zurück, bringen sich nicht mehr ein, kündigen, wenn ihnen Ziele vorgesetzt werden, die sie für absurd halten. Sie fühlen sich nicht gehört und ernst genommen. Wo Augenhöhe fehlt, herrscht mehr Ruhe. Nur diese Form von Ruhe bezahlen Unternehmen mit einem sehr hohen Preis: innere Kündigungen, Passivität und Abwanderung von Experten.

Lebendige Ziele

Ziele sind lebendig. Genauso lebendig wie der Markt, die Menschen, die sich darin bewegen, und das Unternehmen mit seinen Mitarbeitern. Veränderungen geschehen jeden Tag. Und Lebendigkeit bedeutet Bewegung. Wer seine Ziele für ein Jahr festschreibt, gibt seine Lebendigkeit im Laufe der Monate auf. Ein wohldurchdachtes Ziel, das wir Ende des Geschäftsjahres für das folgende vereinbaren, kann nach zwei Monaten hinfällig sein. Spätestens nach vier Monaten hat das Ziel nichts mehr mit dem zu tun, was gerade am Markt passiert. Es ändern sich Rahmenbedingungen, es kommen neue Aspekte dazu, das Kaufverhalten entwickelt sich weiter. Ein starres Zielsystem kann einem flexiblen Markt nicht optimal begegnen. Es suggeriert eine Scheinstabilität. Je fester etwas ist, umso weniger Energie hat es. Das lehrt die physikalische Chemie.

Und es tut schon fast weh, sich vorzustellen, was in den restlichen acht Monaten geschieht, in denen Mitarbeiter sich darum bemühen, SMARTe Ziele zu erreichen, die längst keine Relevanz mehr für den Kunden haben. Ob neue Verbrauchergewohnheiten (kein Glutamat), ein Skandal (Diesel 4 und 5) oder eine Kehrtwende (Glasflaschen für Wasser): Der Markt wartet nicht bis zum Ablauf des Geschäftsjahres, um seine Richtung zu ändern. Kundenbedürfnisse verändern sich. Permanent. Und sie hören auch nicht damit auf, weil wir so schöne Ziele definiert haben. Sich iterativ anzunähern hilft hier heraus.

Mit der Lebendigkeit des Marktes mitgehen, neue Ideen aufnehmen und mutig Anpassungen und ganz neue Schritte wagen, das bleibt der Königsweg für Unternehmen. Praktisch gesehen heißt das: Teamziele müssen etwa alle zwei Monate überprüft werden. Stimmt die Richtung noch? Gibt es Neues zu integrieren? Ist eine weitere Iterationsschleife notwendig? Welches ist im Moment das wichtigste Kundenbedürfnis?

Lebendige Ziele zu vereinbaren bedeutet nicht, grenzenlose Freiheit zu genießen. Ziele dienen immer einem Zweck. Ergebnisse sollen erreicht werden. Mit der Wahl des Unternehmens wählen Mitarbeiter auch einen Markt und dessen Dynamik. Diesem entsprechend zeigen sie selbst Flexibilität und Anpassungsfähigkeit. Darauf haben sie sich per Arbeitsvertrag festgelegt. Gleichzeitig gibt es keine Garantie für bestimmte Aufgaben oder eine Rolle. Kein Mensch kann absehen, wie genau die Zukunft gestaltet wird, und deswegen können Zusagen von heute morgen nicht mehr bestehen.

Ein dynamisches Umfeld macht Zusagen obsolet. Jeder kann sich im Unternehmen entwickeln, Neues ausprobieren und sein Know-how an verschiedenen Stellen einbringen. Aber keinem kann ein Anspruch auf eine bestimmte Karriere zugesagt werden. Denn auch wenn es heute so aussieht, als bräuchte man weitere Experten in einem besonderen Bereich, kann sich morgen schon der Markt drehen und braucht genau diese Experten nicht mehr. Ein Unternehmen muss beweglich bleiben, um Anforderungen gerecht werden zu können. Starrheit macht kaputt.

Damit das Unternehmen so flexibel ist wie der Markt, braucht es flexible Mitarbeiter. Und diese bleiben nur, wenn sie sich auf Augenhöhe wahrgenommen und mitgenommen fühlen. SMARTe Ziele vorsetzen und am Ende des Jahres darüber sprechen, wie gut oder schlecht diese erreicht wurden, und dann entsprechende Boni auszahlen oder streichen – das klingt nicht nur sehr altertümlich. Das ist es auch.

Wasser drin?

Ziele sind nur so gut, wie sie zu den Rahmenbedingungen passen.

Wenn man einige Wochen trainiert hat, sich gut ernährt hat, jeden Tag Stunden in Kraft, Dehnung und Spannung investiert hat, dann will man auch den schönen Sprung vom Zehnmeterturm schaffen. Dann irritiert auch das Schild am Eingang im Schwimmbad mit der Aufschrift »Eingeschränkter Badebetrieb« nicht und auch die Kette mit dem Schild »Betreten verboten« am Sprungturm schafft es nur marginal ins Bewusstsein. »Kann ja nicht sein. Der Turm war letzte Woche noch geöffnet. So kaputt kann er in einer Woche nicht sein.« Und man klettert über die Kette den Turm hoch. Schritt für Schritt bereitet man sich innerlich auf seinen Sprung vor. Immerhin hat man nun schon neun Monate darauf hingearbeitet. Würdevoll schreitet man zur Spitze des Sprungbretts und wippt leicht. Jetzt bringt man den Körper in Position. Glücklicherweise schweift der Blick vor dem Absprung kurz

in die Tiefe und man kann im letzten Moment die Wahrnehmung noch
umsetzen: Kein Wasser drin. Unelegant, aber gerade noch rechtzeitig
kann man die Körperbewegung stoppen und fällt nach hinten auf das
Brett. Glück gehabt. Tolles Ziel. Die geänderten Rahmenbedingungen
hätten es fast zum letzten Ziel werden lassen.

Dass das Becken irgendwann einmal leer sein würde, war vorauszu-
sehen. Unternehmerische Rahmenbedingungen sind oft nicht vor-
auszusehen. Oder so knapp, dass es schon einen Looping bedeutet,
um sich darauf einzustellen. Das kostet zwar Energie, aber das supertolle Ziel, das am Markt vorbeigeht, führt nicht zum erwarteten
Effekt. Eine neue tolle Werbebroschüre? Ein Katalog? Welche Kunden schauen sich das noch an? Kluge Unternehmen positionieren
sich umweltbewusst und beschränken Gedrucktes. Fehlt jetzt etwas?
Wem? Gewohnheiten verändern sich schneller als üblich in der
Menschheitsgeschichte. Technologie schiebt diesen Wandel an. Und
Dinge, die wir heute noch brauchen, wirken morgen altertümlich.
Frühstückszeitung, Wecker und Co. werden uns bald verlassen. Auch
ein bisschen schade.

Augenhöhe und Autonomie

Menschen wollen möglichst selbst bestimmen, was sie tun. Schließlich sind Mitarbeiter erwachsen und gut ausgebildet. Und sie verbringen sehr viel Lebenszeit mit ihrer Arbeit. Warum sollten sie hier also
nicht den gleichen Anspruch leben dürfen wie privat? Hier beanspru-
chen sie doch auch für sich, dass sie auf Augenhöhe respektiert werden und autonom handeln. Warum sollten sie sich am Arbeitsplatz
Vorschriften machen und Ziele vorgeben lassen?

Das Streben nach Autonomie hat in den letzten 15 Jahren stark
zugenommen. Autonom zu entscheiden und sein Schicksal in die
eigenen Hände zu nehmen ist für viele Menschen ein starker Treiber.
Und für diese Freiheit sind sie auch bereit, die entsprechende Verantwortung zu übernehmen. Auch wenn etwas schiefgeht.

Ein Team lernt schnell, ob es zu optimistisch plant und mehr Zeit
braucht als gedacht, um die Ergebnisse zu erzielen, die es sich vor-

genommen hat. Und da es inzwischen um extrem kurze Zyklen geht – Scrum schlägt eine bis vier Wochen vor –, bleibt die Zeit einer möglichen Fehlkalkulation überschaubar. Kein Team muss eine Fehlplanung ein ganzes Jahr lang ausbaden, nur weil erst dann der nächste Zielvereinbarungszyklus beginnt. Teams haben heute die Chance zu lernen. Autonomes Arbeiten bedeutet nicht, dass alles zu jedem Zeitpunkt in die richtige Richtung läuft. Es stellt allerdings gepaart mit den anderen beschriebenen Alternativen die Möglichkeit, flexibel und anpassungsfähig zu bleiben. Und das in sehr kurzen Zeitfenstern.

So schnell, wie das Feedback kommt, so schnell kann und muss die Planung angepasst werden. Das ist der Vorteil eines Marktes, der sich nicht planen lässt. Auch Fehler verschwinden schneller wieder, weil sie leichter korrigiert werden können.

Menschen, die sich modernen Organisationsformen anschließen, um mehr Freiheit und Selbstbestimmung zu erfahren, sind sich durchaus darüber bewusst, dass ein Mehr an Freiheit in vielen Fällen ein Mehr an Arbeit bedeutet. Eine echte Zielvereinbarung erfordert vollkommenes Commitment für das Ziel. Denn die Abstimmung im Team wird aufwendiger. Viele Themen, die zuvor von einer Führungskraft entschieden wurden, liegen jetzt beim Team. Ziehen wir einen externen Mitarbeiter hinzu? Wie rechnet sich das? Was erwarten wir von ihm? Wer liefert genau die Person, die wir brauchen? Themen, die Mitarbeiter bisher wegdelegieren konnten, um sich dann auf dem Rücken der anderen auszuruhen: *»Wenn wir keinen neuen Mann kriegen, dann kann uns auch keiner vorwerfen, dass wir es nicht schaffen …«* Erst wenn Mitarbeiter Verantwortung für die Zielerreichung übernehmen, bemerken sie, dass vielversprechende Lösungen oft nicht das Ergebnis liefern, das man sich erhofft hat. Ein Mehr an Personal oder ein Mehr an Ressourcen klingt zwar verlockend, ist aber immer dann nicht die Lösung, wenn die Ursache des Problems an anderer Stelle liegt. Ein neuer Mitarbeiter kann auch nicht abfangen, was schlechte Prozesse oder mäßig eingestellte Schnittstellen oder gar eine falsche Zielrichtung verursachen.

Schnelle und einfache Lösungen erscheinen nicht mehr so attraktiv, wenn man dazu gezwungen wird, Situationen bis zum Schluss durchzudenken. Wie viel Einarbeitungszeit braucht diese Person? Wie viel Kosten entstehen, bis sich dieser Einsatz rechnet? Wie viel

Zeit müssen wir noch überbrücken? Wie viel Zeit steht insgesamt noch zur Verfügung? Und: Löst diese Person das Problem?

Es ist bequem, das zu machen, was uns gesagt wird. Bequem ist es auch, die Güte der Ansage zu bezweifeln. Unbequemer wird es, wenn wir das eigene Hirn nutzen müssen und die Verantwortung für das Ergebnis tragen.

Sina Trinkwalder, die mit Langzeitarbeitslosen eine Näherei aufgemacht hat und dafür das Bundesverdienstkreuz erhalten hat, macht es vor: Sie bittet auf einem Kongress etwa 500 Menschen, einmal aufzustehen und sich zu setzen. Und nahezu alle machen mit. »Weil wir es gewöhnt sind, das zu machen, was uns gesagt wird«, meint sie. Wir hinterfragen die meisten Dinge nicht, arbeiten einfach ab. Sina Trinkwalder kennt keine Hierarchie in ihrem Unternehmen. Für sie gilt nur das Prinzip Selbstverantwortung. Dabei nutzt sie zwei Regeln:

Was du nicht willst, dass man dir tu … und
Wie es in den Wald hineinruft, so …

Und das versteht jeder. Denn diese intuitiven Prinzipien nutzt sie auch in ihrem privaten Alltag.

Energie sparen

Das Gehirn befindet sich im permanenten Energiesparmodus. Wann immer möglich versuchen wir mit wenig Energie auszukommen. Das macht uns glücklich und zufrieden. Denn es kann immer der Tag kommen, an dem wir alle unsere Energiereserven einsetzen müssen.

Auch andere Systeme versuchen, Energie zu sparen. Sie organisieren sich so lange neu, bis sie mit minimaler Energie bestehen können. Augenhöhe im Energiesparmodus: Das kann schon mal zu widersprüchlichem Verhalten führen.

Eine beliebte Möglichkeit, um im Unternehmensalltag Energie zu sparen, ist, die Verantwortung an eine andere Person abzugeben. Das ist zwar sehr bequem, macht aber auf Dauer nicht zufrieden. Das haben wir in den letzten 70 Jahren erfahren dürfen. Denn genau wie Augenhöhe hat auch die Bequemlichkeit ihren Preis. Je einfacher und je bequemer, desto mehr muss eine Person den Wünschen und Anforderungen anderer Personen folgen. Aus dem Driver-Seat verdrängt, ist sie nur noch Mitfahrer und hat keinen Einfluss auf Ziel, Fahrgeschwindigkeit oder Pausenzeiten.

Heute haben wir also immer noch die Wahl: bequem und ohne Autonomie oder frei und mit viel Energie.

Ziele fokussieren die Aufmerksamkeit, schränken aber gleichzeitig den Weitblick ein. Wenn man weiß, wohin man fahren möchte, dann nimmt man nur noch die Verkehrsschilder wahr, die relevant sind, und ist stark darauf fokussiert, möglichst schnell sein Ziel zu erreichen. Kein Wunder, dass man, besonders wenn man es eilig hat, einen Fahrradfahrer übersieht oder nicht mehr flexibel reagiert, wenn jemand über seine Spur hinausfährt. Fokussierte Aufmerksamkeit blendet aus und macht uns unaufmerksamer gegenüber den Dingen, die gerade passieren. Diese können aber gleichermaßen erfolgsrelevant sein. Denn lustig ist das nicht, schnell in München anzukommen, wenn den Weg zwei Fahrradunfälle und ein verletzten Kleinkind pflastern.

Kurz und knackig

- Gemeinsame, flexible Ziele richten ein Team aus.

- Ziele sollten dreimal im Jahr überprüft werden.

- Freiheit und autonomes Arbeiten erfordern mehr Energie.

- Co-Creation heißt hier Iteration.

6 Warum soll ich das tun? – Sinn statt Durchsteuern

Wasserfall, Durchsteuern, Kaskade und was es noch für wunderbare Begriffe dafür gibt, Menschen etwas aufzudrücken, das sie weder verstehen noch umsetzen möchten. Auch mehr Wasser, mehr Druck oder ein steilerer Winkel helfen da nicht weiter. Der Widerstand ist programmiert. Und der kommt meist nicht offen. »Klar Chef, machen wir. Ist doch selbstredend.« Und dann passiert nichts. Am ersten Tag nicht, innerhalb von 14 Tagen nicht und nach vier Wochen geschieht auch nichts und dann wird auf die Tube gedrückt: »Habe ich mich vielleicht unklar ausgedrückt?« »Nein, ganz und gar nicht. Bitte nicht noch mal erklären. Wir müssen noch auf die Zulieferung von Abteilung B warten – oder möchten Sie, dass wir die Zahlen einfach schätzen?« »Natürlich nicht.« »Eben.« Und dann wird wieder versprochen und gewartet und es geschieht wieder nichts. Und schuld sind die anderen. Das ist die »kleine Macht« des Mitarbeiters.

Wenn »durchgesteuert« oder manchmal auch »durchgehämmert« wird, fehlt für viele Mitarbeiter einfach jede Spur von Sinn. Und dazu die Möglichkeit, selbst zu entscheiden, etwas tun zu wollen. Durchsteuern führt beim Gesteuerten zu Kontrollverlust, ein Zustand, den wir nicht unbedingt anstreben. Weder beruflich noch privat. Deswegen wehren wir uns. Auch wenn es sich um eine durchaus sinnvolle Anweisung handeln kann. Was sinnvoll ist, das entscheiden wir am liebsten selbst. Oder im Team.

Start with a Why

Wie bringt man ein Kleinkind zum Lächeln? Man gibt ihm sein Lieblingsessen. Und wie bringt man es zum Strahlen? Man gibt ihm die Möglichkeit, sein Essen mit seinem Kuscheltier zu teilen. Menschen teilen gerne und sorgen damit dafür, dass andere glücklich sind. *»Wir sind alle soziale Wesen«*, schreibt denn auch der deutsche Mediziner Joachim Bauer und leitet aus seinen Forschungen die Hypothese ab, dass gelingende Beziehungen Menschen am glücklichsten machen. Er wies nach, dass die stärkste Ausschüttung von Opiaten in unserem neuronalen System dann erfolgt, wenn Menschen einander in einer positiven Art und Weise begegnen. Das schlägt jede Droge und trifft auf Kinder und auf Erwachsene gleichermaßen zu. Sozialpsychologen konnten immer wieder nachweisen, dass Menschen glücklicher sind, wenn sie einen geschenkten Geldbetrag teilen können, als wenn sie ihn nur für sich persönlich ausgeben – vorausgesetzt, sie dürfen selbst wählen, mit wem sie teilen möchten.

So kann man auch beobachten, dass Mitarbeiter in Unternehmen, die im Bereich Corporate Social Responsibility (CSR) tätig sind, sich also sozial und nachhaltig in ihrem Umfeld engagieren, motivierter arbeiten, weil sie wissen, dass das Ergebnis ihrer Arbeit neben der Profitabilität des Unternehmens auch einem guten Zweck dient. Wenn also ihr Arbeitseinsatz zu etwas Sinnvollem führt, fühlen sich Mitarbeiter wohler. Und das betrifft vor allem Mitarbeiter aus der jüngeren Generation. Der Wunsch, sinnvoll zu handeln, ist in dieser Generation besonders hoch ausgeprägt.

Einem Callcenter in den USA ist zum Beispiel eine Leistungssteigerung von 70 Prozent gelungen, indem die Führungskräfte den Agenten gezeigt haben, was mit dem Ergebnis ihrer Mühen geschieht. Das Callcenter hatte von einer Organisation für Stipendien den Auftrag, Gelder für besonders begabte und besonders sozial engagierte Studenten einzuwerben. Nachdem das Callcenter-Team die Möglichkeit hatte, mit einem Studenten persönlich zu sprechen und die Mitarbeiter so ein Gefühl dafür bekamen, wie wertvoll das Stipendium und damit ihre Arbeit für diese Person war, stieg ihre Erfolgsquote deutlich. Nur das eine Meeting und ein paar E-Mails brachten sie dazu, engagierter und erfolgreicher zu telefonieren.

»Das macht Sinn« widersetzt sich nicht nur den Regeln deutscher Hochsprache, es liegt auch inhaltlich im Auge des Betrachters. Das Empfinden für Sinn ist durchaus different. Gar nicht so einfach, ein gemeinsames Verständnis zu finden. Sinn entspringt nicht der aristotelischen Logik, sondern fußt allein auf individuellen Ansichten und Weltanschauungen. Was in einer Gesellschaft sinnvoll erscheint, ist in einer anderen Struktur hinfällig. Was für ein Team passt, ist für ein anderes ein No-Go.

Die Sinnfrage beantwortet sich jeder Mensch selbst und in der Mitte des Lebens etwa bekommt sie ein besonderes Gewicht. Auf dem Gipfel des Lebens angekommen, lässt sich das Ziel schon erahnen, sodass die Frage nach dem Sinn für den zweiten Teil der Wegstrecke besonders interessant ist. Wie möchte ich mein Leben gestalten? Was ist mir wichtig? Also nicht nur Mitglieder der jungen Generation, die den Spitznamen »Generation Why« bekommen hat, sondern auch die älteren Zeitgenossen suchen immer wieder Antworten auf diese wichtige Frage. Und so unterschiedlich die Individuen sind, so unterschiedlich fallen die Antworten darauf aus.

Menschen wollen ihre Zeit sinnvoll einsetzen. Ein absolut legitimes Bedürfnis. Und sie priorisieren immer »sinnvoll« vor »sinnlos«. Nur ist die Definition von »sinnvoll« und »sinnlos« nicht immer von Einigkeit gekrönt. Deswegen muss, wer mit Menschen arbeitet, sich auch mit deren Auffassung von Sinn auseinandersetzen.

Abstraktion suchen

Wie kann es in einem Unternehmen dann gelingen, Sinnfragen für alle passend zu beantworten? Vermutlich geht es nicht, wenn man in der prototypischen Kategorie denkt. Auf dieser Ebene beantwortet das jeder Mensch für sich wohl anders. Denkbar ist eine Antwort auf der Detailebene: »Wir machen das so, weil …« Wenn man versteht, warum etwas wie ablaufen soll, was damit bezweckt wird und wem das wie nützt, mag man den Sinn erfassen und nimmt auch eine umständlichere Vorgehensweise in Kauf, wenn dafür beispielsweise aus einer Excel-Tabelle bestimmte Exzerpte gezogen werden können. Denn was für den Einzelnen Mehrarbeit verursacht oder umständlich anmutet, mag an anderer Stelle eine enorme Arbeitsentlastung bewirken.

Sinn entsteht durch Fokus, es kommt bei der Beurteilung der Sinnhaftigkeit immer darauf an, an welche Stelle man schaut, bevor man urteilt. Auch auf übergeordneter Ebene vermag ein Unternehmen Antworten zu liefern:

- Wofür stehen wir?
- Was beabsichtigen wir?
- Was stellen wir sicher?
- Wie aufmerksam stellen wir uns den Themen der Gesellschaft?
- Wie nehmen wir unsere ökologische und soziale Verantwortung wahr?

Eine Sinnhaftigkeit hat verschiedene Ebenen und findet viele Antworten. Für Unternehmen ist es relevant, diese aktiv zu bespielen, um als Arbeitgeber und Innovationsführer attraktiv zu bleiben.

Das Erleben von Sinn wirkt sich ganz klar im Alltag aus. Neben der Zufriedenheit mit dem Arbeitsplatz erhält uns das Empfinden von Sinn jugendlich und gesund. Wir sind leistungsfähiger und können mit belastenden Situationen besser umgehen. Tatjana Schnell zeigt in ihrem Buch »Psychologie des Lebenssinns« 26 Quellen des Sinns auf, die sie in fünf Gruppen einteilt:

- Horizontale Selbsttranszendenz (Generativität, Naturverbundenheit, soziales Engagement, Selbsterkenntnis und Gesundheit)
- Vertikale Selbsttranszendenz (explizite Religiosität, Spiritualität)
- Ordnung (Moral, Vernunft, Bodenständigkeit, Tradition)
- Selbstverwirklichung (Herausforderung, Individualismus, Macht, Kreativität, Wissen, Freiheit, Leistung, Entwicklung)
- Wir- und Wohlgefühl (Gemeinschaft, Spaß, Wellness, Liebe, bewusstes Erleben, Fürsorge, Harmonie)

Was auf den ersten Blick esoterisch anmutet, kann einen handfesten Wettbewerbsvorteil generieren. Denn nicht nur Mitarbeiter suchen einen Sinn für ihr Handeln. Auch Kunden wollen mit ihren Kaufentscheidungen etwas Sinnvolles für sich oder die Gesellschaft tun.

Schnell empfiehlt, seinen Lebenssinn aus mindestens drei dieser fünf Bereiche abzuleiten. Am Arbeitsplatz geht es nach dieser Kategorisierung besonders um den Bereich Selbstverwirklichung. Ein sicherer Arbeitsplatz ist deswegen entscheidend, aber nicht ausreichend für ein stabiles Sinnempfinden. Aber immerhin kann diese Rubrik durch den Arbeitsplatz vollumfänglich abgedeckt werden. Und in modernen Arbeitsumgebungen finden wir auch Elemente wie Generativität, Selbsterkenntnis, Vernunft, Moral, Gemeinschaft, Fürsorge, Spaß, bewusstes Erleben und Harmonie. Gleichzeitig weist Schnell darauf hin, dass Menschen, die mit einer hohen Erwartung an eine sinnstiftende Tätigkeit arbeiten, leichter frustriert werden. Sie beobachtet das vor allem in sozialen Berufen, die Menschen dann ergreifen, wenn sie gerne anderen Menschen helfen möchten. Ist das aufgrund der betrieblichen Prozesse nicht so möglich, wie sie sich das vorgestellt haben, brennen sie leicht aus. Freiere Prozessmodelle könnten auch hier hilfreich unterstützen.

Jedes Unternehmen definiert seine Berechtigung und wenn sich ein Mitarbeiter dafür interessiert, dann wird er schon einen Sinn in seiner Tätigkeit erkennen können. Sinn muss man doch nicht immer wieder demonstrieren, mag man einwenden. Vielleicht doch? Möglicherweise ist es wichtig, dem Team den Sinn seiner Tätigkeit immer wieder vor Augen zu führen. Die Wahrnehmung des Sinns mag durch die Routine überlagert werden und tritt damit in den Hintergrund der Aufmerksamkeit. Sie ab und zu wieder hervorzuholen und zu betrachten kann Wunder wirken.

Dreamwork ermöglichen

Sinn vor Augen zu führen bedeutet nicht, ihn immer wieder zu erklären. Sinn muss erkannt und erlebt werden. Zum Beispiel im Kundenkontakt. Und das braucht Zeit. Wenn Mitarbeiter Zeit mit Kunden verbringen, beobachten können, wie diese die Produkte oder Dienstleistungen in Anspruch nehmen, und daraus Schlüsse für die Optimierung ziehen, dann erleben sie ihre Arbeit als sinnstiftend. Allzu viel kurz gedachte Effektivität kann an dieser Stelle hinderlich sein. Denn schnell ist nicht immer gut. Oder nachhaltig – um einen weiteren beliebten Begriff zu bemühen.

Sinn erleben Mitarbeiter erst, wenn sie ihr Arbeitsumfeld aktiv mitgestalten dürfen. Autonome Teams gestalten ihren Arbeitsplatz gemeinsam und definieren die Prozesse in Abhängigkeit von der genutzten Technologie sowie der Kompatibilität und Schnittstellendefinition zu anderen Teams.

Deswegen wird das Konzept auch als *Dreamwork* bezeichnet. Ein

Team, das Dreamwork praktizieren darf, ist deutlich leistungsbereiter, gesünder und hält auch stressige Phasen im Alltag besser aus. Auch wenn es manchmal um Einigkeit ringt und versucht, alle einzubeziehen, liegt auf den Lippen aller ein zufriedenes Lächeln. Weil die Teammitglieder das, was sie tun, als sinnvoll erleben, auch wenn es hin und wieder anstrengend ist.

New Work ist älter, als man annimmt. Wie viele andere Ideen, mit denen noch heute experimentiert wird, stammt New Work aus den späten Siebzigerjahren. Erstmalig wurde New Work von dem deutschstämmigen amerikanischen Philosophen Frithjof Bergmann beschrieben. Er und seine Forschungsgruppe stellten sich die Frage, was mit Menschen geschieht, die durch Roboter ersetzt wurden. Dafür arbeitete er mit den Arbeitern aus den Fabriken der Automobilindustrie, die nun übrig waren, heraus, was sie wirklich wollen. *»Die meisten Menschen«*, sagt Bergmann, *»wissen nicht, was sie wirklich, wirklich wollen.«* Das zweite »wirklich« ist hier kein Schreibfehler. Bergmann spricht von einer »Armut der Begierde«. Menschen wüssten nicht mehr, was sie wirklich wollten, und könnten deswegen für sich keine Zielvorstellungen mehr entwickeln. Aus seiner Sicht hat die Erziehung eher die Anpassung an die damals neue Form der Arbeit, die von vielen Seiten kritisiert wurde, unterstützt, anstatt die jungen Menschen auf dem Weg zu ihren Wünschen und ihrem Streben zu begleiten.

Das Jobsystem, in dem die Menschen heute arbeiten, ist etwa 200 Jahre alt. Vor der Industrialisierung gab es sehr viel mehr Kleinunternehmer, die autark in einer Dorfgemeinschaft arbeiteten. Und als wir noch Jäger und Sammler waren, funktionierte das genauso. Menschheitsgeschichtlich sind wir es also nicht gewohnt, jemanden Tag für Tag um uns herum zu wissen, der uns sagt, was wir zu tun und zu lassen haben. Die Selbstführung gehört zum Menschen und stärkt ihn. Bergmann beschreibt die moderne Arbeit als eine Art »milde Krankheit«. Wir akzeptieren sie wie einen Schnupfen: Es geht mir zwar nicht gut, aber es wird schon gehen. Diese Woche noch, nächsten Monat noch und bis zur Rente. Seiner Meinung nach haben Menschen in den letzten 200 Jahren ihre Selbstbestimmung verloren, ja sie wurde ihnen abtrainiert. Das Menschliche verkümmert und wird schwach. So gesehen macht Arbeit viele Menschen krank. Tatsächlich wäre es eine andere Art und Weise des Zusammenwirkens, wenn jeder selbstständig wäre. Ein interessantes Gedanken-experiment.

Wenn man Menschen fragt, was sie wirklich, wirklich wollen, dann stellt man fest, dass sie eine sinnvolle Tätigkeit suchen. Menschen wollen etwas tun, das einen Unterschied macht. Sie wollen ihre Kraft und ihre Leistungsfähigkeit spüren und sich selbstbestimmt erleben. Inzwischen wissen die meisten auch wieder, was sie tatsächlich wollen. Denn der Zeitgeist hat sich geändert und das persönliche Glück und die individuelle Zufriedenheit stehen für viele Menschen ganz oben auf ihrer Agenda. Früher mit Work-Life-Balance beschrieben, heute unter Life-Life-Balance verbucht. Beim Arbeiten leben wir auch. Wenn es gut läuft.

Auch Kunden suchen nach dem Sinn

Jeder Experte möchte seinen Kunden etwas liefern, das diese zufriedenstellt. Wenn ihm das gelingt, dann ist er selbst auch zufrieden. Deswegen richtet er sein Handeln an den Kundenwünschen aus. Selbstverständlich braucht es intern auch eine Dokumentation. Und das empfinden die meisten Menschen durchaus als sinnvoll, wenn diese Schriftstücke dazu beitragen, den Kunden besser zu bedienen und rentabler zu arbeiten. Müssen aber lange und aufwendige Reports allein für den Chef erstellt werden, damit dieser sich gegenüber der Geschäftsleitung absichern kann, dann hört es auf, lustig zu sein. Dann ergibt sich kein Sinn für die Mitarbeiter und es entsteht Widerstand. Der Chef muss nachfragen, motivieren, eng kontrollieren und, wenn alles nichts bringt, auch drohen. Und das alles für ein paar fragwürdige Excel-Tabellen. Seufz.

Sinn entsteht, wenn eine Gemeinschaft an einem gemeinsamen Geflecht von Geschichten webt und sich daraus Werte ergeben, die dann entsprechend selbstverständlich befolgt werden. Weil jeder versteht, wozu. Sinngeflechte können sich auflösen und sich neu zusammenfügen. Was heute sinnvoll erscheint, muss es morgen nicht mehr sein. Mitarbeiter, die einen Sinn teilen, fühlen sich wohl. Ohne Sinn hält sich keine Ordnung. Darauf hat Harari schon hingewiesen. Menschen können im Unterschied zu Tieren größere Gruppen über den gemeinsamen Glauben an etwas Sinnvolles zusammenhalten. Genauso braucht es im Unternehmen einen gemeinschaftlichen Sinn. Wenn eine Firma Tütensuppen herstellt, dann ist es wichtig, gemeinsam festzulegen, warum das Herstellen und der Verkauf von Tütensuppen sinnvoll sind. Und wenn das Unternehmen Haarshampoo herstellt oder Knöpfe, wenn es Bausparverträge verkauft oder Unfallrisiken absichert, genauso. Ein gemeinsam verstandener Sinn ist relevant. Er funktioniert als sozialer Kitt.

Kurz und knackig

- Mitarbeiter möchten einer sinnvollen Tätigkeit nachgehen.

- Kunden möchten sinnvoll handeln.

- Ein Unternehmen bietet einen gemeinschaftlichen Sinn an.

7 Aufgaben finden – Pull statt Delegation

Delegation ist eines der meist beschriebenen Führungstools. Und das bis ins Detail: Wie delegieren? Wann delegieren? An wen delegieren? Mit welchen Worten? In welchem Umfang? Wie nachhalten? Wann kontrollieren? In welcher Form? Man könnte diese Liste endlos weiterführen. Es kämen immer mehr Details zum Vorschein. Und was passiert am Schluss? Manchmal gelingt es und der Vorgesetzte erhält eine gute Ausarbeitung zurück. Oft muss er nachfragen und das Ergebnis einfordern. Oder er ist unzufrieden, weil alles zu lange dauert oder nicht so abgeliefert wird, wie er sich das vorgestellt hat.

Delegation verursacht Arbeit, die ein Vorgesetzter eigentlich los sein wollte. Und viele Führungskräfte stöhnen »*Da hätte ich es doch besser selbst machen können*«. »*Nächstes Mal*«, nehmen sie sich dann vor, »*überlege ich mir genauer, ob ich diese Aufgabe wirklich delegieren sollte*«. Und nach und nach überlasten sie sich so sehr, dass sie zunehmend unwirsch werden und ihnen ihre Aufgabe keine Freude mehr macht. Dass die Gänge um 16.00 Uhr bereits leer sind und die Führungskraft selbst nicht vor 20.00 Uhr das Gebäude verlässt, ist eine Folge davon. Kompetenzen im Team müssen genutzt werden.

Wird nicht delegiert, kann auf der anderen Seite ein Mitarbeiter keine neuen Stärken entwickeln, weil er immer wieder die Aufgaben bekommt, die ihm zwar leichtfallen, aber keinen Spaß bringen und die ihn auch nicht fordern.

Oder auch andersherum: Nimmt die Führungskraft die Grenzen einer Person nicht wahr, überfordert sie diese permanent, bis sie die Segel streicht. »*Sie sind doch besonders gut in …*« Wenn der Chef so um die Ecke kommt, dann weiß man gleich, dass heute Überstunden angesagt sind. Obwohl man zum Tanzen verabredet war. Schade. Wenn er doch nur vier Stunden früher gekommen wäre, hätte sich die Aufgabe leicht in den Tagesablauf integrieren lassen. Aber so?

Varianten von Delegation gibt es viele, erfolgreich sind die Erfahrungen nur zum Teil. Seinen Tag selbstverantwortlich planen zu können ist für viele Menschen inzwischen ein hoher Wert geworden. Bemerkenswert, dass wir wieder dahin zurückkommen, von wo aus wir gestartet sind. Als Jäger und Sammler gab es nur das Wetter und gefährliche Tiere, die unseren Tagesablauf beeinflussen konnten. Die Aufgaben lagen vor unseren Füßen. Einen Chef hatten wir damals alle nicht, denn Stammesälteste kümmerten sich nur um die wesentlichen Fragen, etwa die Religion, nicht um die tägliche Jagd.

Ein weiterer Nachteil der Delegation: Es kann Konflikte bringen, wenn eine Person eine Arbeit tun darf, die eine andere Person auch gerne täte, aber die Gelegenheit dazu nicht bekommt. Oder auch wenn eine Person eine Aufgabe übernehmen soll, obwohl sie diese nicht mag. Nur weil sie es so schnell und gut macht. Also ist man gut beraten, eine unliebsame Aufgabe schlecht zu erledigen, damit man sie auf diese Weise mit der Zeit loswird. Eine schicke dicke Falte in die Lieblingsbluse zu bügeln oder einen Teller fallen zu lassen hilft, um von Hausarbeit befreit zu werden. Dieser Trick funktioniert im Unternehmen auch ganz gut. Wohl zulasten der Reputation. Und alles, wonach keiner mehr fragt, wird ohnehin liegen gelassen. Erledigt sich von selbst. Also ist der Aufwand für das Tracking delegierter Aufgaben für eine Führungskraft sehr hoch.

Delegation ist out. Nicht nur, weil sie bei der Führungskraft viel Arbeit verursacht, sondern auch, weil die Mitarbeiter keine Lust mehr dazu haben, sich Aufgaben zuweisen zu lassen. Sie sehen ja selbst, was zu tun ist, und möchten anpacken, wo sie es für sinnvoll halten. Über die Köpfe hinweg Entscheidungen zu treffen, Arbeitspakete zu schnüren und einzelne Personen in die Verantwortung zu nehmen ist in einer Zeit, die von Flexibilität und Tempo geprägt ist, zu langsam. Gefragt ist ein eng aufeinander abgestimmtes Miteinander, in dem jeder aufmerksam auf den Kollegen ist und anpackt. Da braucht es keinen »Jobverteiler«.

Eine Pull-Kultur etablieren

Statt Mitarbeiter immer wieder zu pushen oder zu erinnern, braucht es lediglich eine Transparenz der Aufgaben. Für diese sorgt das Team selbst. Jeder muss wissen, wofür das Team insgesamt verantwortlich ist. Dann kann jeder, der Zeit hat, sich eine neue Aufgabe abholen und bearbeiten. Mit dieser Methode gestaltet jeder Mitarbeiter seinen Arbeitstag und kann dabei für Abwechslung sorgen oder sich auch immer wieder das Gleiche holen, wenn es ihm Spaß macht. Wenn er gerade in seinem Kernthema herausragende Ergebnisse erzielt und ungestört weiterarbeiten möchte, geht das auch, weil keiner ihn stört und ihn bittet, »eben schnell mal« eine Kalkulation abzugeben. Einem anderen liegt vielleicht das Spiel mit den Zahlen und er freut sich richtig drauf.

Mal so und mal so geht es auch. Die Verantwortung für Ergebnis, Spaß und Abwechslung liegt bei jeder Person selbst und gleichzeitig beim Team. Und dieses achtet darauf, dass sich auch die unliebsamen Aufgaben gut verteilen. Wenn keiner den Müll rausbringen möchte, dann vereinbart das Team ein rollierendes System. Dann darf jeder einmal.

Gute Arbeit ist unsichtbar. Genau wie frisch gewaschene Gardinen oder geleerte Mülleimer. Was man dagegen immer gut vor Augen hat, ist das, was noch gemacht werden muss: Der Boden ist noch dreckig und das Geschirr nicht abgespült. Immer den Berg wahrzunehmen, der noch erledigt werden muss, lässt die Freude darüber, was schon geleistet wurde, manchmal schier vergessen. Obwohl man permanent gegen die Anforderungen anarbeitet, werden diese gefühlt nicht weniger. Denn sobald das Geschirr gespült und der Boden gewischt ist, muss schon wieder der Mülleimer rausgetragen werden.

Eine Nachverfolgung ist dann nicht nötig, wenn das Tool die Übersicht behält. Ob der Müll noch in der Küche ist oder bereits in der Tonne hinterm Haus, sieht so jeder Kollege. Bei manchen Anwendungen kann man für eine erledigte Aufgabe sogar Likes vergeben. Diese Transparenz erhöht deutlich die Geschwindigkeit, da jeder selbstverantwortlich seine Zeit managt. Und Aufgaben, die keine Freude machen, schiebt man nicht so lange vor sich her. Weil es alle sehen und es keinen gibt, der die Nerven verliert und einem die lästige Pflicht abnimmt – wenn man ausreichend lange wartet.

Die Arbeit und die Ergebnisse jeder Person werden so sichtbar, was dazu führt, dass jeder am Abend weiß, was am Tag gemeinsam geleistet wurde. Dieses Sichtbarmachen der gemeinsamen Leistungen führt zu einer hohen Zufriedenheit und schweißt ein Team zusammen. Zudem haben Mitarbeiter in dieser Pull-Kultur immer den

Überblick darüber, was gerade ansteht, und erfahren es nicht nur zufällig. Sie wählen selbst Aufgaben aus. Sie passen die Aufgaben selbstständig an ihre zeitliche Verfügbarkeit und ihre Leistungsfähigkeit an. Sie fordern aktiv Hilfe ein, wenn notwendig, und sie sind selbst dafür verantwortlich, womit sie sich beschäftigen. Jeder kann erkennen, ob die Aufgaben im Team etwa gleich verteilt sind. Jeder kann Zeiten füllen, die er nicht für seine Hauptaufgabe braucht, und dabei nebenbei in andere Bereiche hineinschnuppern. Jeder kann sich ausprobieren, sich etwas zutrauen, indem er eine überschaubare Aufgabe für sich testet.

Es gibt inzwischen eine Vielzahl an Tools und Apps, die die Organisation für ein Team übernehmen. Auch für komplexere Aufgabenstellungen. Und für große Teams. Wenn transparent ist, was alles vom Team zu erledigen ist, was bereits geschafft ist und was für den nächsten Tag geplant ist, dann braucht es keine Führungskraft mehr, die die Arbeit verteilt und darauf achtet, dass nichts liegen bleibt.

Manche Teams lieben das Kanban-Chart in dieser haptischen Form. Man nimmt einen Klebezettel und hängt ihn um. Meins. Das mache ich. Und mit dem Umhängen eines Klebezettels packt man sich selbst die entsprechende Verantwortung auf die Schulter. Ganz selbstverständlich und ohne, dass jemand sagt »Ich verlasse mich auf Sie«, was manchmal schon wie eine Drohung klingt.

ZU TUN März 2019 (Messe Leipzig)	IN ARBEIT Anna Janina Felix Samuel Vanessa		FERTIG

Kanban-Charts können dazu verleiten, sich nur auf Aktivitäten zu fokussieren. Das kann dazu führen, dass unheimlich viel getan wird, aber der Fokus auf das Ergebnis verloren geht. Anstatt also einzutragen, dass man ein Kundengespräch hat, ist es notwendig, das erwartete Ergebnis genauer zu spezifizieren: *»Morgen schließe ich den Vertrag mit Kunde X.«*

»Stop starting – start finishing«

Darüber hinaus unterstützt Kanban den Durchfluss. Ein Mitarbeiter kann sich nicht viele Aufgaben »sichern«, die er gerne mag, diese so besetzen und kaum bearbeiten. Vereinbart wird ein maximaler Pro-Kopf-Durchfluss, das heißt, es kann immer nur eine bestimmte Anzahl von Aufgaben gleichzeitig übernommen werden, damit gewährleistet ist, dass die Person diese auch in der vereinbarten Zeit fertigstellt. Diese sogenannten »Tickets« müssen entsprechend überschaubar sein, damit täglich Erfolgserlebnisse entstehen. Die Teammitglieder lernen, zwei oder drei Themen parallel zu übernehmen und tatsächlich abzuschließen, anstatt zehn spannende Themen gleichzeitig zu beginnen. Eine Freigabe für eine neue Aufgabe erteilt das Team erst dann, wenn eine Aufgabe, die sich gerade im Durchfluss befindet, abgeschlossen ist. Wenn das Ergebnis nicht erzielt wurde, steht sie wieder zur Verfügung. Um den Durchfluss aktuell zu halten, stimmen sich die Teams häufiger miteinander ab. Sie erkennen die Abhängigkeiten der Aufgaben und haben die volle Transparenz über die gemeinsame Arbeit. Sie definieren Reihenfolgen, verteilen Ressourcen und nähern sich gemeinsam Schritt für Schritt ihrem Ziel.

Mit so einem Ticketing-System wird nach Bedarf gearbeitet, was es Serviceteams beispielsweise ermöglicht, schnell reaktionsfähig zu sein. Die hohe Flexibilität dieser Vorgehensweise macht es möglich, kurzfristig neue Anforderungen gut in den Ablauf zu integrieren. Starre Prozesse werden hier wieder lebendig und orientieren sich an den aktuellen Anforderungen. Stabile Prozesse werden so durch einen Ad-hoc-Ansatz ergänzt. Die optimale Kundenversorgung, die aus dieser Flexibilität und gleichzeitig hohen Qualität entsteht, kann zu einem erheblichen Wettbewerbsvorteil anwachsen.

Die Unternehmensleitung als Auftraggeber erhält regelmäßig Einblick in das, was erreicht wurde und was geplant ist, um möglicherweise die Richtung beeinflussen zu können. Und das nach jedem weiteren Entwicklungsschritt im Projekt. Wer etwas in Auftrag gibt und nach sechs Monaten erst wieder draufschaut, braucht sich nicht zu wundern, wenn die zehn Mitarbeiter im Team zwischenzeitlich den Auftrag für sich neu definiert haben. Ähnlich dem *Product Owner* bei Scrum hält das Team immer wieder Rücksprache mit der Unternehmensleitung, um die gegenseitigen Vorstellungen und Ideen zu justieren. Die Erfahrung zeigt, dass die Interaktion zwischen Unternehmensleitung und Projektteam in vielfältigen Releases den Auftrag weiter differenziert und manchmal sogar in eine andere Richtung führt, weil sich neue Möglichkeiten ergeben, die bisher noch nicht berücksichtigt wurden. Das Projekt differenziert sich im weiteren Fortschritt aus. Was für Standardprojekttools ein großes Problem ist, weil getroffene Annahmen nicht eintreten, wird mit diesem Ansatz systematisch in den Projektfortschritt integriert und mitgedacht. Was paradiesisch klingt, funktioniert zugeschnitten auf die jeweilige Situation sehr gut.

Der Projektfortschritt wird nicht nur der Unternehmensleitung gezeigt, sondern auch einem möglichen externen Auftraggeber oder Kunden. Und zwar vom Experten selbst.

Teams erleben sich mit einer solchen Vorgehensweise als kompetent, was zu einem hohen Selbstbewusstsein führt. Das Team fühlt sich immer den Anforderungen gewachsen, auch wenn manchmal knifflige Themen anstehen. Darüber hinaus schützt eine Pull-Kultur das Team vor allzu großem Stress. Sie begrenzt und hilft, Maß zu halten. Sie erlaubt nicht, dass sich eine Person dauerhaft überlastet. Und das alles ganz ohne die Zuteilung von Aufgaben, die Delegation durch einen Vorgesetzten, der als Maßstab nur seine eigene Wahrnehmung nutzen kann.

Wenn man Wert darauf legt, autonom und selbstbestimmt zu arbeiten, geht an dieser Pull-Kultur kein Weg vorbei. Führung? Nicht nötig. Die Person führt sich selbst, genau wie beim Aufstehen, Anziehen, Zähneputzen ...

Kurz und knackig

- Delegation ist out.

- Mitarbeiter suchen sich ihre Aufgaben stärken-
  orientiert.

- Sichtbare Teamleistung führt zu Freude und
  Zufriedenheit.

- Regelmäßige Releases sichern den Erfolg.

8 Entscheidung folgt der Kompetenz – Subsidiarität statt Flaschenhals

Manche Gemeinden konnten das schon erfahren. Bauen sie gut durchdachte Jugendzentren, macht es den jungen Leuten viel Freude, diese zu besprühen und zu zerlegen. Bietet eine Gemeinde aber nur das Material und die sachgerechte Anleitung, sodass die Jugendlichen selbst »ihr« Haus bauen können, dann sind die jungen Leute eifrig bei der Sache. Sogar nach Abschluss der Bauarbeiten pflegen sie das Gebäude und achten darauf, dass alle Nutzer aufmerksam damit umgehen. Manche Gruppen richten sogar eigenverantwortlich einen Wachdienst ein, damit sich niemand an ihrem Zentrum vergreift.

Auch Hersteller von Backmischungen sind mit ihrem Rundumservice auf die Nase gefallen. Die Hausfrau aus den Fünfzigerjahren konnte nicht vom selbst gebackenen Kuchen sprechen, wenn sie einfach ein Pulver mit Wasser anrührt. Nach einem erfolglosen Produktstart haben die Hersteller gelernt: Wenn die Dame des Hauses Fett, Eier und Milch hinzugeben darf, dann ist es ihr selbst gebackener Kuchen. Und sie kann ihr Werk voller Stolz präsentieren. Denn immerhin hat sie durch die Zugaben und vielleicht durch kleine Varianten ihrem Kuchen eine besondere Note gegeben. Deswegen gibt es heute in nahezu jedem Supermarkt ein Regal mit Backmischungen. Auch in veganer Variante.

Man setze Menschen etwas Perfektes, etwas Fertiges vor und sie interessieren sich nur kurzzeitig dafür. Was man selbst macht, aufbaut, herstellt, hat für den Einzelnen einen deutlich höheren Wert als alles, was perfekt geliefert wird. »NIH« – »Not invented here« nennt der amerikanische Psychologe Dan Ariely dieses Phänomen und weist darauf hin, dass Menschen das besonders wertschätzen, was sie selbst erdacht und aufgebaut haben. Selbst dann, wenn es nicht ganz perfekt ist.

Und Lego hat das auch schon verstanden. Das Gefühl »Selbst gemacht« bezieht sich bei den komplizierten Raumschiffen, Ritterburgen und Puppenhäusern mehr auf den Papa als auf das Kind, dem es eigentlich geschenkt wird. Papa baut am Weihnachtsabend und auch die Feiertage durch, kommt unwirsch zum Essen und studiert die Anleitung, als ginge es darum, eine neue Küche aufzubauen. Sohn und Tochter hingegen langweilen sich bereits an Heiligabend, wollen von Mama etwas vorgelesen haben und interessieren sich nicht für das fertige Raumschiff. Damit spielen? Wie denn? Ist doch alles schon fertig. Inzwischen gibt es schon wieder verschiedene Kästen von Lego mit Grundbausteinen. Ein Glück. So ist Weihnachten doch noch gerettet.

NIH bezieht sich auf nahezu alles. Den Flieger, den man selbst bastelt, das Türmchen, das man selbst gebaut hat, die Sandburg, die man selbst gematscht hat. Alles wunderbar. Und das Gefühl bleibt bis ins Erwachsenenalter. Dann sind es die Excel-Sheets, die man in vielen Stunden selbst entwickelt hat, die schönen Formeln, die man aufgebaut hat, der Prozess, den man selbst kreiert hat, oder die Verkaufsidee, die einem unter der Dusche eingefallen ist. Alles prima. Deswegen sollen die Kollegen das auch alles toll finden, sich daran halten, die Ideen umsetzen. Hier aber greift NIH. Die Kollegen wollen einfach nicht. Auch dann nicht, wenn die Idee offensichtlich genial ist. Wenn sie nicht mal Eier oder Milch hinzugeben durften, dann schmeckt ihnen das Ergebnis einfach nicht. Enttäuscht zieht sich dann der Erfindergeist zurück. Fraglich bleibt, ob er zukünftig die Ideen der Kollegen für sich wohlwollend prüft. *»Wie du mir, so ich dir«* ist im Menschen tief verwurzelt und kann schnell ein gutes Team lahmlegen.

Es gibt einfach keine Alternative zur gemeinschaftlichen Entwicklung von Ideen, also zur Einbeziehung von allen ins Projekt involvierten kompetenten Köpfen, sonst entsteht ein sehr hoher Überzeugungs- und Kontrollaufwand bei der Umsetzung. Und auf beides verzichten Experten gerne. Denn der Spaßfaktor sinkt beträchtlich.

Den Forschergeist aktivieren

Menschen wollen gestalten. So platt das klingt, so einfach ist es. Die Urerfahrung des Menschen im Mutterleib ist neben Sicherheit auch die Entfaltung, das Wachstum. Im angenehm warmen Nass wurden wir gut versorgt, fühlten uns sicher und geborgen und entwickelten uns jeden Tag weiter. Was gibt es Schöneres?

Und wenn wir dann auf der Welt sind, brauchen wir eine Weile, um uns an Krach und Helligkeit zu gewöhnen. Dann wollen wir uns als aktives und handelndes Wesen wahrnehmen. Das beginnt damit, dass wir das Mobile über dem Wickeltisch anschubsen, setzt sich über diverse physikalische Tests fort, mit denen wir versuchen, die Prinzipien unserer neuen Umgebung zu verstehen. Unermüdlich werfen wir beispielsweise unseren Löffel aus dem Hochstuhl, um zu testen, ob er tatsächlich immer nach unten fällt. Dass die Schwerkraft zuverlässig ist, erkennen wir mit der Zeit an und beziehen sie in unsere Handlungen ein.

Da sich Materialien in ihrer Dichte und damit auch in ihrem Verhalten unterscheiden, testen wir auch Äpfel, Kartoffeln, Spinat, Saft und all das, was sich in Armlänge befindet. Und wir schauen beim Loslassen konzentriert nach unten, denn wir haben eine klare Arbeitshypothese. Wenn Kleinkinder am Tisch sitzen, knubbeln sich Teller, Tassen und Lebensmittel meist am gegenüberliegenden Tischende, außerhalb der Reichweite, weil die kleinen Forschergeister ihre Versuchsreihe noch lange nicht nach einem Mittagessen abgeschlossen haben. Interessant wird es dann, wenn Luftballons oder Seifenblasen ins Spiel kommen. Hier verhalten sich die Objekte tatsächlich anders. Und das ist faszinierend.

Menschen wollen denken und handeln. Auch und insbesondere dann, wenn es um Probleme geht. Sich etwas zu überlegen und auszuprobieren, ob es funktioniert, hat uns viele Jahre weitergebracht. Warum sollen wir plötzlich damit aufhören, nur weil wir einen Arbeitsvertrag unterschrieben haben? Der Gestaltungswille ist eine natürliche Kraft, die nicht motiviert werden muss. Er ist da und kann sich entfalten und Neues entstehen lassen oder abtrainiert werden. Das gilt für die Entwicklung neuer Produkte genauso wie für den Umgang mit Reklamationen oder die optimierte Abstimmung untereinander.

Manche Unternehmen vervielfachen ihren Umsatz, weil sie systematisch die Ideen der Mitarbeiter aufnehmen und mit ihnen umsetzen. Oder weil sie ihre Mitarbeiter schlichtweg machen lassen. Was soll schon passieren? Schließlich wurde die Person ursprünglich wegen ihres Expertenwissens eingestellt. Und da kann man ihr einiges zutrauen.

Andere Unternehmen haben ihren Umsatz dramatisch reduziert, weil sie immer dann, wenn es schwierig wird, den Chef vorschicken. Er soll die Probleme des Kunden lösen. Wen wundert es, wenn es nach dem Chefeinsatz für den Mitarbeiter schwierig ist, das Vertrauen des Kunden zurückzugewinnen und sich als Experte zu positionieren. Letztendlich hätte er das, was der Chef gemacht hat, auch selbst tun können, wenn das Unternehmen ihn mit der entsprechenden Kompetenz ausgestattet hätte. Das ist ja kein Hexenwerk.

Von deprivierten Mäusen und falschen Impulsen

Wir wollen schlau sein und auch so wahrgenommen werden. Wenn es immer einen über uns gibt, der noch schlauer ist, macht das einfach keinen Spaß. Gerne lernen wir von Menschen mit viel Fachkompetenz und Erfahrung. Gerne hören wir ihnen zu und lassen uns Dinge zeigen. Aber dann wollen wir auch selbst ausprobieren.

Manche Eltern denken, ihr Kind würde lernen, einen Fahrradschlauch zu flicken, wenn sie es ihm möglichst perfekt vormachen. Beobachten ja. Aber nur passiv zuschauen? Wem macht das schon Freude? Vor allem, wenn jeder Handgriff der Eltern durch langatmige Erklärungen angereichert wird. Was ein normal geduldiges Kind fünf Minuten erträgt, erträgt ein sehr ruhiges und geduldiges Kind zehn Minuten. Aber dann geht es lieber wieder Fußballspielen und die Eltern wundern sich über so viel Desinteresse. Im schlechtesten Fall schimpfen sie sogar.

Auch wenn wir etwas lernen, können wir Teilaufgaben übernehmen und vollverantwortlich abschließen. Wenn wir einbezogen werden, mitdenken und handeln dürfen, dann macht nicht nur das Lernen mehr Spaß, sondern auch die Arbeit.

Eine schlaue Geschäftsleitung ist prima. Wenn sie aber nur so schlau ist, weil alle anderen eher für dumm gehalten werden, gibt es ein Problem. Eine schlaue Geschäftsleitung und schlaue Mitarbeiter hingegen sind unschlagbar. Vor allem dann, wenn diese riesige Ressource genutzt wird. Und besonders schlaue Geschäftsleitungen geben die Entscheidungen demjenigen in die Hand, der Experte ist. Verantwortung abgeben macht erfolgreich.

»Problem? Chef!« ist der falsche Impuls, um unternehmerisch erfolgreich zu sein. Auch wenn es manches Ego bauchpinselt. Wenn immer nur der Vorgesetzte die spannenden Aufgaben lösen darf, dann macht es keinen Spaß mehr, Verantwortung zu übernehmen. Menschen in Organisationen machen die Erfahrung, dass selbst gefundene Ideen und Lösungen meist abgelehnt werden und deswegen machen sie sich diese Mühe gar nicht mehr. *»Er nimmt es mir ohnehin aus der Hand. Dann kann er es auch gleich selbst machen ...«* Oder sie wissen sofort: *»Das überschreitet meine Kompetenz.«*

Welche Kompetenz?, mag man sich hier fragen. Die tatsächliche oder die durch Hierarchie, Rolle und Aufgabe zugewiesene? In manchen Fällen ist die tatsächliche Kompetenz deutlich höher, als die Hierarchie anzeigt. Und trotzdem entscheidet der Chef, weil er übergeordnet ist. Gerne auch bei völliger Ahnungslosigkeit und folgenreichen Fehlentscheidungen.

Selbst Mäuse reagieren direkt darauf, wenn ihnen Kompetenz entzogen wird. Wenn sie wissen, wo das Futter liegt, und nicht hindürfen, werden sie passiv und depriviert. Sie sitzen irgendwann in einer Ecke und machen gar nichts mehr. Sie dazu zu motivieren, sich zu bewegen, fällt dann schon richtig schwer. Die Mäuseaugen geben zu verstehen *»Hat ja keinen Sinn«*.

So offensichtlich energielos verhalten sich Menschen nicht. Sie verstecken ihre traurigen Augen besser. Sie hören nach und nach damit auf, Verantwortung zu übernehmen, machen Dienst immer mehr nach Vorschrift und engagieren sich lieber privat. Denn hier macht es Spaß, weil sie tatsächlich gebraucht werden. Und das ist ein schönes Gefühl.

Gleichermaßen erwarten wir von unseren Ansprechpartnern den vollen Einsatz ihrer Kompetenz.

Sie entscheiden sich für den Einkauf von mehreren Möbelstücken für Ihr frisch renoviertes Wohnzimmer. Da Sie einen erheblichen Betrag in dem Geschäft lassen wollen, fragen Sie nach einem Sonderpreis. Leider kann der Verkäufer, der Sie bis jetzt ausgesprochen kompetent beraten hat, Ihnen nun nicht mehr weiterhelfen. Er muss seinen Chef fragen, der leider heute nicht verfügbar ist. Und so bittet er Sie, morgen wiederzukommen. Sind Sie nach wie vor zufrieden mit der Beratung? Werden Sie wiederkommen?

Jeder ist ein Entscheider

Was mit guter Gesprächsführung, hohem Fachwissen und Kompetenzvermittlung aufgebaut wird, kann mit mangelnder Entscheidungsbefugnis leicht zerstört werden. Ein kompetenter Mitarbeiter braucht Entscheidungsfreiraum. Verantwortung folgt in erfolgreichen Unternehmen der Kompetenz, nicht der Hierarchie. Jeder entscheidet im Rahmen dessen, was er beurteilen kann. Und in diesem Fall kennt der Verkäufer die Lagersituation, die Marge, die Verkaufssituation und andere Kriterien, die ihn zu einer kompetenten Entscheidung bringen können.

Man könnte sogar so weit gehen, zu behaupten, dass es in erfolgreichen Unternehmen nur Entscheider geben darf. Sonst braucht man die Person eigentlich nicht. Entscheidungen wollen schnell getroffen und umgesetzt werden. Die Zeit, um sich durch mehrere Hierarchieebenen zu fragen, fehlt heute. Dafür sind wir zu schnell und tragen zu viel Verantwortung. Und diese Zeit ist auch nicht sinnvoll investiert. Denn der Flaschenhals braucht zu lange und ist nicht unbedingt kompetenter. Darüber hinaus werden Informationen auf dem Weg nach oben bis zur Unkenntlichkeit entstellt. Daher schätzt der hierarchiehohe Entscheider die Situation aufgrund dessen ein, was er wahrnimmt, und liegt so oft knapp daneben. *»What you see is all there is«* (WYSIATI) lässt grüßen.

Kompetente und informierte Mitarbeiter treffen vielleicht andere Entscheidungen. Schlechter sind diese nicht. Das fühlt sich aus Managementsicht nur so an. Was also bringt der Weg nach oben, wenn die Entscheidungen nur langsamer und oft nicht besser sind? Ist das wirklich diesen Aufwand und Ressourceneinsatz wert? Was nützt es dem Kunden? Dem Unternehmen? Und den Experten?

Das Zutrauen des Unternehmens in seine Mitarbeiter, im eigenen Fachgebiet Entscheidungen treffen zu dürfen und für die Umsetzung derselben sorgen zu können, ist eine Voraussetzung, damit diese motiviert und engagiert arbeiten. Alles andere demotiviert. Die Leistungsbereitschaft steigt enorm, wenn Handlungskompetenz gegeben ist. Fühlt man sich als nette, bewegliche Schaufensterfigur für den Kunden, dann endet die Lebendigkeit mit der ersten kniffligen Frage. Und der Kunde hat den Eindruck, mit einem Avatar zu sprechen. Wer hat den denn programmiert? Und warum hat der Programmierer ihn nur mit so wenigen Kompetenzen ausgestattet?

Aus einst engagierten Menschen werden so Personen, die sich eher als »Opfer« wahrnehmen. Sie handeln strikt im vorgegebenen Programm und verlegen sich aufs Jammern, um die Begrenzung, die ihnen auferlegt wird, auszuhalten. Dies geht nicht und das auch nicht. Früher war alles besser. Und überhaupt verändert sich alles so schnell. Was Führungskräfte maßlos nervt, haben diese oft selbst eingefädelt und merken es nicht. Weil sie lieber selbst die Dinge erledigt und durch Mikromanagement Mitarbeitern inkompetente Rollen zugewiesen haben. Weil sie sich profilieren wollten und das Gefühl guttat, alles im Griff zu haben. Und weil sie meist nur an ihre eigenen Lösungen und Vorstellungen von Erfolg glauben. Für andere Ideen und Meinungen haben viele Führungskräfte keinen Gedanken.

Alles im Griff?

Alles im Griff zu haben ist zwar eine Illusion, aber bisweilen eine schöne. Das Gefühl, gestalten zu können, beeinflusst die Gesundheit. Wer aktiv am Leben teilhat, lebt zufriedener und oft länger als andere, die in Opfer-Haltung durch die Welt marschieren. Weniger Herz-Kreislauf-Erkrankungen, weniger Erschöpfung, weniger Energieverlust – obwohl mehr geleistet wird. Menschen sind dafür gemacht, Dinge in die Hand zu nehmen. Nicht, um nachzufragen, zuzuschauen und abzuwarten.

Das vergessen selbst die wohlmeinendsten Erziehenden manchmal. Manche Helikoptereltern schwirren unablässig um ihren Nachwuchs herum, tauchen immer dann auf, wenn das Kind gerne selbst aktiv geworden wäre – »lass mal, mach ich schon« –, um sich dann zu beklagen, wie unselbstständig die eigene Brut doch sei. Dann kommt Mama und holt im Regen von der Schule ab, obwohl die Erfahrung, klatschnass geworden zu sein, eine tief menschliche ist. Oder sie trägt das Pausenbrot in die Schule hinterher, wenn der »Kleine« mit seinen 15 Jahren es am Frühstückstisch vergessen hat. Obwohl auch die Erfahrung, von den Kumpels etwas abzubekommen, eine verbindende ist. Sie waschen auch die Fußballklamotten und werden ganz nervös, wenn »Mama, wo ist …« durchs Haus schallt. Als hätten sie allein die Verantwortung dafür, dass das Trikot ordentlich im Schrank erscheint.

Dann ziehen sich die jungen Leute ans Smartphone zurück, eine Domäne, in der sich die »Alten« meist nicht so gut auskennen, und hängen passiv ab, was ihnen wiederum Ärger einbringt, den sie verständlicherweise nicht nachvollziehen können.

Aufgaben abnehmen macht schwach, Gestaltungsspielraum einschränken beschränkt auf allen Ebenen. Eltern wie Führungskräfte bemerken meist nicht, was sie tun. Mit den besten Absichten schaffen sie genau das, was sie nicht möchten: Menschen, die weder denken noch handeln. Was als Generationenkonflikt fehlinterpretiert wird, ist hausgemacht. Und alles Klagen über die Jugend oder die Mitarbeiter von heute eine Farce, wenn man nicht sein eigenes Verhalten reflektiert und sich kritisch fragt, wie es gelungen ist, den jungen Menschen ins Internet oder in die Interesselosigkeit zu treiben.

»Ja«, wenden manche Führungskräfte da ein, »aber starke Menschen sind so schwer zu führen«. Richtig. Braucht man nämlich auch gar nicht. Starke Menschen führen sich selbst. Und das ganz erfolgreich und ohne Kontrolle. Geben Sie Ihren starken Mitarbeitern einen kompetenzangemessenen Rahmen, trauen Sie ihnen etwas zu und ermöglichen Sie, dass sie Entscheidungen treffen und dazulernen. Mehr braucht es nicht. Einfach das Subsidiaritätsprinzip umsetzen und so jeden Mitarbeiter in die Verantwortung bringen.

Subsidiarität bedeutet sinngemäß »zurücktreten« oder »nachrangig sein«. In unserem Staatssystem wird das Prinzip der Subsidiarität erfolgreich genutzt. Der Staat selbst tritt dann von einer Aufgabe zurück, wenn diese auch von einer »untergeordneten« Organisation erfüllt werden kann. Eine Klage geht immer an das niedrigste Gericht, Sozialhilfe wird von Gemeinden ausgezahlt, für schulische Belange gibt es das lokale Schulamt. Lokal vor regional vor zentral. Unvorstellbar, dass Regierungen dieser Welt sich jedes Themas annehmen.

Entscheiden können bedeutet, handlungsfähig zu leben. Entscheider dürfen nicht nur in der Unternehmensleitung sitzen. Wir brauchen sie an allen Stellen. Sonst drohen Verlangsamung und Starrheit. Zwei Merkmale, mit denen ein Unternehmen heute nicht mehr erfolgreich sein kann.

Das, was auf Geschäftsführungsebene ankommt und als Basis zur Entscheidungsfindung dient, hat mit den Realitäten oft nichts mehr zu tun. Geschönte Informationen, bis zur Unbrauchbarkeit von der Wirklichkeit entfernt, lesen sich bestens und erfüllen die Erwartungen des Managements. In manchen Unternehmen ist das sogar die Maßgabe, die Mitarbeitern von schön gestalteten Wallpapers aus anlächelt: *»Unsere Projekte stehen auf Grün.«* Dass Entscheidungen, die auf dieser angepassten Datenlage basieren, nicht sinnvoll sein können, erklärt sich von selbst. Also Mitarbeiter auswählen, einstellen und machen lassen.

Kurz und knackig

- Menschen wollen ihre Kompetenzen nutzen.

- Ein Unternehmen braucht nur Entscheider.

- Kompetente Entscheider sichern Schnelligkeit und Flexibilität.

9 Fluide Communitys – flexible und aufgabenbezogene Teams statt fester Strukturen

»*Es wird nur der zum Superheld, der sich selbst für super hält.*« Manche Menschen haben ein gutes Händchen für eine optimale Selbstinszenierung und es gibt Unternehmen, die auf Superhelden abfahren, sie einstellen und ihnen alles liefern, was sie haben wollen. Um nach einigen Jahren zu bemerken, dass der tolle Superheld wenig leistet und viel beansprucht. Komplexe Problemlösungen werden meistens nicht von Superhelden aufgespürt. Komplexe Problemlösung ist bis heute Teamarbeit.

Wenn sich Mitarbeiter heldenmäßig fühlen, überschätzen sie in der Regel ihre Kompetenz, sind anstrengend fürs Team, ziehen die spannenden Aufgaben an sich und liefern letztendlich wenig. Selbst ernannte Superhelden verursachen deutlich mehr Probleme, als sie lösen, sind blind für ihr eigenes Verhalten und haben Mühe, gemeinschaftlich komplexe Leistungen zu erbringen. Da Superhelden sich selbst oft nicht erkennen können – auch nicht an der Reaktion ihres Gegenübers –, sind sie darauf angewiesen, dass sich jemand mit ihnen befasst und ihnen die Wirkung ihres Verhaltens vor Augen führt. Dieser Jemand ist der Unternehmenscoach.

Superhelden wurden meist von den Eltern entweder verhätschelt oder vernachlässigt. Sie kennen es nicht anders und generieren die gewohnten Ansprüche oder sie lecken ihre Wunden. Die Ursache unterscheidet sich diametral, die Wirkung bleibt gleich: Ein selbst ernannter Superheld ist für ein Team untragbar. Mögen sie in traditionell hierarchischen Unternehmen noch ihre Nische gefunden haben, in moderne Unternehmen passen sie einfach nicht hinein.

Manchmal aber schafft das System auch seine eigenen Superhelden. Sie stellen jemanden ein, der vielleicht eine leichte Affinität zum Heldentum hat, und verhätscheln oder »fördern« ihn so lange, bis er tatsächlich selbst denkt, er sei ein Superheld. Aus einer leichten Affinität kann so eine manifeste Wahrnehmungsstörung erwachsen.

Manchmal wendet sich das Unternehmen dann mit einem Hilfege-
such an einen Coach. Dieser kann sich nun damit befassen, was das
Unternehmen selbst produziert hat. Oft mit zweifelhaften Ergebnissen, weil im Unternehmen selbst die Mechanismen die gleichen geblieben sind.

Gruppentier Mensch

Teams entstehen immer dann, wenn gleiche Interessen vorhanden
sind. Facebook macht es vor. WhatsApp legt nach. Menschen suchen Nähe und Zugehörigkeit. Sie sind Gruppentiere. Die Herde,
das Rudel, die Gemeinschaft: Über die Familie hinaus suchen wir
Anschluss und Nähe nach Neigungen und Interessen. Wir suchen
Gruppen, die ähnlich ticken. Wir möchten bestätigt werden in dem,
wie wir sind. Denn auch bei hoher Ähnlichkeit unterscheiden sich
Menschen durchaus. Zwar deutlich weniger, als sie gerne für sich
in Anspruch nehmen, aber dennoch: Musiker zieht es zu Musikern,
Sportler zu Sportlern und Köche zu Köchen. Und das geht weit über
das gemeinsame Thema hinaus. Denn meist sind es charakterliche
Eigenschaften, die ähnlicher sind, wenn man sich mit dem gleichen
Thema gerne befasst. Und in der Spiegelung liegt die Kraft. Wir können entspannen und loslassen. Hier ist man so in Ordnung, wie man
ist. Die anderen ticken ähnlich. Das ist angenehm. Wohltuend.

Die Zugehörigkeit zu einer Art von Community ist ein neurologi-
sches Bedürfnis. Wir werden schutzlos geboren und sind von Beginn
an abhängig von anderen Menschen. Was früher der Stamm geben
konnte, liefern heute Familie, Freunde, Interessensgemeinschaften
und virtuelle Gruppen. Verbunden sein in einer Gruppe, jederzeit
Zugriff haben, sich aber auch ausklinken können, wenn man Ruhe
braucht. All das ermöglichen virtuelle, soziale Räume.

Communitys basieren auf Freiwilligkeit. Wer etwas beitragen
kann und möchte, macht mit. Wer Ideen hat, sich engagiert und sich
selbst führen kann, ist in Communitys gerne gesehen. Denn hier gibt
kein Chef ein Ziel vor. Die Aufgabe bestimmt, was gemacht werden
muss. Und komplementäre Kompetenzen gepaart mit einer hohen
Aufmerksamkeit liefern einen maximalen Nutzen.

Konnektiv löst kollektiv ab

Eine Community löst nach und nach die Zugehörigkeit zu einer festen Gruppe ab. So vielfältig die Persönlichkeit, so multipel sind die Gruppen, denen wir uns zugehörig fühlen. Wir switchen zwischen den Chats. Geben einmal unsere Erfahrungen beim Angeln weiter, empfehlen dann eine Kamera, um uns im nächsten Augenblick über Bandscheibenoperationen zu informieren. Verbindung on demand, Zugehörigkeit nach Bedarf, und das alles ohne Verpflichtung. *»Wieso warst du gestern Abend nicht bei der Chorprobe?«* Das will heute kein Mensch mehr gefragt werden. Denn es gab Gründe und die sind nicht unbedingt öffentlich. Und Lust auf eine Ausrede hat auch keiner mehr. Die braucht er auch nicht. Denn konnektive Einheiten sind fluide. Sie bestehen immer aus den Menschen, die sich jetzt für das geteilte Thema interessieren. Keiner ist aus Verpflichtung hier, alle sind da, weil sie gerade Lust haben. Und vermisst wird niemand.

Unternehmerisch bedeutet diese neue Art der Verbundenheit einen Übergang zu fluiden Communitys. Menschen setzen sich nach ihren Kompetenzen und ihrem optimalen Input in Projekten ein. Dass eine Person in ihrer Arbeitszeit zu 100 Prozent nur an einer Sache arbeitet, ist eher die Ausnahme, kann aber auch sinnvoll sein. Die Zuteilung zu Projekten mit 20 Prozent hier, 30 Prozent dort und 50 Prozent an anderer Stelle bewährt sich ebenfalls immer weniger. Durch komplexe Aufgabenstellungen und hochspezialisierte Experten sind diese eher starren Konzepte überholt.

Crossfunktionale Organisationsformen sind genauso interessant wie selbst organisierte Teams, weil es keine Person gibt, die fachlich die hohe Komplexität überschauen kann. Die Verständigung innerhalb eines Expertenteams nimmt deutlich an Relevanz zu. Voraussetzung: Jeder weiß genau, welche Kompetenzen er hat, und vor allem, welche er nicht hat. Und er kann auch die Kollegen einschätzen.

In fluiden Communitys spielt die Kommunikation untereinander eine entscheidende Rolle. Durch die fließenden Strukturen sind nicht alle darüber informiert, woran jeder Kollege gerade arbeitet. Es bedarf also immer wieder einer Aktualisierung des Wissens übereinander und der Zuschreibungen, damit man weiß, wen man wofür ansprechen kann. Projektbegleitende Chats sind in vielen Unternehmen bereits genauso Standard wie Newsticker im Intranet, die es möglich machen, in großen Projekten den Status kleinerer Einheiten zu kommunizieren. Gepflegt werden alle diese Medien von den Mitarbeitern selbst. Eingestellt wird das, was die Beteiligten für relevant halten. Geteilt wird nach Interesse und aktueller Aufgabe.

Touch-Points justieren

Außergewöhnliche Leistungen liefern Menschen gerne, wenn sie auch außergewöhnlich behandelt werden. Das ist Aufgabe der Unternehmensleitung und der Community selbst. Ein respektvoller und wertschätzender Umgang untereinander ist nach wie vor ein wesentlicher Schmierstoff, auch im virtuellen Raum.

Was aber heute anders ist: Mitglieder autonomer Teams sollen sich nicht vor Unterbrechungen schützen. Es geht nicht darum, sich abzuschotten, um in Ruhe die wirkliche Arbeit tun zu können. Die hohe Komplexität und die Geschwindigkeit machen es notwendig, Unterbrechungen als Teil der Aufgabe zu betrachten. So gesehen gibt es keine Unterbrechungen, sondern Touch-Points zu Kollegen. Diese Touch-Points unterstützen dabei, die eigene Aufgabe an den gemeinschaftlichen Fortschritt anzupassen, Ideen zu adaptieren, Ideen zu teilen, andere voranzubringen und weitere Aufgaben zu definieren. Touch-Points stören also nicht, sie justieren. Und deswegen werden sie nicht gemieden, sondern eher gesucht.

Kommunikation in modernen, fluiden Strukturen ist eine Holschuld geworden. Informationen werden nicht geliefert. Es gibt keine Führungskraft mehr, die ihren Mitarbeiter mit den für ihn relevanten Informationen versorgt. Jeder loggt sich ein und ruft die Informationen ab, die er als wichtig erachtet. Und es ist seine Entscheidung, wie oft und wie lange er sich einloggt und wonach er schaut. Wer das verpasst, ist abgehängt. Und eingestellt wird das, was für relevant gehalten wird. Auch der virtuelle geteilte Raum organisiert sich selbst.

Autonome Teams arbeiten in fluiden Communitys basierend auf einer gemeinsamen Haltung. Die Haltung entscheidet schließlich über die Qualität der Zusammenarbeit. Besonders erfolgreiche Teammitglieder überlegen immer wieder:

- Wie kann ich zum Erfolg des Teams beitragen?
- Was ist jetzt angemessen?

Weniger erfolgreich ist die umgekehrte Haltung: Was können das Team und das Unternehmen für mich tun? Das verpflichtende Gefühl, etwas beitragen zu wollen und auch liefern zu müssen, macht Kollaboration erst möglich und schützt vor Interessen, die sich ungünstig auf das Team auswirken, wie zum Beispiel: Was ist meins? Was kann ich bestimmen? Was ist richtig? Wer hatte die Idee? Wie kann ich mich gut positionieren?

Um diesen stark individuellen Bestrebungen entgegenzuwirken, braucht es Mechanismen, die Teams für ihre besondere Leistung anerkennen und nur im Ausnahmefall einzelne Personen berücksichtigen. Wenn etwas Besonderes entwickelt wurde, ein schwieriger Kunde gemeinsam zufriedengestellt wurde oder ein Problem auf besonders kreative Art und Weise gelöst wurde, dann darf das Team seinen Erfolg im Unternehmen vorstellen und gilt als Referenz. Mit dieser Auszeichnung können die Beteiligten andere Mitarbeiter an ihrer Erfahrung teilhaben lassen und ihr Wissen weitergeben.

In den Communitys bringt jeder seinen Beitrag, solange das sinnvoll ist. Danach übergibt er an einen anderen Kollegen, der eine aufbauende Kompetenz besitzt, und wechselt in eine andere Community, um seine Expertise einzubringen. Besteht ein guter Zusammenhalt und gibt es große Herausforderungen, dann braucht es keine Teamführung. Der Wille zum Erfolg reicht. Die Verantwortung, immer an der Stelle zu arbeiten, an der er seine Expertise optimal einbringen kann, liegt beim Mitarbeiter selbst. Die Unternehmensführung weiß, welches Projekt wo steht, und veröffentlicht täglich, welche Kompetenz an welcher Stelle gebraucht wird. So gibt es Mitarbeiter, die aufgrund ihrer Ausbildung häufiger wechseln, andere verweilen länger. Manche arbeiten konzeptionell, andere im Detail. So vielfältig die Ausbildungen, so unterschiedlich die Aufgaben.

Google bestätigt Sozialpsychologie

Auch Google hat sich dafür interessiert, was Teams brauchen, um opti-mal zu funktionieren, und vor einigen Jahren mehr als 200 Mitarbei-ter befragt und 180 Teams analysiert. Googles Erfolg hängt maßgeblich davon ab, wie gut und innovativ Mitarbeiter zusammenarbeiten. Bei der Studie wurden insgesamt 250 Attribute getestet, eine Zusammen-stellung aus persönlichen Eigenschaften und Fähigkeiten, von denen Google annahm, dass sie bei der Teamarbeit relevant sein könnten. Die Annahme, dass es vor allem darauf ankommt, wie kompetent die einzelnen Mitarbeiter sind und welche persönlichen Faktoren sie mit-bringen, wurde sofort widerlegt.

Das Ergebnis überrascht nicht. Denn es ist bereits vielfach sozialpsy-chologisch nachgewiesen worden. Auf Platz eins in der Reihe der re-levanten Faktoren für den Teamerfolg landete die gefühlte psycholo-gische Sicherheit jedes Einzelnen. Menschen möchten sich in ihrem Team sicher und getragen fühlen. Sie möchten den anderen Personen vertrauen und offen ihre Fragen stellen können. Sie wünschen sich einen sicheren Platz, von dem aus sie gemeinsam mit den anderen neue Ideen entwickeln und gute Lösungen für die Themen des pro-fessionellen Alltags finden können.

Ein Team funktioniert so gut, wie die Interaktion gelingt. Sie sticht also jede individuelle Kompetenz und jedes Persönlichkeitsmerkmal der Teammitglieder. Ein wohlwollender und gleichzeitig sehr klarer Umgang ist laut Sozialpsychologen und Google der wichtigste Fak-tor für eine erfolgreiche Teamarbeit. Besonders dann, wenn etwas schiefgeht.

Menschen, die sich in ihren Teams gut aufgehoben und sicher füh-len, leisten häufig mehr, interagieren stärker mit ihren Teamkolle-gen, tragen mehr zum Erfolg bei und werden von Vorgesetzten als besonders leistungsfähig wahrgenommen.

Platz zwei: Verlässlichkeit. Sich auf die gute Qualität der Arbeit anderer und auf Zusagen verlassen zu können, hat sich als weite-rer wesentlicher Faktor in der Studie gezeigt. Und das betrifft jeden. Wenn nur eine Person hier ausschert, gefährdet das den gemeinsa-men Erfolg.

Rollenklarheit, Struktur und zu wissen, was erwartet wird, erreichte Platz drei. Nur wenn ein Mitarbeiter genau weiß, was er zu tun hat, kann er auch das liefern, was erwartet wird.

Platz vier und fünf werden von den Faktoren Bedeutsamkeit und Sinn eingenommen. Jedes einzelne Teammitglied muss persönlich davon überzeugt sein, dass seine Arbeit wichtig ist. Google hat seine fünf Faktoren später im Jahr 2016 mit 3000 Mitarbeitern in 300 Teams nochmals gecheckt. Die Teams nehmen sich nun regelmäßig zehn Minuten Zeit, um anhand dieser fünf Faktoren ihren Team-Puls zu fühlen: Wie gut sind wir? Dieser bewusste Umgang mit den fünf Faktoren hilft Google-Teams zu reflektieren und sich kontinuierlich zu verbessern. Dies könnte ein strukturierter Teil des Boxenstopps sein, den der Unternehmenscoach in unserem Modell unterstützend moderiert.

Autonomie als Basisprinzip

Communitys arbeiten so autonom wie möglich. In einem verlässlichen Rahmen nutzen sie alle Freiheitsgrade. Mitarbeiter sind sich selbst, dem Team, dem Kunden, den Zulieferern, den Partnern und der Unternehmensleitung gegenüber verantwortlich. Sie stehen für ihre Entscheidungen gerade und erhalten zu jedem Zeitpunkt Feedback. Sie sichern sich gegenseitig ab und suchen sich ihre »Spielwiesen«. Die Unternehmensleitung erteilt die Arbeitsaufträge. Dadurch ist für eine optimale Abstimmung zwischen den Communitys gesorgt, ergänzt durch alle denkbaren Schnittstellen zwischen den Teams. Denn ohne gutes Alignment wären rein autonome Teams chaotisch.

Der agile Spotify-Coach Henrik Kniberg vergleicht ein solches Vorgehen mit dem Straßenverkehr. Jeder Verkehrsteilnehmer lernt die Regeln und nimmt teil. Solange alle aufmerksam sind, gelingt das Zusammenspiel. Und die Erfahrung zeigt sogar, dass Kreisverkehre, die jeden in seiner Aufmerksamkeit mehr fordern als Ampelkreuzungen, weniger Unfälle produzieren. Obwohl kein rotes Licht zum Halten auffordert. Genauso funktioniert ein Fischschwarm. Wenn einer der außen schwimmenden Fische die Richtung ändert, weil er eine Gefahr erspäht hat, ändert der gesamte Schwarm die Richtung. Die Informa-

tion geht sofort auf den gesamten Schwarm über. Es würde auch deutlich zu lange dauern, bis auch der »Cheffisch« die mögliche Gefahr als solche einschätzt und eine Richtungsänderung anweist.

Sich selbst organisierende Systeme erfordern eine höhere Aufmerksamkeit des Einzelnen und unterstützen ein Zusammenspiel im klar definierten Umfeld. Und da alle aufmerksam sind, gleicht jeder auch Unaufmerksamkeiten anderer aus. Intuitiv glauben viele Menschen, dass mehr Regeln mehr Sicherheit geben. Die Erfahrung lehrt in vielen Kontexten Umgekehrtes: Je mehr Regeln, umso bequemer, unaufmerksamer und unflexibler agieren Menschen.

Eine Studie in Psychological Science 2017 unterstützt diese Hypothese. In dieser Studie zeigte sich, dass interkulturelle nationalen Teams in der Zusammenarbeit und in den Ergebnissen überlegen sind. Das rührt einfach daher, dass die Mitarbeiter aufmerksamer miteinander umgehen, da sie kulturelle Unterschiede erwarten. Diese höhere Aufmerksamkeit im Miteinander und die anderen Erwartungen an bestimmte Denk- und Verhaltensweisen schaffen ein sicheres und schnelleres Arbeiten. Es fordert zwar mehr Energie, führt aber gleichzeitig zu mehr Zufriedenheit. Und das ganz ohne Führungskraft.

Interpunktionen verstehen

Der Mönch fragt seinen Abt: »Darf ich beim Beten rauchen?«
»Natürlich nicht, mein Sohn. Wenn du mit Gott sprichst, sollst du dich ganz auf ihn fokussieren.«
Der Mönch fragt seinen Abt: »Darf ich beim Rauchen beten?«
»Natürlich. Wann immer du möchtest, kannst du Kontakt zu deinem Herrn aufnehmen.«

Genauso, wie die Art der Frage die Antwort vorgibt, strukturiert die Antwort schon die nächste Frage. Dieses überlieferte dialektische Beispiel zeigt deutlich, dass wir – wie Paul Watzlawick beschrieb – in Interpunktionen miteinander verbunden sind. Und das gilt nicht nur für die sprachliche Kommunikation. Auch bei der Teamarbeit strukturiert das Verhalten des einen das Verhalten des anderen. Ein Verhalten steht immer in einem Kontext. Es ist eine Reaktion. Wenn in üblichen Hierarchien ein Chef seine Führungsrolle nicht ausfüllt, übernehmen Teammitglieder diese Aufgabe. Insofern hat auch ein problematisches Verhalten von einem Mitarbeiter immer etwas mit dem Umfeld zu tun. Mit den anderen Teammitgliedern, mit dem Vorgesetzten, mit dem Unternehmen und mit den Werten, die gelebt werden. Es ist nicht einfach der einzelne Mitarbeiter blöd. Sondern ob ein Verhalten »blöd« ist, bleibt eine Frage der Definition im gegebenen Kontext.

Ein dominanter Chef kann seine Mitarbeiter passiv machen, ohne dass dies seine Absicht wäre. Einfach durch seinen Auftritt und durch sein So-Sein, wie er ist, entstehen Wechselwirkungen. Und da er eine Menge hinbekommen muss, belastet er automatisch die starken Mitarbeiter stärker und vernachlässigt die schwächeren. Das wiederum führt dazu, dass sich die starken Mitarbeiter gut entwickeln und die schwächeren das Zutrauen in ihre Leistungsfähigkeit verlieren. *»Alles muss ich selbst machen, sonst funktioniert es nicht«*, ist dann das Gefühl, das bei vielen Führungskräften hängen bleibt. Dass das ganz viel mit ihrer Art zu sein zu tun hat, können sie häufig nicht wahrnehmen. Interpunktion eben.

Gleichzeitig entstehen in autonomen Teams schnell informelle Führungsstrukturen. Anstatt immer den richtigen Experten zu nutzen, tendieren Gruppen dazu, sich an dominanten oder erfahrenen Kollegen zu orientieren. Und wenn das ein paarmal hintereinander geschieht ist, haben wir schon eine kleine, informelle Führungsstruktur gebaut. Wenn das Team sich selbst gut beobachtet oder der Coach Feedback gibt, dann kann gegengesteuert werden. Lässt man das laufen, hat man bald herkömmliche Strukturen. Wenn auch nicht in einem Organigramm fixiert. Hierarchien schleichen sich ein, wenn man unaufmerksam wird. Weil sie Menschen Sicherheit geben. Aber auf Dauer machen sie unzufrieden und die Menschen bleiben hinter ihrer Leistungsfähigkeit zurück. Aber das hatten wir ja schon.

Humanismus als Ideologie

Wenn wir glauben, dass Menschen sich gut entwickeln und positiv ihr Umfeld gestalten, wenn man ihnen nur die Mittel und Möglichkeiten dazu gibt, dann haben wir 70 000 Jahre Menschheitsgeschichte entweder nicht wahrgenommen oder nicht verstanden. Unsere Historie legt nicht nahe, dass wir friedlich, freundlich, offen und vertrauensvoll untereinander und miteinander umgehen.

Manche von uns liegen noch in der wohltemperierten humanistischen Badewanne, angefüllt mit Werten wie Vertrauen, Vernunft, Kreativität, Offenheit, Leistungsbereitschaft, Kooperation und vielem mehr. Studiert man die Geschichte, so findet man eher Machtmissbrauch, Gier, Geiz, Neid, Rache und Stolz, die das Denken und Handeln unserer Spezies leiten. Auch unsere engsten Verwandten, die Schimpansen, sind nicht gerade für ihre Friedfertigkeit bekannt.

Schimpansen haben zwar freundliche Gesichter, aber sie sind durchaus kriegerische Wesen. Genauso handeln manche Menschen durchtrieben und suchen ihren persönlichen Vorteil. Auch wenn sie ein nettes Gesicht machen. Lange dachten wir: Ein gutes Umfeld schafft gute Menschen. Dass das nicht stimmt, haben die Kinder der antiautoritären Eltern diese spüren lassen. Freiheit wahrnehmen zu können, Verantwortung zu übernehmen und sich angemessen und kollaborativ zu verhalten, ist nicht jedem in die Wiege gelegt. Aber es kann gelernt werden. Mit Anleitung. Und manchmal mit Nachhilfe. Deswegen ist der Coach so wichtig, weil es auch seine Aufgabe ist, Menschen vor der Selbstausbeutung zu schützen.

Marktanforderungen und Prozesse geben nicht nur den Korridor vor, sie liefern auch Regeln für das Miteinander. Das muss sich keine Führungskraft ausdenken. Und Teams mit einer gemeinsamen Aufgabe und unterschiedlichen Kompetenzen halten zusammen und machen Neues möglich, das dem Einzelnen aufgrund der zunehmenden Komplexität nicht mehr gelingen kann. Und wer glaubt, autonome Teams arbeiteten weniger, der hat etwas ganz falsch verstanden. Je mehr Verantwortung im Team verbleibt, umso mehr arbeitet der Einzelne und umso stärker macht sich soziale Kontrolle bemerkbar. Mehr Freiheit bedeutet eine höhere Intensität. Gut, wenn das jedem bewusst ist.

Fluide Strukturen

Teamstrukturen bleiben in modernen Unternehmen fluide. Sie werden immer wieder nach dem besonderen Bedarf auf- und umgebaut. Jeder Mitarbeiter kann gleichzeitig in verschiedenen Teams aktiv sein und immer seine Expertise einbringen oder Aufgaben übernehmen, bei denen er etwas lernen kann. Das verhindert abteilungsähnliche Strukturen, verhindert ein »Ihr« und »Wir« und schützt vor Vorbehalten gegenüber den »anderen«.

Sobald sich eine Aufgabe dem Ende zuneigt, werden nicht mehr alle Teammitglieder benötigt. Im Gegenteil, wenn alle tatsächlich bis zum Schluss an Bord bleiben, dann ergibt sich das Phänomen der Verlangsamung. Kurz vor Schluss steigt das Bedürfnis nach Abstimmung, weil nun ein Ergebnis auf den Tisch kommt, für das das Team verantwortlich zeichnet. Diesen Punkt zögern wir gerne hinaus und stimmen uns in vielen Schleifen zusätzlich ab, die keinen Mehrwert mehr liefern. Aber sie fühlen sich gut an. Vor diesem emotionalen Bedürfnis schützt, wenn vor Projektabschluss Mitarbeiter bereits wieder eine andere Aufgabe finden. Denn diese Verknappung fokussiert das Team. Zur Abschlussfeier sind sie selbstverständlich wieder dabei.

Genau wie in der Physiologie werden überzählige Ressourcen in modernen Unternehmen sofort abgebaut. Benutzen wir unsere Muskulatur nur wenige Wochen nicht, ist sie weg. Gnadenlos. Genauso werden Denkkapazitäten geblockt, wenn wir sie nicht nutzen. Die Gedächtnisleistung geht zurück, wenn wir alles notieren, und die Sehfähigkeit stellt sich auf den Abstand zum Bildschirm ein, wenn der Blick nicht mehr in die Ferne schweift. Der Körper macht es uns vor. Ziel im Unternehmen ist es, dass jeder immer in einem Projekt involviert ist, das ihn und das Unternehmen weiterentwickelt, und sich so jeden Tag um ein Prozent verbessert. Das klingt nach wenig. Ist es aber nicht.

Aus der Sozialforschung wissen wir, dass in Gruppen von fünf bis 25 Personen noch sinnvolle Entscheidungen getroffen werden können. Darüber hinaus wird es schwierig. Aber auch das kann gelingen, wenn jeder seine Arbeit großzügig sichtbar macht. Daran muss man hin und wieder erinnert werden. Denn die Bequemlichkeit verführt dazu, in seiner kleinen Welt zu arbeiten und das Team aus den Augen zu verlieren. Der Bildschirm steht einfach näher. Deswegen braucht es den Unternehmenscoach.

Kurz und knackig

- Fluide Communitys lösen feste Teams ab.

- Weniger Regeln machen Menschen aufmerksamer.

- Autonome Teams unterstützen Kollaboration.

- Psychologische Sicherheit ist ein Erfolgsfaktor.

10 Small ist beautiful – im Duo statt zu siebt und ganz viele Pausen

Schweiz. 144 Studenten der ETH Zürich. Dirk Helbing, Professor für Computational Social Science. Sechs Fragen an die Studenten zum Allgemeinwissen über die Schweiz: Wie hoch ist die Bevölkerungsdichte? Wie lang ist die Grenze zwischen der Schweiz und Italien? Wie viele Morde gab es 2006 in der Schweiz? Die Studenten schätzten und werteten unterschiedlich, je nachdem, ob sie auf sich alleine gestellt waren oder ob ihnen die Einschätzung der anderen Versuchsteilnehmer bekannt war. Die Meinung der anderen hatte durchaus Einfluss auf ihr Ergebnis und sie orientierten ihre eigene Einschätzung an dem Votum der Gruppe. Auch dann, wenn die Gruppe falschlag. Dabei wurde nicht der Konsens in der Gruppe, sondern die richtige Antwort monetär belohnt. Ein Grund mehr also, selbst nachzudenken.

Die Probanden waren davon überzeugt, dass sie besser schätzen können, wenn sie die Meinung der Kollegen kennen. Das Phänomen ist als »Vertrauenseffekt« bekannt geworden. Dabei war oft der erste, unabhängige Schätzwert am nächsten am tatsächlichen Ergebnis. »Wenn Menschen sehen, wie andere Menschen denken und entscheiden, konvergieren die Meinungen«, sagt Helbing. Diesen Effekt kann man in allen öffentlichen Gremien beobachten. Eine Schätzung wird dadurch nicht richtiger. Aber sie fühlt sich besser an. Um die Weisheit der Vielen trotzdem nutzen zu können, ist es wichtig, dass der Einzelne bei seiner Entscheidung nicht weiß, wie die anderen entscheiden. Die kollektive Weisheit funktioniere gut, solange Menschen unabhängig voneinander wählen könnten, schätzt Helbing.

Konsens sticht. Mit anderen Personen einer Meinung zu sein, gibt Sicherheit und macht zufrieden. Deswegen bevorzugen viele Menschen Teamarbeit. Sie fühlen sich so versteckt wohler. »Ja ja, genau« ist einfacher, als selbst das Gehirn zu nutzen. Und kostet weniger Energie. Große Projekte, Task-Forces, Arbeitsgruppen: Was sich vermutlich gut anfühlt, führt nicht unbedingt zu tragfähigen Ergebnissen. Mit jeder Person mehr im Team erhöht sich der Abstimmungsaufwand. Die Mitglieder der Task-Force beschäftigen sich gegenseitig: *»Für welchen Kunden arbeiten wir eigentlich?«* Mit großen Teams oder Einheiten geht der Blick für Markt und Kunden am schnellsten verloren. Wichtiger wird dann ganz schnell das Innenleben. »Wer mit wem« ist deutlich interessanter. Bis man gar nicht mehr an den Kunden denkt …

Nicht immer besser im Team

Viele Jahre galt die Sieben als ideale Zahl für eine Teamarbeit. Inzwischen hat sich aber herumgesprochen, dass der Abstimmungsaufwand zwischen Menschen mit jeder zusätzlichen Person dramatisch ansteigt. Eine Person mehr im Team ist nicht nur eine Person mehr im Team, sondern bedeutet eine ganze Reihe neuer Schnittstellen. Der kommunikative Aufwand steigert sich erheblich. Das lässt sich schnell ausrechnen: $S = N \, (N-1) / 2$

- Zwei Personen → eine Schnittstelle
- Drei Personen → drei Schnittstellen
- Vier Personen → sechs Schnittstellen
- Fünf Personen → zehn Schnittstellen
- Sechs Personen → fünfzehn Schnittstellen
- Sieben Personen → einundzwanzig Schnittstellen

Betrachten wir die übliche Annahme, dass sieben Personen ideal sind, um ein Team zu bilden, dann unterstellen wir gleichzeitig, dass es genau einundzwanzig Schnittstellen sind, die ideal bedient werden können. Die meisten Menschen finden es schon herausfordernd, eine einzige Schnittstelle optimal zu bedienen. Davon berichten jedenfalls Paare. Schon hier sind Details wichtig und man muss sich gut aufeinander einstellen, um in einem förderlichen kommunikativen Austausch zu sein. Aber einundzwanzig?

Zu zweit unschlagbar

Manche Aufgaben, die heute in die Hände von Teams gelegt werden, könnten Einzelne sehr gut leisten. Manchmal ist ein Duo auch die bessere Lösung, wenn diametral verschiedene Kompetenzen gebraucht werden. Die interessanteste Version, die die Vorteile beider Vorgehensweisen vereint, ist, die Aufgabe verantwortlich in eine Hand zu geben und dieser Person einen Sparringspartner zuzuordnen, mit dem sie ihre Aufgabe besprechen und reflektieren kann. So hat der Mitarbeiter jemanden an der Hand, mit dem er Lösungsideen diskutieren und der ihm weitere Sichtweisen geben kann – ohne zu konkurrieren, viel Zeit in Abstimmungen zu investieren oder sich alleine zu vergaloppieren. Schnell, effizient, einfach. Und wenn dann eine weitere Kompetenz notwendig ist, finden die beiden diese.

Teams werden überschätzt. Große Teams besonders. Im obigen Modell wird ja noch unterstellt, dass die Kommunikation auf Anhieb gelingt, dass eine Schnittstelle einfach bedient werden kann. Die Realität sieht oft anders aus. Denn zwei Personen entwickeln eine Information miteinander. Informationen werden nicht einfach »übertragen«, sondern sie fallen auf der anderen Seite auf fruchtbaren Boden. Auf eine Theory of Mind.

Das bedeutet, dass jeder Hypothesen darüber anstellt, wie der andere tickt und welche Informationen er braucht. Und aufgrund dieser Theorie baut er das zusammen, was er sagt. Wenn es gut läuft. Wichtig ist für uns nicht nur, was kommuniziert wird, sondern auch, von wem und wie. Und so bilden sich Interpretationen, die mit dem Tatsächlichen verwechselt werden. Zwei Menschen schaffen eine Information im Miteinander. Für einen Dritten ist das schon oft schwer nachvollziehbar.

Auch im Duo trägt einer die Verantwortung für das Ergebnis. Schon bei zwei Personen fühlen wir uns nur noch halb involviert, wenn die Verantwortung unklar geteilt ist. Das konnte Daniel Kahneman in verschiedenen Studien belegen. Wir orientieren uns am Verhalten des anderen und übernehmen eher nicht die Verantwortung, auch wenn wir das – wären wir alleine – sofort getan hätten. Rauch steigt aus einer Leitung auf? Eine Frau schreit im Nebenzimmer um Hilfe? Ein Unfall? Wären wir alleine, würden wir uns sofort kümmern. Auf den Stuhl steigen und nachsehen. Ins Nachbarzimmer laufen. Anpacken. Ist eine andere Person da, die sich passiv verhält, neigen wir ebenfalls zu Passivität. Geteilte Verantwortung wirkt nicht unbedingt als Amphetamin.

Damit noch nicht genug. Die Leistungsfähigkeit bei komplexen und anspruchsvollen Aufgaben sinkt sofort in Gegenwart anderer. Leichte Aufgaben hingegen können wir sogar besser erledigen, wenn andere dabei sind. Die soziale Kontrolle spornt hier an. Sobald es aber kniffelig wird, stören andere. Also noch ein Argument gegen große Teams. Es sei denn, es muss einfach Menge bewältigt werden und die Aufgaben ähneln sich stark. Aber dann sind wir schon bei einer Gruppe angekommen. Um Teamarbeit handelt es sich in diesem Fall nicht. Auch wenn es oft so bezeichnet wird.

Immer wieder durchschnaufen

Ob Gruppe, Team oder Duo, Kollaboration fordert uns voll und ganz. Das macht Pausen notwendig. Und zwar viele kurze Pausen. Denn diese bieten mehr Erholung als eine große Pause am Tag.

Die meisten sind heutzutage nicht mehr davon überzeugt, dass man 16 Stunden am Tag produktiv arbeiten kann. Diese Art von Selbstüberschätzung nehmen besonders die in den Sechzigern Geborenen für sich in Anspruch. Und manche von ihnen glauben das tatsächlich. Auch dann noch, wenn sie inzwischen an Übergewicht, Herz-Kreislauf-Problemen und Erschöpfung leiden. Viel arbeiten wird verwechselt mit gut arbeiten. Firmen entlassen lieber Menschen, die sieben Stunden am Tag investieren, als Menschen, die zwölf und mehr Stunden investieren. »Er hat alles gegeben. Es geht halt nicht besser.« Dabei übersehen sie, dass Vielarbeiter auch viel Mist produzieren. In vielen Fällen ist der Wenigarbeiter zielgenauer und überlegter bei der Sache. Genauso wie die Vorbereitung einer zehnminütigen Rede gerne einen Tag in Anspruch nimmt. Hat man 90 Minuten Zeit zu quatschen, dann braucht es nahezu keine Vorbereitung.

Menschen, die kognitiv überlastet sind, treffen darüber hinaus egoistischere Entscheidungen, sie verwenden mehr sexistische Ausdrücke und fällen in sozialen Situationen oberflächlichere Urteile, so die Sozialpsychologen. Bemerkenswert also, dass wir in den Unternehmen so viele überlastete Menschen sitzen haben. Das macht gleich Freude auf die nächste Begegnung.

Sportler wissen das schon lange. Sie können besser einschätzen, wie leistungsfähig sie sind und wie sie diese Leistungsfähigkeit erhalten.
42 Kilometer in unter vier Stunden. Ein gestecktes Ziel braucht einen Plan. Anleitungen für Läufer, die einen Marathon in Angriff nehmen wollen, finden sich in Hülle und Fülle. Und in keiner Anleitung finden wir einen 16-Stunden-Tag. Eine typische Woche vor dem Marathon sieht in etwa so aus: Dienstag: 12 Kilometer Tempo-Dauerlauf, Donnerstag: 12 Kilometer langsamer Dauerlauf, Samstag: 20 Kilometer sehr langsamer Dauerlauf, Sonntag: 10 Kilometer mittlerer Dauerlauf. Und Montag, Mittwoch und Freitag? Das sind die »Ruhetage« im Trainingsplan.

Das Prinzip der Regeneration ist Sportlern längst bekannt. Und es funktioniert. Nur wer sich Erholung gönnt, das erklären Sportwissenschaftler unisono, wird besser. Er gibt dem Körper die notwendige Zeit, sich an die steigenden Anforderungen anzupassen, Energiespeicher wieder aufzufüllen und Muskelmasse aufzubauen. Viele Manager meinen, sie wären rund um die Uhr belastbar und leistungsfähig und brauchten keine Regeneration. Sie leben glücklich mit dieser Illusion. Sehr zum Nachteil ihrer Peers und Mitarbeiter.

Ähnlich ist es um unsere geistige Leistungsfähigkeit bestellt. Die im Kalender eingetragenen Ruhetage einer klassischen Arbeitswoche sind Samstag und Sonntag. Aber weil wir fest daran glauben, 7/24 erreichbar sein zu müssen – weil wir so wichtig sind –, verschwimmt die Grenze zwischen Anstrengung und Erholung. Es schwinden kontemplative Phasen zur geistigen Regeneration. Und das zeigt Wirkung. Denken können wir bei einer solchen Arbeitsweise gleich vergessen. Telkos und Termine reihen sich pausenlos aneinander und für den Gang zur Toilette müssen wir auf stumm schalten. Denn selbst auf notwendige Biopausen wird keine Rücksicht mehr genommen. »Essen? Kann man nicht von Luft und Arbeit leben?«

Genau diese Pausen brauchen wir, wenn wir die schöpferische Kraft unseres Denkens vollständig nutzen wollen. Kreativität lässt sich nicht herbeiführen, für Kreativität gibt es keine Zaubertricks. Kreativität entsteht im Rahmen von günstigen Bedingungen. Muße,

Entspannung, Zeit sind hier wesentliche Faktoren, die heute für viele Menschen gefühlt nicht mehr zur Verfügung stehen.

Ähnlich wie sich die Physis genau während der Ruhephasen umwälzt, Herz und Kreislauf sowie der Stoffwechsel sich an die neuen Anforderungen anpassen, findet Kreativität genau in jenen Momenten der geistigen Ruhe statt. Dann, wenn man nicht im Hamsterrad der Geschäftigkeit sitzt. Bekanntermaßen nutzt etwa das Gehirn den Schlaf, um das zu verarbeiten, was es tagsüber gelernt hat. Zahlreiche Studien haben längst bewiesen, dass man über Nacht für so manches Problem eine Lösung findet, auf die man tagsüber partout nicht gekommen ist. Der Schlaf diene dazu, überflüssige Nervenverknüpfungen abzubauen und neue Synapsen indirekt zu festigen sowie die frischen Informationen vom Zwischenspeicher ins Langzeitgedächtnis zu transferieren, erklären Schlafforscher.

Mindestens genauso wichtig sind die bewusst erlebten Pausen. »Die Enzyklopädie der Faulheit« des deutschen Kulturwissenschaftlers Wolfgang Schneider versammelt bedeutende Persönlichkeiten, die sich Entschleunigung, Faulheit und Müßiggang als wesentliche Voraussetzungen für ihre Kreativität und auch für ihre psychische Gesundheit zunutze machten – darunter Churchill, Brecht oder Einstein.

Faulheit – sofern man sie nicht als dumpfe Untätigkeit missversteht – ist produktiv. Und heute heißt das ja auch ganz schick »chillen«. Schon seit der Antike bedeutete das Innehalten für Dichter und Denker einen unerschöpflichen Quell der Inspiration. Aus Sicht der Hirnforschung ist das Nichtstun mitnichten eine Phase neuronaler Inaktivität. Auch wenn Probanden im Hirnscan dazu aufgefordert werden, nichts zu tun und an nichts Bestimmtes zu denken, weist ein ganz bestimmtes Netzwerk von Hirnregionen eine besonders hohe Aktivität auf. Ähnlich wie beim Schlaf kann das Gehirn in einem Leerlauf-Modus aktiv sein, um sich gerade Erlerntes oder Erlebtes noch einmal »durch den Kopf« gehen zu lassen – und die Synapsen entsprechend neu zu sortieren.

Intensiv statt pünktlich

Das Gehirn macht nie Pause. Es gibt keine Pausentaste. Entweder es arbeitet oder es ist tot. Dazwischen gibt es nichts. Jedes scheinbar unbeschäftigte Gehirn zeigt ein Aktivitätsmuster. Gedanken wandern immer. Entweder angeregt durch das, was um den Menschen herum passiert, durch seine gerichtete Aufmerksamkeit, oder auch gerne, wenn es nichts Besseres zu tun gibt. Aber eine tatsächliche Pause ist für unser Gehirn unvorstellbar.

Psychologen schätzen, dass unsere Gedanken ohnehin etwa die Hälfte des Tages auf ungerichtete Wanderschaft gehen. Diese sogenannten Tagträume nutzen wir vor allem zur Verarbeitung von emotionalen Inhalten, zum Schmieden von Plänen, zum Durchspielen neuer Ideen. Die Pause wirkt also insgesamt kreativitätsfördernd. Wenn man sie als solche nutzt und sein Gehirn nicht zur Fokussierung bewegt. Alles, was mit Multi- beginnt, ist eine Illusion.

Genauso wie sich ein fähiger Virus in einer Inkubationszeit entwickelt, ist für gute Ideen und Gedanken so eine Zeit hoch relevant. Wenn wir mit einem Problem konfrontiert werden, dann haben wir zwar erste Lösungsideen. Doch oft sind das nicht die besten. Auch ein fokussiertes Hinsetzen und Über-das-Problem-Nachdenken bringt nicht weiter. Erst, wenn wir es uns genehmigen, das Problem im Hinterstübchen abzulegen und unsere Gedanken schweifen zu lassen, kommen kreative Problemlösungsprozesse in Gang. Diese Form von Investition macht erst Neues möglich. Und dies gelingt auch zu zweit. Ein weiterer Grund, warum die Arbeiten in Duos so elegant wie effizient sind. Genauso wie eine Ansammlung von Noten erst durch die Pausen zum Konzert wird, wird eine Arbeitsleistung durch Pausen erst sinnvoll.

In den letzten Jahren lässt der bis dahin kultivierte Dauerstress schon etwas nach. Es ist kein Kavaliersdelikt mehr, lange zu arbeiten. Familien, die immer einen leeren Platz beim Abendessen anschauen, fordern sinnvolle Erklärungen, warum ein Meeting wichtiger war als die Lebensgemeinschaft. Sich zu verspäten ist nicht wesentlich, aber gar nicht zu erscheinen, und das an den meisten Abenden der Woche, wird nicht mehr toleriert.

Zu Hause lassen sich die Gedanken an die Arbeit nicht abschalten und in der Telko starrt man das Familienfoto an. Da zu sein, wo man gerade ist, und zwar voll und ganz, gelingt nur dann, wenn man auch weiß, dass diese Zeit begrenzt ist und man dann wieder etwas anderes tun kann. Intensives Arbeiten gelingt nur, wenn es auch Pausen gibt, und Pausen genießt man nur dann, wenn es auch wieder weitergeht. Der Wechsel macht das Spiel interessant. Nicht das Überziehen des einen oder des anderen Extrems. Und wenn das gelingt, ist das Thema Pünktlichkeit nicht mehr so wichtig.

Verminderte Pünktlichkeit und ein bewussterer Umgang mit Zeit setzen sich nach und nach in den Köpfen der Menschen fest und zeigen Wirkung im Alltag. Intensiv arbeiten und Pausen bewusst genießen: Das ist der neue Rhythmus. Weniger nach Plan leben, mehr mit den Gegebenheiten. Orientiert an der eigenen Leistungsfähigkeit.

Denkfehler

Die Straße ist nass, also hat es geregnet. Solchen Hypothesen folgen wir gerne, wenn wir müde sind, die Gespräche zu lange dauern oder wir keine Zeit zum Nachdenken haben. Pausen zu vermeiden und über zu lange Strecken zu diskutieren schafft eine Plausibilitätsfalle. Wir glauben an die erstbeste Interpretation und folgen ihr. Schade, wenn sie falsch ist. Dann erfinden wir Lösungen, um die Straße vor Regen zu schützen, vergessen aber, dass spielende Kinder oder ein kaputter Kühler die Straße auch nass machen können.

Eine weitere Plausibilitätsfalle bringen Beispiele. »Ich kenne da einen ...« oder »Das hatten wir schon mal und da haben wir ...« bildet die von Dan Ariely so benannte N = 1-Falle ab. Wir kennen ein Beispiel und generalisieren. Und vereinfachen. Sonst ist die Geschichte nicht so interessant. Nassim Taleb nennt das narrative Verzerrung. Geschichten überspringen Komplexität. So beschwindeln wir uns immer wieder gegenseitig. Mit einer N = 1-Geschichte wollen wir unsere Hypothese bekräftigen. Deswegen verzichten wir gerne auf Details, die daran Zweifel wecken.

Jeder gute Forscher muss eine Stichprobe je nach Ziel von etwa 30 nachweisen, bevor er eine statistisch signifikante generalisierte Aussage treffen kann. Wir sind zufrieden mit N = 1. Eine zu hohe Überzeugung von der Richtigkeit der eigenen Erfahrung oder Einschätzung führt uns oft in die Irre. Ein geschulter Beobachter kann einem Team helfen, nicht in diese typischen Fallen zu treten. Er kann die in einem Team sehr schnell entstehenden Denkmuster unterbrechen und Neues dagegensetzen. Das macht erst richtig gute Ergebnisse möglich.

Beliebt ist in Meetings auch WYSIATI (What you see is all there is). Wir urteilen auf der Basis der Dinge, die wir gerade im Kopf bewegen, oder auf Basis der Zahlen, die wir gerade vor uns liegen haben. Meistens überlegen wir nicht, welche relevanten Informationen es außerdem geben könnte, die wir jetzt gerade nicht vor Augen haben. Wir nehmen die Dinge als gegeben. Und urteilen. Falsch. *»Hätten wir bei dem Meeting gewusst ...«*, heißt es dann im Nachhinein gerne. Vielleicht hätten wir es ja wissen können, haben uns aber nicht darum bemüht. Denn mehr Information steigert die Kompliziertheit, vielleicht auch die Komplexität. Und wer will das schon. Ist ja jetzt schon schwierig genug, wo nicht alle Fakten auf dem Tisch liegen. Mehr können wir tatsächlich nicht brauchen. WYSIATI verführt.

Was Aristoteles, Dan Ariely und Daniel Kahneman beschrieben haben, zeigt, dass kurze Formate mit Nachdenkzeit bestechen. Denn je mehr Pausen, umso besser können wir denken, wenn es gelingt, die Hand nicht gleich nach dem Smartphone auszustrecken, sobald die Fenster geöffnet werden. Der Radiojournalismus hat das 1,30-Minuten-Format als angenehm entdeckt. Denn bis zu einer Minute und 30 Sekunden hören Menschen einem interessanten Beitrag zu. Länger oft nicht. Deswegen bewegen sich die meisten Beiträge in diesem Rahmen. Wäre lustig, diese Regel auch einmal in einem Managementmeeting einzuführen. Viele Themen der Selbstdarstellung würden sich so erübrigen. Nach 1,30 Minuten sind die meisten Protagonisten noch nicht einmal warmgelaufen.

Kurz und knackig

- Je mehr Schnittstellen, umso aufwendiger die Abstimmung.

- Zwei Personen bilden eine ideale Arbeitsgemeinschaft.

- Sechs Stunden hochkonzentrierte Arbeit am Tag ist schon viel.

- Die Pause erhält den Menschen leistungsfähig.

11 Man braucht keine Meetings, um miteinander zu reden – Gelegenheiten statt Jour fixe

Eine Gruppe Menschen sitzt um einen Caféhaustisch. Der Raum ist gemütlich eingerichtet, angenehme Beleuchtung. Um den Tisch herum befinden sich Sofas, auf denen auch einige Menschen sitzen oder liegen. Alle haben ihr Notebook vor der Nase. Die meisten tragen Kopfhörer mit ihrer Lieblingsmusik. Es herrscht Stille. Und trotzdem ist die Kommunikation via Chat in vollem Gange. Gemeinsam sucht dieses Team die beste Lösung für ein Projekt, das ins Stocken geraten ist. Alle diskutieren intensiv mit. Auch die Kollegen an anderen Standorten, in anderen Ländern, mit anderen Zeitzonen.

Ein Zukunftsszenario? Nein. Das gibt es schon heute. Denn Meetings werden zunehmend durch Chats ersetzt. Zugegeben: eher in IT-affinen Branchen. Aber auch der Mittelstand klinkt sich in die moderne Kommunikation ein. Präsenz? Altmodisch. Und App-Hersteller ringen um das beste Angebot, für kleine Teams oft kostenfrei.

Eine E-Mail ist inzwischen ein so offizielles Dokument wie ein Brief. Man ist vorsichtig, was man hineinschreibt. Formuliert genau. Überlegt lieber zweimal. Und jeder weiß: Meine E-Mail könnte weitergeleitet werden. Sie kann von anderen genutzt werden. Ich werde zitiert. Deswegen muss ich sie so schreiben, dass jeder sie lesen kann. Bei Chats ist das anders. Hier gibt es Kaffeeküchenatmosphäre. Die Chat-Teilnehmer reden so, wie ihnen der Schnabel gewachsen ist. Sie schreiben Halbsätze, einzelne Worte. Sie geben Ideen hinein und verwerfen sie wieder. Ein Chat ist so lebendig wie ein Gespräch. Und so gefühlvoll, wie Icons es zulassen. Nur dass man das, was der andere gesagt hat, nochmals lesen kann. Chats sind weniger flüchtig als Gespräche. Und man kann sie speichern. Man hat also gleichzeitig eine Dokumentation über den Austausch und angehängte Dateien. Und es gibt auch keine Verteiler. Bei Chats sind alle, die möchten, dabei.

Chats lieben alle diejenigen, die damit groß geworden sind, und Menschen, die Chats auch privat nutzen: in der Familie und mit Freunden. Alle anderen haben Mühe damit, unken, dass die direkte Kommunikation verloren gehe und der soziale Zusammenhalt leide. Es wird vom Qualitätsverfall der Kommunikation gesprochen. Wobei man sich manchmal fragen mag, welche Qualität Präsenzmeetings haben. Obwohl man zusammensitzt, wird das Gespräch von wenigen dominiert, man redet aneinander vorbei, Einzelne wollen sich durchsetzen, es wird vom Thema abgewichen oder der Chef redet zwei Stunden am Stück. Das ist nicht für jeden angenehm. Und leider oft auch nicht zielführend. Alleine das Zusammensein bringt noch keine Qualität. Da braucht es noch ein erhebliches bisschen mehr.

Auch bei der Einführung des gedruckten Buchs ging ein Aufschrei durch die Bevölkerung: Die Menschen würden verkommen, alles könne man nun nachlesen, sein Gedächtnis müsse man nicht mehr bemühen. Die Sorgen über den Verfall des Gedächtnisses und die Abhängigkeit von Gedrucktem waren groß. Heute ist ein Buch ein schützenswerter Kulturgegenstand. Heute wird die Abkehr vom Buch betrauert. Dinge und Einschätzungen ändern sich. Ob wir bald einmal Siri und Cortana nachtrauern?

Unser Kommunikationsverhalten passt sich an die moderne Technologie an. Ältere Kommunikationsformen wie Meetings und Telefonate nehmen ab. Neue Formen ergänzen den Alltag. Und da keiner dazu in der Lage ist, Entwicklungen aufzuhalten, ist es wichtig, mit ihnen umzugehen und sie in die neue Arbeitswelt zu integrieren. Ob man es mag oder nicht. Chats sind nicht die einzige Möglichkeit des Austauschs. Es gibt viele andere Möglichkeiten. Und vermutlich ist eine sinnvolle Ergänzung durch mehrere Methoden zukünftig optimal. Bleibende Kommunikation sucht sich ihr Medium und Ad-hoc-Kommunikation wählt eine verkürzte Form. Genauso, wie wir in der gesprochenen Sprache unvollständige Sätze nutzen oder manche Aussage nur mit einem »Mpf« kommentieren, nutzen wir Chats, um uns verkürzt auszudrücken. Neue Formen mit einem »Verfall der Gesprächskultur« gleichzusetzen, wie Kritiker formulieren, klingt übertrieben.

Formatwechsel

Nur: Man muss es auch tun. Wenn in einer Firma wenig miteinander gesprochen wird und aneinander vorbeigearbeitet wird, sodass es nur dem Kunden auffällt (der Kundenberater: »*Wer hat Ihnen denn diesen Mist angedreht?*«), ist die Einführung von Regelmeetings ein geeigneter Zwischenstopp, um Menschen in die Interaktion miteinander zu bringen. Hat sich ein Team daran gewöhnt, kann man das auch wieder lassen. Dann kommt es auf die Gelegenheiten an, die geschaffen werden, damit Menschen miteinander in den Austausch gehen. Denn wenn sie einmal verstanden haben, welchen Vorteil der Austausch für ihre Arbeit bringt und wie sehr es viele Dinge erleichtert, wenn man mehr vom Kollegen erfährt, dann wollen Mitarbeiter gerne Zeit für einen Austausch investieren.

Und überhaupt gilt die erste Kommunikationslinie dem Kunden. Anstatt untereinander und mit den Kunden in permanenter Interaktion zu sein, ist die am besten gepflegte Kommunikationslinie für viele Mitarbeiter immer noch die zum eigenen Chef. Und vielleicht noch zum Chefchef. Wenn der Chef schreibt oder etwas möchte, wird jeder Kundenauftrag dafür liegen gelassen. Chef zuerst. So scheint es. So lähmt es.

Zukünftig gilt die Hauptinteraktion dem Kunden. Unterstützt durch cloudbasierte CRM-Tools mit E-Mail- und Chatfunktionen können dem Kunden personalisierte Informationen zugehen. Gleichzeitig kann das Unternehmen erkennen, wie der Kunde die Informationen rezipiert. Auswertungen informieren darüber, welche Inhalte bevorzugt konsumiert werden. Das macht es möglich, das Kommunikationsverhalten kundenspezifisch zu verfeinern und genau das zu liefern, was für den Einzelnen und seine Arbeit interessant ist. Ein Papierkorb voller uninteressanter Werbeprospekte gehört schon in kurzer Zeit der Vergangenheit an. Die Natur wird es uns danken.

Über Meetings wird viel geklagt. Zu viele. Zu lang. Zu langweilig. Das ist die durchschnittliche Meinung von Mitarbeitern nach einer Arbeitsmarktstudie des Personaldienstleisters Robert Half 2017. 56 Prozent der Befragten gaben an, sich bei ihrer Arbeit zu langweilen, und 30 Prozent davon machen die gut gemeinten Meetings ihrer Chefs dafür verantwortlich. Und doch machen alle immer wieder mit und setzen bei einer Meetinganfrage über Outlook ihr grünes Häkchen. »*Bin dabei.*« »*Zumindest körperlich*«, sollte man ehrlicherweise hinzufügen.

Am unbeliebtesten sind nach meiner Erfahrung Statusmeetings: »*Also eigentlich hat sich nicht viel verändert. Deswegen habe ich heute nicht viel beizutragen. Ach ja, aber es gab doch etwas. Die Anna war krank und dann haben wir* ...«Und derjenige, der nichts zu sagen hat, braucht fünf Minuten, um das Nichts schön einzukleiden, auszuschmücken und abzuschließen. Spätestens beim zweiten Kollegen stellt man auf stumm und wirft den Staubsauger an oder räumt die Spülmaschine aus (wenn man sich von zu Hause einklinkt). Ob die Waschmaschine schon durchgelaufen ist? Dann könnte man doch gerade noch das gute Wetter zum Wäschetrocknen nutzen. Und vielleicht schafft man auch noch, das Konzept für das nächste Seminar bis zum Ende des Statusmeetings fertigzustellen. Gut genutzte Zeit.

Langweilige und ergebnislose Meetings gehören ersatzlos gestrichen. Zeitverschwendung. Wenn man sich die Kalender von Managern ansieht, kann man erkennen, dass ein Meeting auf das andere folgt. Man darf sich schon mal fragen, wann diese Person die Ergebnisse des einen Meetings umsetzt und wann sie das folgende vorbereitet. Wann arbeitet diese Person eigentlich?

Meetings müssen so interessant sein, dass jeder gerne dabei sein will. Und wenn er nicht kann, fehlt ihm tatsächlich etwas. Das gilt nicht nur für Meetings. Jede Begegnung mit Kollegen braucht eine kulturelle Vereinbarung. Sich gegenseitig zu stoppen, wenn gejammert oder über andere gesprochen wird, dafür trägt jeder die Verantwortung. »*Und, was hast du dir dazu überlegt?*« oder »*Sag es ihr einfach direkt. Ich glaube, sie ist morgen wieder da*« trägt zur Kommunikationshygiene bei und macht das Zusammentreffen mit Kollegen mehr spannend als nervig.

Mittags wird zusammen gegessen? Meistens werden berufliche Dinge besprochen. Manchmal kommen private Themen hinzu. Wer beim Mittagessen fehlt, verpasst eine wichtige Plattform für den Austausch. Wir Menschen lieben Rituale. Wenn das Essen lecker ist und die Gespräche gehaltvoll und interessant sind, dann geht man gerne zum Mittagessen mit und kann danach mit neuen Informationen schneller vorankommen.

Austausch muss attraktiv sein. Sonst behalten wir die Dinge lieber für uns. Wer kommt schon gerne zu einem Film zu spät? Dann fehlen uns wichtige Informationen. Bei Meetings ist das nicht so. Zwei Stunden Telko sind heute in großen Projekten keine Seltenheit. Ein ganzer Tag Präsenzmeeting auch nicht. Und man kann sicher sein, dass sich viele Themen wiederholen. Teilweise hängen 30 oder mehr Menschen in den Calls, sprechen kann immer nur einer, recht haben sowieso. Und »hängen« ist durchaus der richtige Ausdruck, denn anders kann man es nicht nennen, wenn eine Person lange spricht und die anderen auf »mute« stellen, damit man nicht hört, dass sie parallel E-Mails beantworten, Tools pflegen oder gar mit Kollegen sprechen. Telefoniert wird auch gerne auf dem Fahrrad, beim Einkaufen oder bei der Körperpflege. Bei Präsenzmeetings ist es etwas schwieriger, aber die meisten Menschen haben gute Strategien entwickelt, intelligent und interessiert zu schauen, obwohl sie geistig mit ganz anderen Dingen beschäftigt sind. Ob das Grundstück für den Anbau ausreicht? Wird der Nachbar zustimmen? Wie könnte man es ihm schmackhaft machen? Vielleicht denkt er ja auch über einen Anbau nach und man könnte die Brandschutzwand teilen? Mit Pech gibt es sogar mehr als ein Meeting dieser Sorte am Tag.

Folgen wir konsequent dem Prinzip, dass Information und Kommunikation eine Holschuld sind, dann können sich all diejenigen in einen Call einwählen, die sich interessieren. Dann braucht es keine körperliche Anwesenheitspflicht mehr. Eine geistige kann man ohnehin nicht verordnen. Alle gemeinsam können es nur so kurzweilig und interessant gestalten, dass alle gerne aufmerksam dabei sind.

Wir haben gerne recht. Besonders dann, wenn nichts anderes klappt. Wir haben das Essen letztes Wochenende verkocht, uns fehlt die zündende Idee und zu Hause sitzen zwei Pubertisten, mit denen die Kommunikation im Moment auch nicht besonders geschmeidig funktioniert. Dann wollen wir wenigstens recht haben. Wenigstens diese kleine Genugtuung kann uns der Tag doch schenken. Und wenn wir mit diesem Gefühl zu einem Meeting kommen, dann nehmen die Dinge ihren Lauf. Nicht schwer, sich auszumalen, was passiert, wenn bei diesem Meeting noch andere sind, denen das Essen nicht geschmeckt hat oder die das Gefühl haben, etwas nicht hinzukriegen, beziehungsweise zu Hause viele Diskussionen ergebnislos beenden müssen. Ohne, dass uns jemand auf unsere Situation aufmerksam macht, neigen wir dazu, unserem Frust im Meeting freien Lauf zu lassen. Nicht, dass wir

uns mit den Kollegen zu unserer Situation austauschen. Nein. Lieber
kämpfen wir etwas durch, lassen etwas anderes nicht los und wieder-
holen immer wieder dieselben Argumente. Schade.

Kurz und intensiv

In einer digitalen Welt verändert sich die Aufmerksamkeitsspanne. Wir sind geübt im Task-Switching, trainieren permanent den Wechsel und konzentrieren uns in immer kürzeren Einheiten auf eine Sache. Wenn in einem Meeting Themen diskutiert werden, die für uns keine Relevanz haben, dann schalten wir ab. Und das schon nach 30 Sekunden Langeweile. Der Geist beschäftigt sich mit interessanten Themen und lenkt sich ab, damit die Zeit vergeht und man sich wieder voll und ganz seiner Arbeit widmen kann.

Meetings müssen kurz und knapp sein. Sonst sind sie nur für Kompensierer im obigen Sinne gemacht und nicht zum Nutzen der Beteiligten. Es muss einfach Spaß machen, teilzunehmen, es muss einen Mehrwert geben. Und idealerweise verlassen Menschen das Meeting mit dem Gefühl: Gut, dass ich hier war.

Um dieses Gefühl zu erreichen, hat Scrum das Daily eingeführt. Kurz, präzise und im Stehen wird das ausgetauscht, was der Tag bringt, um zu sehen, welche Überschneidungen es gibt und wie sich das Team untereinander unterstützen kann. Anstatt einmal in der Woche zwei Stunden miteinander zu sprechen, steht man täglich maximal 15 Minuten zusammen – das ist schon ziemlich lang. Da muss schon wirklich Substanz rüberkommen. Gestanden wird, damit keiner anfängt, es sich gemütlich zu machen, das Handy nutzt oder sich zurücklehnen kann. Kaffee und Stuhl machen eher behäbig als agil. Oft reichen auch fünf Minuten.

Im Gegenteil, absolute geistige Aktivität ist gefragt, genau wie bei einer Freeletics-Übung die körperliche. Alle sind maximal involviert und interessiert. Unterstützt wird diese Art von Meeting, wenn gemeinsam auf eine konkrete Sache geschaut wird. Eine Visualisierung, ein Board, eine Wall sind gute Fokussierer. Was Mitarbeiter hier mitbekommen, hilft ihnen den restlichen Tag bei ihrer Arbeit. Deswegen versuchen alle, beim Daily dabei zu sein.

Die genaue Einhaltung der Zeit, das Timeboxing, ist ein wesentlicher Faktor, um die Spannung aufrechtzuerhalten. Verlängert man ein Meeting, weil jemand nicht in der Lage dazu ist, seinen Beitrag auf den Punkt zu bringen, dann wird es für die anderen anstrengend. Die Gedanken schweifen ab. Besser ist es, der Kollege lernt mithilfe des Teams und des Coachs, auf den Punkt zu kommen. Das erfordert Übung und kontinuierliches Feedback. Es lohnt sich aber. Für alle.

Das Daily kann im Zweifel auch zweimal am Tag mit einem unterschiedlichen Fokus stattfinden. Und es kann auch mit einem Teil des Teams von jedem einberufen werden, der eine Information braucht. Nutzt ein Kollege ein Daily aus, um sich von anderen Informationen liefern zu lassen, die er sich durchaus bilateral oder mit Rechercheaufwand selbst beschaffen könnte, nehmen die Kollegen seine Einladungen nicht mehr freimütig an. Das und vielleicht ein ergänzendes verbales Feedback werden sein Verhalten beeinflussen. Jedes Daily wird immer wieder überprüft. Zudem wird es beim Boxenstopp mit dem Coach relevant. Jedes Format und alle Leitfragen, die nicht als zielführend empfunden werden, werden verändert. Immer passend zur Situation und zum Bedarf der Beteiligten.

Leitfragen für ein Daily sind hilfreich, damit alle wissen, was von ihnen erwartet wird. Aus verschiedenen agilen Entwicklungsmethoden haben sich folgende Fragen bewährt, die natürlich angepasst werden müssen. Oft sind nicht alle Fragen relevant, manchmal andere:

Was war mein gestriger Beitrag zum Ziel? Was habe ich erreicht?

Wenn man es bei Licht betrachtet, ist es unwesentlich, was gemacht wurde. Nur das Erreichte zählt. Meetings sind oft auch so langweilig, weil Menschen so gerne erzählen, was sie alles gemacht haben. Im Grunde genommen interessiert das niemanden wirklich. Nur Ergebnisse zählen. Genauso bei Fragen in die Zukunft:

Was nehme ich mir für heute vor? Was möchte ich bis heute Abend erreicht haben?

Wie eine Person das umsetzt, ist weniger interessant – außer für die Person selbst. Teams, die diesen Unterschied verstehen, haben erheblich mehr Spaß bei ihren Dailys. Interessant sind auch Fragen wie:

Welche Schnittstellen zu wem sehe ich? Welche Hindernisse erkenne ich? Welche Unterstützung brauche ich von euch?

Voraussetzung für diese Form der Interaktion ist, sich selbst kritisch hinterfragen zu können und das Teammeeting nicht zur Selbstbestätigung zu nutzen, sondern um tatsächlich vorankommen zu wollen. Ein Meeting ist kein Schauplatz für Superhelden und keine Arena, um Macht und Einfluss auszufechten. In einem Meeting geht es ziemlich unspektakulär um Abstimmung, Anregung und Unterstützung. Eine Kultur des »konstruktiven Hinterfragens« könnte man das nennen, die mittels Kommunikation Teamerfolge produziert. Unaufgeregt, inhaltsreich.

Ein Daily kann auch durch kurze »Speedatings« ergänzt werden. Das sind feste Datingzeiten – 15 Minuten –, zum Beispiel in der Kaffeeküche. Falls man Austausch braucht, gerade nicht weiterkommt, Fragen hat, kann man zu diesen Zeiten in die Küche kommen und trifft Kollegen, denen es ähnlich geht. Dann kann jeder mit jedem sprechen, bis der Knoten im Kopf gelöst ist, man gemeinsam eine Lösung gefunden hat oder man einem Kollegen weiterhelfen konnte. Wenn keiner Interesse hat, bleibt die Küche leer. Wenn nur zwei oder drei Personen da sind, tauschen sich diese aus. Ein ganz fremder Blick auf ein Thema ist oft hilfreich. Denn fachfremde Personen stellen manchmal die wirklich sinnvollen Fragen.

WOL – Working out loud

Was in Universitäten seit vielen Jahren Usus ist, wird nun auch im wirtschaftlichen Kontext aufgegriffen und als ganz neue Methode angepriesen. Einst für den wissenschaftlichen Fortschritt erdacht, finden es heute auch Unternehmen attraktiv: das Doktorandenkolloquium. Unter einem Kolloquium wird ein wissenschaftliches Gespräch verstanden, bei dem Wissenschaftler Gedanken austauschen, die ihre Arbeit gegenseitig befruchten. Im Doktorandenkolloquium stellen Dok-

toranden den Status ihrer Arbeit dar und diskutieren ihre Gedanken und Ergebnisse mit anderen Wissenschaftlern. Den Input verarbeiten sie dann wieder in ihrer Forschungsarbeit. Das Prinzip ist, dass jeder jeden unterstützt und jeder jeden kritisch hinterfragt. Die Kritik dient der vertieften Auseinandersetzung des Doktoranden mit seinem Thema.

Übertragen in den unternehmerischen Kontext bedeutet das, eigene Arbeit transparent zu machen und andere zum Austausch einzuladen, damit alle voneinander profitieren. Es geht darum, Querverbindungen zu erkennen und die Ergebnisse gemeinsam kontinuierlich zu verbessern. Hilfe anzubieten gehört genauso dazu wie die beständige Netzwerkpflege. Ein begleitender Chat kann das Kolloquium unterstützen. Aber auch das alles will gelernt sein. Denn nicht jeder ist dazu in der Lage, eine Zusammenkunft, ob persönlich oder virtuell, zum substanziellen Austausch anstatt zur Selbstdarstellung zu nutzen.

Was Spotify »Demoing« nennt, das Vorführen und Darstellen einer neuen Idee, ist nicht nur hier, sondern auch in anderen Unternehmen Pflicht. Jeder, der neue oder andere Gedanken und Lösungen entwickelt, ist aufgefordert, diese den Kollegen vorzustellen, damit alle Interessierten im Unternehmen davon profitieren können. Der Nutzen liegt aber nicht nur bei den Zuhörern und Zuschauern. Der innovative Kopf hat dabei auch die Gelegenheit, Feedback einzuholen und so von der Betrachtungsweise der Kollegen zu profitieren. Dieser iterative Prozess zwischen allen, die etwas von der Sache verstehen, sorgt für die Entwicklung des Unternehmens und macht die Organisation unabhängig von einzelnen Personen. Die Ideen und das Wissen bleiben, auch wenn sich die Person dazu entschließt, eine neue Herausforderung außerhalb des Unternehmens anzunehmen.

Gute Erfahrung habe ich auch mit experimentierfreudigen Teams gemacht, die ihre Meetings teilen. In der ersten Zeit wird das Problem dargestellt und die Lösung andiskutiert. Mehrere Stunden oder einen Tag später kommt man zur Lösungsentwicklung zusammen. Auch wenn in der Zeit dazwischen nicht aktiv über das Problem nachgedacht wird, arbeitet doch etwas im Hinterstübchen und es ist erstaunlich, was nach einer solchen Pause alles entstehen kann. Es werden deutlich mehr Lösungen gefunden, als wenn das Meeting drei oder vier Stunden am Stück dauern würde.

Zwanzig Minuten reichen. Da die Aufmerksamk, bevor die Gedanken wieder auf Wanderschaft gehen, inzwischen sehr kurz ist, ist ein Austausch von 20 Minuten schon eine echte Herausforderung. Spätestens aber nach 50 Minuten braucht es eine Unterbrechung. Als Biopause, zum Herumspazieren oder auch für Anrufe, E-Mails oder Chats. Nach zehn Minuten kann es mit voller Konzentration weitergehen. Die Teilnehmer bleiben wacher und fitter und Lösungen werden schneller und einfacher gefunden.

Kollaborative Interaktion

Die Interaktion, die bei einer tatsächlichen Kollaboration gefragt ist, liegt weit über den üblicherweise geübten Diskussionsmustern. Menschen entscheiden in Teams intuitiv nach persönlichen Vorlieben. Hier geht es nun aber nicht darum, persönliche Interessen zu vertreten, sondern darum, die Sache mit seinem Votum zu repräsentieren. Diese Fähigkeit, von sich abzusehen und auf einer höheren Ebene zu denken, müssen viele Menschen trainieren. Auch das ist Aufgabe des Unternehmenscoachs. Denn Menschen versuchen, eine Diskussion so zu beeinflussen, dass das Ergebnis ihnen persönlich am meisten nützt. Das ist aber nicht das Ziel, wenn man in einem Unternehmen zusammenarbeitet. Hier hat immer der unternehmerische Erfolg Vorrang. Deswegen ist es so wichtig, einer Einigung zuzustimmen, auch wenn persönliche Umständlichkeiten entstehen können, die aber dem unternehmerischen Erfolg nützen. Eine gute Lösung darf nur dann kritisiert werden, wenn erhebliche Aspekte gegen sie sprechen. Wenn die Lösung beispielsweise nicht erfolgreich sein wird, das Unternehmen Schaden nehmen könnte oder gravierende Nachteile für Kunden oder Mitarbeiter entstehen können.

Dieser neue Blick bedarf der Übung. Denn es hört bei der Zustimmung noch lange nicht auf. Die gefundene Lösung muss von allen Beteiligten auch getragen und umgesetzt werden. Und das vor allem dann, wenn die Lösung die eigenen Interessen nicht vollumfänglich widerspiegelt. Aus dem Meeting rauszugehen, das Ergebnis zu ignorieren und einfach so weiterzumachen wie bisher, funktioniert dann nicht. Was bei den Geigern sofort auffallen würde, weil es die Harmonie der Musik stört, ist in anderen Kontexten manchmal nicht so offensichtlich. Man wundert sich dann einfach nur, dass nichts vorangeht. Deswegen ist es relevant, dass sich die Teammitglieder gut aufeinander einschwingen, sodass Abweichungen zutage treten. Idealerweise reguliert sich das Team dann selbst oder mithilfe des Unternehmenscoachs.

Kurz und knackig

- Moderne Arbeitsformen erfordern permanenten Austausch im Team und mit den Kunden.

- Chats und andere Formen des Austauschs laufen permanent parallel.

- Task-Switching wird zur neuen wichtigen Kompetenz.

12 Permanent in Kontakt miteinander – Selbst-erkenntnis statt Mitarbeiter-gespräche

Warum ist Lob nicht immer richtig? Antwort gibt eine kanadische Studie. Veröffentlicht in der Zeitschrift Psychological Science (2017), belegt diese Untersuchung wiederholt, dass es große Auswirkungen hat, ob man einfach die Intelligenz einer Person lobt oder differenziert deren konkretes Verhalten. In der Studie wurde festgehalten, dass Kinder eher schummeln, wenn man ihre Intelligenz lobt, als wenn man ihre gute Arbeit herausstellt. Um das festzustellen, ließen die Forscher 300 chinesische Kinder im Alter zwischen drei und fünf Jahren ein Spiel spielen. Die Aufgabe war einfach. Die Kinder sollten erraten, ob die Zahl auf einer verborgenen Karte höher oder niedriger ist als sechs. Vor dem zweiten Versuchsteil, bei dem die Kinder die Chance hatten zu schummeln, wurde ein Teil der Kinder für seine Klugheit gelobt, der andere Teil für seine Leistung. Bei einer dritten Gruppe (Kontrollgruppe) wurde die Leistung nicht kommentiert. Alle Kinder erhielten einen kleinen unbeobachteten Moment, in dem sie sich die Karte vor ihrer Schätzung kurz ansehen konnten. Es stellte sich heraus, dass die Kinder, die zuvor ein Lob für ihre Intelligenz erhalten hatten, zu 60 Prozent schummelten. Sie nutzten die Chance, um sich die Karte vor ihrem Votum anzusehen. Die für ihre Leistung gelobten Kinder und die Kontrollgruppe schummelten signifikant weniger.

Die Studie belegt vorangegangene Studien, die ebenfalls zeigen, dass Personen, die für ihre Persönlichkeitseigenschaften anerkannt werden, deutlich weniger Leistung zeigen als Personen, die für ihre Arbeit und für ihr Verhalten Anerkennung erhalten. Forscher vermuten, dass Menschen aus einem inneren Druck heraus so reagieren. Sie möchten die positive Einschätzung ihrer Persönlichkeitseigenschaften nicht verlieren. Dafür nutzen sie jede Chance. Wir haben also die

Tendenz, das positive Bild, das auf unserer Persönlichkeit beruht, zu verteidigen. *»Ich werde für klug gehalten«*, sagt man sich, *»und das darf sich auf keinen Fall ändern«.*

Positive Persönlichkeitsmerkmale wollen wir stabilisieren und wünschen uns auch, dass andere diese wahrnehmen. Üblicherweise strengt das nicht an, weil die Merkmale oft unbewusst funktionieren, also immer leicht abrufbar sind. Sind sie uns hingegen bewusst und werden wir dafür auch noch gelobt, dann steigt der Druck, das Merkmal zu reproduzieren. Und das fällt ungleich schwerer. Also einfach irgendetwas zu loben, weil Lob immer gut ist, wäre ungünstig.

Dies steht der häufigen Hypothese von Arbeitgebern entgegen, dass sie faule oder unengagierte Mitarbeiter haben: *»Sie ist doch klug, warum nutzt sie das nicht?«* Oder *»Von ihm hätte ich mehr erwartet«.* Enttäuschung macht sich breit und dem Chef ist oft nicht bewusst, dass er selbst das Verhalten der Mitarbeiter so beeinflusst hat, dass dieser Effekt eintritt. Er persönlich hat quasi die angebliche »Faulheit« produziert, indem er durch sein Lob Druck aufbaut und einem zukünftigen unfairen Verhalten den Weg ebnet. Das merkt er aber nicht. Was aussieht wie Faulheit, ist eher eine Unsicherheit, die der Betroffene zu kaschieren versucht.

Wohlmeinende Führungskräfte kennen oft diesen kleinen, feinen Unterschied der Anerkennung nicht. Sie meinen es gut und denken: Viel hilft viel. Sie wissen nicht, welchen Stress sie mit ihren Worten auslösen können. Schließlich will der Angesprochene immer als super wahrgenommen werden. Und dann sucht er exponierte Positionen, schummelt manchmal, kehrt einen Fehler unter den Tisch oder gibt ihn erst gar nicht zu, damit er weiterhin als unfehlbar gilt. Was als Ausweichstrategie beginnt, kann sich zu einer manifesten Störung auswachsen.

Auswahl des Feedbackgebers

Lob und Anerkennung werden auch nicht von jeder Person akzeptiert. Fühlt man sich abhängig von einer Person, wie kleine Kinder von ihren Eltern, Azubis von ihrem Chef oder Mitarbeiter, die emotional auf ihr Unternehmen oder ihren Vorgesetzten angewiesen sind, dann funktioniert ein Lob der Leistung sehr gut. In allen anderen Fällen, also bei selbstbewussten Experten, funktioniert es nicht. Sie erwarten Anerkennung nur von einer Person, die tatsächlich in der Lage ist, ihre Leistungsfähigkeit einzuschätzen. Respekt zollen sie nicht der Hierarchie, sondern ausschließlich der Kompetenz. Von Menschen, die sie fachlich respektieren, nehmen sie gerne Kritik an. Und zu diesem Kreis zählen sie ihren Linienvorgesetzten oft nicht. Bei seinen kritischen Worten lächeln sie höflich, wundern sich, wie wenig er von ihrem Fach versteht, und wechseln baldmöglichst das Thema. Peinlich.

Rebecca beispielsweise traut ihren Ohren nicht. Nach ihrem Studium hat sie in diesem Unternehmen angefangen und seither ein kleines Team aufgebaut. Die Arbeiten laufen hervorragend und sie ist zufrieden mit den Leistungen des Teams. Die Verständigung ist gut und die Arbeitsergebnisse werden bis zur Geschäftsführung gewürdigt. Sie sind auf dem richtigen Weg und bald wird sich das für das Unternehmen auszahlen. Den Businesscase hat sie schon gerechnet. Heute sitzt sie im Mitarbeitergespräch mit ihrem Chef, der sie ausführlich lobt. Das fühlt sich komisch an, denn eigentlich weiß sie selbst genau, in welchem Bereich sie gut ist. Das braucht ihr keiner zu sagen. Dass die Geschäftsführung sie immer wieder anfragt, zeigt ihr ja, wo sie steht. Warum muss sie sich nun von ihrem Chef beurteilen lassen? Weil das der Prozess so vorsieht? Er kann ihre Leistung doch überhaupt nicht einschätzen, sondern lobt sie nur, weil sie so eine hohe Anerkennung bei der Geschäftsleistung genießt. Das wirft natürlich auch ein gutes Licht auf ihn.

Rebeccas Chef nimmt seine Aufgabe ernst. In der Rubrik »Persönlichkeit« seines Fragebogens versucht er ihr jetzt anzudeuten, dass sie vielleicht etwas introvertiert sei und sich mehr öffnen müsse. Was auch immer das heißt. Warum lässt er sie nicht einfach ihren Job machen? Was soll sie jetzt dazu sagen? Und was will er mit seinem wohlmeinenden Lächeln ausdrücken? Freut er sich, dass er doch noch etwas gefunden hat? Gerne würde sie mal ihre Einschätzung zu seinem Verhalten mitteilen. Das Thema »Persönlichkeit« gehört ihrer Meinung nach ohnehin in kein Mitarbeitergespräch.

Mitarbeitergespräche können gute Leute nachhaltig demotivieren. Chefs, die gerne ein Haar in der Suppe suchen, finden auf den vorgegebenen Formularen sicher etwas, das sie kritisieren können. Und einfach zu sagen: »*Unsere Kunden finden Ihren Service einzigartig*«, das geht ja nicht. Auch nicht der kleine wichtige Zusatz: »*Ich bin froh, dass ich Sie im Team habe. Vielen Dank, dass Sie mit so viel Engagement dabei sind.*« Würde man sich trauen, so zu formulieren, dann könnte der Mitarbeiter ja einen Höhenflug bekommen und denken, er könne den Chefsessel einnehmen. Riskant. Also lieber etwas klein halten. Dann ist man auf der sicheren Seite. Bei zu guten Mitarbeitern, die Experten sind, sich selbst organisieren können, im Team gut zusammenarbeiten und unternehmerisch denken, so die Sorge, braucht man gar keinen Chef mehr. Braucht man auch nicht. Aber das wissen wir ja schon. Menschen einzustellen, die besser sind als man selbst, fällt vielen »Auswählern« ohnehin schwer. Obwohl das der Weg ist, der ein Unternehmen erfolgreich macht.

Feedback immer und überall

Personen aus dem mittleren Management nutzen ein Mitarbeitergespräch gerne, um zu zeigen, wer den höheren Status hat. Der Mitarbeiter ist zwar kompetent, beherrscht sein Gebiet und bringt gute Leistungen, aber als Chef findet man etwas, das noch verbessert werden kann. Das Gespräch rechtfertigt die Rolle und sorgt dafür, dass der Mitarbeiter nicht am Vorgesetzten vorbeizieht. Es sei denn, er selbst hat das veranlasst. Wer beurteilt, schaut auf den anderen herab, erhöht sich selbst. Er weist sich die Kompetenz zu, die Leistung eines anderen einschätzen zu können. Nicht nur, dass damit das Prinzip Augenhöhe verlassen wird, in vielen Teams ist der Chef tatsächlich fachlich nicht in der Lage, die Leistung der Mitarbeiter zu beurteilen, und manchmal erlebt er seine Mitarbeiter kaum, da sie in Projekten in anderen Organisationseinheiten tätig sind.

Man stelle sich eine Rockband vor. Da gibt es keine Mitarbeiterjahresgespräche. Da gibt es direktes Feedback. Und zwar sofort. Und von jedem. Unabhängig davon, wer der Bandleader ist. Jedenfalls passt es

nicht in meine Fantasie, mir vorzustellen, wie sich Mick Jagger ein-
mal im Jahr mit Keith Richards zusammensetzt, um mit ihm seine
Performance bei den Stones zu besprechen. »Also dein Engagement
finde ich gut, aber dass du so oft zu spät zu den Proben kommst, geht
gar nicht …«

Feedback fließt permanent. Dafür braucht man sich nicht zusammenzusetzen. Jeder Blick, jede Interaktion, jede Geste, jeder gedankliche Austausch beinhaltet ein Feedback. Man kann nicht kommunizieren, ohne diese Ebene dabeizuhaben. Wird in besagter Rockband
ein Musiker zu schnell, schaut ein anderer ihn an. Das reicht. Sitzt
ein Ton zu hoch oder zu tief, lächelt jemand, und hat eine Person
ihren Einsatz verpasst, flucht sie selbst sofort. Im guten Kontakt und
im konstruktiven Miteinander fließt permanent Feedback. Es geht
gar nicht anders.

Geschehnisse aufzusammeln und einmal im Jahr »abzurechnen«
gelingt ohnehin den meisten nicht. Sie betrachten dann oft nicht das
gesamte Jahr, sondern beziehen sich auf die letzten vier Wochen.
Daran können wir uns noch gut erinnern. Diesen Eindruck generalisieren wir. Nicht in jedes Arbeitsgedächtnis passt ein ganzes Jahr. Und
nicht jedes Arbeitsgedächtnis gewichtet die Ereignisse im Verhältnis
zur Aufgabe.

Optimal ist der permanente Austausch. Und zwar von jedem zu
jedem. Um zu wissen, wo man steht, braucht man keinen Chef. Und
durch die Anfragen und das Zutrauen, das eine Person genießt, weiß
sie sehr wohl selbst, was sie gut kann. Das hat Rebecca auch ganz
alleine erkannt. Die Reaktionen der Kollegen reichen für sie. Mitarbeitergespräch? Überflüssig. Und wenn es etwas zu klären gibt,
was besser hinter die verschlossene Tür gehört, dann lieber direkt
zwischen den beteiligten Personen als zu vorgegebenem Termin am
Jahresende.

Kunde, Team, Kooperationspartner, Coach

Wir Menschen erkennen uns durch den Kontakt mit anderen. Erst durch die Reaktion des Gegenübers auf ein Verhalten verstehen Menschen ihre Wirkung. Ohne Feedback können wir zu keiner realistischen Selbsteinschätzung gelangen. Kundenfeedback und die Einschätzung der Kollegen, mit denen man täglich zusammenarbeitet, sind dabei deutlich relevanter als das Feedback vom Chef. Denn es gibt das Unternehmen für die Kunden, nicht für die Chefs. Und das Feedback aus dem Team ist unersetzlich. Denn hier geschieht die tägliche Arbeit. Hier erleben wir uns gegenseitig direkt. Hier greift eine Leistung in die andere. In guten und in schlechten Zeiten.

Die Idee, Mitarbeitergespräche zu führen, fußt auf der Annahme, dass Mitarbeiter ein Recht darauf haben zu wissen, wo sie stehen. Dies setzt voraus, dass diese Personen das nicht selbst wissen und auch im gemeinsamen Tun mit anderen Menschen nicht erfahren können. Fragen Sie einmal Menschen, die Partnerschaften pflegen: Können diese ihr Verhalten und die Güte der Partnerschaft gut einschätzen? Und brauchen sie dafür ein jährliches »Partner-Beurteilungs-Gespräch«? Vor allem von einem Dritten, der das Paar hin und wieder erlebt? Vielleicht von den Schwiegereltern?

Wie wir im Beispiel von Rebecca gesehen haben, kann auch ein gut gemeintes und überwiegend positives Mitarbeitergespräch einen ganz anderen Effekt haben: Der Mitarbeiter verliert den Respekt. Vor allem dann, wenn er fachlich seiner Führungskraft deutlich überlegen ist, Dinge anders einschätzt oder Unstimmigkeiten zwischen den Personen bestehen. In vielen Fällen wird inzwischen fachfremd geführt. Mitarbeiter sind heute oft so gut ausgebildet, dass sie keine fachliche Führung mehr brauchen. Sie steuern sich und ihre Leistung selbst. Aber wir unterstellen, dass sie disziplinarische Führung brauchen, und ordnen sie einer Person zu. Ihre Selbstständigkeit und ihr Urteilsvermögen gehen so auf diese Führungskraft über. Ihre Disziplin auch? Müssen sich solche Personen sagen lassen, was richtig und was falsch ist? Mancher Experte durfte sogar mit einem gemischten Doppel umgehen: einem fachlichen Vorgesetzten (der oft weniger Ahnung als er selbst hat) und einem disziplinarischen (der auf ihn aufpasst). Klingt aus heutiger Sicht absurd, war aber tatsächlich jahrelange Praxis.

Diese Absurdität haben viele Menschen empfunden und durchlitten. Sie haben trotz der wohlmeinenden Mitarbeitergespräche ihre Motivation behalten und nicht aufgegeben. Sie haben selbstbestimmt gehandelt und auch vieles ignoriert, das an sie herangetragen wurde. Sie haben ihre Ziele erreicht und sich Dinge vorgenommen, die sie für sinnvoll hielten. Sie haben sich mit anderen Experten ausgetauscht und Entscheidungen getroffen – auch an der Führungskraft vorbei. Ohne diese Gespräche wäre es viel angenehmer gewesen.

Ein anderer Teil der Mitarbeiter hat Angst vor diesen Gesprächen. Manche Menschen können tagelang vorher nicht schlafen, weil sie nicht absehen können, was auf sie zukommt. Im Grunde werden sie in eine statusniedrige Situation gebracht, die Ängste auslöst. Ungefähr wie beim Arzt, wenn wir in ein Sprechzimmer geleitet werden und die nette Dame sagt: »Machen Sie sich mal untenrum frei, der Arzt kommt gleich …« Bis eben noch bei vollem Selbstbewusstsein, bringt einen die Nacktheit in eine unterlegene Situation. Denn bei aller Kompetenz wird Ihnen im Mitarbeitergespräch die Kontrolle aus der Hand genommen. Sie werden beurteilt. Warum? Um Sie zu motivieren. Und das Ergebnis? Sie sind froh, wenn es vorbei ist, damit Sie wieder in Ruhe schlafen und arbeiten können. Und ausziehen tun Sie sich auch lieber erst dann, wenn der Arzt da ist und klar ist, worum es geht.

In vielen Unternehmen geht es bei diesem Gespräch auch noch um Unternehmensziele, die der Mitarbeiter in größeren Strukturen kaum beeinflussen kann. Er muss diesen Zielen zustimmen, es gibt keine Wahl. Auch dann, wenn die Geschäftsführung zu optimistisch am Markt vorbeigeplant hat. Seine persönliche Zielerreichung hängt aber davon ab und damit sein Gehalt. Motivierend? Und wenn es ganz dicke kommt, dann wird die Zielerreichung jeder Person bereits in einem Führungsmeeting festgelegt. Dieser Führungskreis hat dann die Aufgabe, 60 Prozent der Mitarbeiter in der Mitte einzustufen, 20 Prozent als Top- und 20 Prozent als Low-Performer. Unabhängig davon, welche Leistung der Einzelne und das Team abliefern. Das Mitarbeitergespräch ist dann nur eine Verkündung des Ergebnisses. Das Wort »Gespräch« ist hier ein Euphemismus. Zielvereinbarung sowieso. Viele Manager verstehen unter Vereinbarung das, was die Römer mit »Befrieden« beschrieben haben.

Wahrgenommen oder ernst genommen fühlen sich Mitarbeiter durch Zielvereinbarungs- und Bewertungsprozesse ohnehin nicht. Würden Unternehmen diesen Prozess von heute auf morgen weglassen, hätten sie nichts verloren. Im Gegenteil.

Reverse Feedback

Eine konsequente Feedbackkultur ist das, was die meisten Unternehmen tatsächlich voranbringt. Was am Anfang etwas gewöhnungsbedürftig ist, etabliert sich schnell zum echten Gewinn für alle Seiten. Ob verbal, im Chat oder über Kärtchen, wichtig ist nur, dass Rückmeldung konsequent und permanent passiert. Dabei müssen auch die unangenehmen Dinge auf den Tisch und man darf keinen Nachteil haben, wenn man ein eher kritisches Feedback erhält oder vergibt. Sich zu verbessern und immer wieder neu zu beginnen, muss in der Firmenkultur verankert sein. Neugier und Lernen sowieso. Da darf auch jemand dominant sein, solange er sich das anhören kann und reflektiert. Ein anderer muss vielleicht verstehen, dass er seine Meinung zu oft zurückhält. Die anderen wünschen sich, dass er seine Gedanken aktiver teilt. Was einem eher introvertierten Menschen schwerfällt, ist für einen Extrovertierten normal. Und Feedbackgeber muss man sich aussuchen können: ein paar Kunden, direkte und indirekte Kollegen, Zulieferer. Die betroffene Person wählt Menschen, denen sie vertraut und die sie respektiert. Dann ist Feedback gehaltvoll und bringt persönlich und fachlich weiter.

Eine gute Zusammenarbeit beginnt da, wo man sich in seiner Unterschiedlichkeit schätzt und den gemeinsamen Mehrwert für die Sache versteht. Der Extrovertierte wird leiser und gibt Raum für andere und der Introvertierte füllt diesen und erhebt die Stimme. In diesem Sinne schafft eine Feedbackkultur Verbindung. Denn jeder, der ein Feedback bekommt, kann sich darauf verlassen, dass es der Feedbackgeber gut mit ihm meint. Das Ziel ist immer, gemeinsam bessere Ergebnisse zu zielen. Dazu gehört es auch, andere auf Verhaltensweisen aufmerksam zu machen, die sich möglicherweise ihrer Beobachtung entziehen. Schöner fühlt es sich an, man bekommt etwas direkt gesagt, als dass man bemerkt, dass die anderen darüber reden und vielleicht lachen, aber keiner die direkte Aussprache sucht. Und hier gilt sogar: Lieber ruppig als ignorant. Ruppig ist immer noch besser für das Wohlbefinden eines Menschen als gar kein Kommentar. Psychologen der Universitäten Basel und Purdue (Indiana) haben in der Zeitschrift »Personality and Social Psychology Bulletin« kürzlich veröffentlicht, dass Ignorieren als Zurückweisung und Ausgrenzung erlebt wird. Also besser negative Kritik als gar keine. Und das wissen wir schon von den Behavioristen: Kinder, die durch positives Verhalten keine Aufmerksamkeit von ihren Eltern bekommen, schaffen es durch negatives Verhalten immer. Und auch sie ziehen Schläge Ignoranz vor. Feedback ist hierarchiefrei. Jeder Mitarbeiter kann seine Meinung auch der Geschäftsführung mitteilen. Es geht schließlich um das fachliche und menschliche Miteinander. Und warum sollte ein Mensch darin einem anderen überlegen sein, nur weil er die Rolle »Geschäftsführer« innehat? Reverse Feedback heißt das heute und ist gerade ganz schick.

Feedback ist mehr als Worte. Ein Blick, ein Nicken, ein freundliches Lächeln. All das ist Feedback und hat die gleiche Relevanz wie ein »Danke«, »Gut gemacht« oder »Super hilfreich«. Feedback bedeutet nicht, sich lange zusammenzusetzen und Probleme zu besprechen. Es geht um die permanente und konsequente Rückmeldung zu dem, was ein Team gerade gemeinsam tut: »Schönen Abend. Freue mich auf morgen«, »Erhol dich gut«, »Tolle Unterstützung heute« ...

5 : 1 wirkt

Der wohlmeinende Feedbackgeber wird ernst genommen und respektiert. Wenn wir ihn grundsätzlich positiv zugewandt wahrnehmen, weil er oft etwas Positives sagt, dann hören wir genauer hin, wenn etwas Kritisches kommt. Denn wir wissen: Sein Wunsch ist, dass wir uns nicht durch ein unbedachtes Tun selbst schädigen. Fehlen diese positiven Erlebnisse – und davon sind etwa fünf notwendig, um eine Kritik zu akzeptieren – und sind wir nicht davon überzeugt, dass seine Absicht ist, uns zu schützen oder zu unterstützen, dann verlieren wir ganz schnell den Respekt: »Was bildet der sich ein ...« Genau wie bei Rebecca.

Menschen nehmen Negatives deutlich stärker wahr als Positives. Aus einer Bilderschau mit 100 Gesichtern fallen uns sofort diejenigen auf, die ernst, traurig oder aggressiv schauen. Evolutionär betrachtet ist das eine wichtige Strategie fürs Überleben. Wenn wir ein gefährliches Gesicht übersehen, ist das riskanter, als wenn wir viele freundliche Gesichter nicht wahrnehmen. Deswegen werden kritische Worte und kritische Gesichtsausdrücke deutlich stärker neuronal verarbeitet als positive Blicke und Äußerungen. Und deswegen brauchen wir sehr viel mehr positive Zuwendung, um diese tatsächlich wahrzunehmen, als negative Rückmeldungen. Letztere sind ohnehin in der Wahrnehmung markiert.

Kurz und knackig

- Feedback fließt permanent und in alle Richtungen.

- Respekt drückt sich eher durch Zutrauen und Kompetenzzuschreibung aus als durch schöne Worte.

- Feedback baut auf Respekt auf.

- Wir erkennen uns selbst durch die Reaktion der anderen.

13 Nutzen, was da ist – Ressourcenorientierung statt Ressourcenanforderungen

Die zu schnelle Erfüllung von Wünschen macht Menschen nicht nur passiv und bequem, wie Nassim Taleb, der Philosoph und Finanzmathematiker, feststellt, sondern sie macht sie auch depressiv. Denn sobald ein Mensch das Gewünschte bekommt, setzt eine gefühlte Leere ein, die bestenfalls neue Wünsche wachruft. Die Energie, die dafür notwendig ist, das Gewünschte zu erreichen, konnte nicht aufgebaut werden. Deswegen fehlt nun auch die Energie, um das Erreichte zu genießen. Der Preis wirkt fad.

»Wir brauchen mehr …« ist einer der häufigeren Satzanfänge in Meetings, ungeachtet dessen, was bereits da ist. Und völlig ungeachtet dessen, ob das, was da ist, auch optimal genutzt wird. *»Mehr …«* klingt immer logisch, wenn die Anforderungen steigen oder sich auch nur verändern. *»Mehr …«* macht aber nicht glücklich und vor allem nicht besonders kreativ, flexibel oder erfolgreich. Sondern im talebschen Sinne fett, faul und unaufmerksam.

Gründer und Erfinder arbeiten in ihren Kellern, Garagen, Gärten oder auf Freiflächen aller Art. Sie haben weder das passende Material noch das Personal, um alle Probleme bei der Herstellung ihrer Idee zu lösen. Und dennoch arbeiten viele von ihnen erfolgreich, weil sie das nutzen, was da ist. Ähnlich wie Kinder mit einem Baukasten von Lego, Fischertechnik oder einfach mit dem Inhalt des Werkkellers agieren. Sie bauen ohne jegliches spezifiziertes Teil alles, von der Puppenküche bis zum Bagger, vom Haus bis zum Rennwagen. Kein Problem. Sie haben eine Idee, schauen in den Baukasten und fangen an. Kinder zählen ihr Material nicht oder sortieren es zuerst, sie schreiben keinen Plan, kaufen keine besonderen Teile, schlafen nicht eine Nacht drüber und beginnen dann vielleicht am nächsten Tag. Kinder fangen einfach an und beim Bauen lösen sie alle Probleme, die auftreten, und entwickeln neue Ideen. Sie arbeiten also nicht logisch kausal – im klassischen Managementstil –, sondern eher intuitiv und alles nutzend, was sich anbietet. So suchen sie manchmal in der Küche oder der Schreibtischschublade nach sinnvollen Ergänzungen. Manchmal finden sie auch im Papierkorb etwas, das passt. Effektiv eben. Und deswegen auch in ähnlicher Form unter dem Begriff »Effectuation« (Michael Faschingbauer) bekannt geworden.

Planen lernen wir erst in der Schule. Wir lernen, dass Planen und Umsetzen zwei getrennte Arbeitsschritte sind. Wir lernen, dass das Planen ganz wichtig ist und man damit sehr viel Zeit verbringen darf und muss, damit das Umsetzen später gelingt. Wir lernen, dass wir dies auch arbeitsteilig gestalten können: Einer plant und ein anderer setzt um.

Ressourcenorientierung verbindet diese zwei Arbeitsschritte und verknüpft sie direkt miteinander. Einer kurzen Denkphase folgt direkt die Umsetzung. Und dann wird wieder überlegt. In kurzen Wechseln. So ergänzt das eine das andere. Im Fokus steht nicht das Planen, sondern das Handeln.

Das Problem bei der herkömmlichen Planung ist das Ziel. Wenn wir zielorientiert handeln wollen, dann suchen wir die geeigneten Mittel zu unserem Ziel. Wir versuchen dieses Ziel möglichst schnell und kostengünstig zu erreichen. Orientiert man sich an seinen Ressourcen, geht man genau umgekehrt vor. Man schaut, was da ist (Legokasten, Küche, Keller, Papierkorb), und arbeitet mit den vorhandenen Elementen an einer Idee. Diese Idee passt sich während der Bauphase an die Mittel an. Nicht umgekehrt. Alternativ sucht man Ziele, die sich genau mit den gegebenen Mitteln umsetzen lassen.

Eine Mittelorientierung sorgt dafür, dass der Blick breit bleibt. Gleich einem Weitwinkelobjektiv sieht man mehr, nimmt eher Muster und Zusammenhänge wahr als Details. Definiert man ein konkretes Ziel, wenn möglich nach der SMART-Vorgabe, dann fokussiert man sich sehr stark und nimmt die umgebende Situation nicht ausreichend wahr. Da die sich ständig verändernde Welt immer wieder neue Möglichkeiten der Wahrnehmung bereithält, könnte es sein, dass man mit einer Überfokussierung ein Ziel verfolgt und aufwendig Mittel dafür bereitstellt, das nach Zielerreichung nicht mehr relevant ist.

Ressourcenorientierung ermöglicht das Verfolgen mehrerer Ziele, die sich im Laufe der Entwicklung verändern können. Die Ziele passen sich der Ressourcensituation an und werden immer wieder auf Sinnhaftigkeit geprüft. Die Beschränkung auf nur ein einziges Ziel erscheint aufgrund der hohen Komplexität der Außenwelt nicht mehr dienlich zu sein. Mehrere Zielszenarien sind vorstellbar und schließen sich gegenseitig nicht aus. Und das Beste: Ein Projekt muss nicht mehr gestoppt werden, weil geplante Ressourcen fehlen.

Entstehen lassen

Wollen Sie beispielsweise einen Garten neu anlegen, können Sie, wenn Sie der kausalen Logik folgen, alles ausmessen, einen Plan zeichnen, Farben festlegen und diesen Plan dann konsequent umsetzen. Sie »leeren« den alten Garten, bestellen Abfuhr, füllen Mutterboden auf, planen Wege, Mäuerchen usw. und gehen in Ihr Gartencenter und kaufen, was Sie brauchen, und bestellen im Internet das hinzu, was Sie nicht vor Ort finden. Der Garten wächst nach und nach und wird Ihnen viel Freude machen.

Gehen Sie ressourcenorientiert vor, dann organisieren Sie sich Stück für Stück. Sie sehen eine schattige Ecke im Garten und platzieren hier eine Bank, über der Sie die Rose aus dem Vorgarten ranken lassen. Sie setzen die Pflanze um. Im Austausch mit anderen Gärtnern verschenken Sie die Pflanzen, die Sie nicht mehr haben möchten, und bekommen andere, die bei anderen Gärtnern zu groß geworden sind oder sich nicht richtig entwickeln können. Sie setzen so auch Farbkonzepte um, vielleicht nicht ganz so stringent, weil die als weiß versprochene Pflanze dann doch rosa blüht. Die paar »Ausreißer« geben aber Ihrer Farbwahl erst die besondere Note und Sie entwickeln Stück für Stück den Garten neu. Sie haben am Anfang das Ergebnis noch nicht im Fokus, sondern wachsen und entwickeln sich mit Ihrem Garten. Das Schöne an diesem Vorgehen ist, dass Sie alles nutzen können, was Ihnen unterwegs vor die Füße fällt, weil Sie nicht in einem Rutsch alles entscheiden und beauftragen müssen. Sie sehen, wie sich die Dinge entwickeln, und pflanzen dann noch dazwischen, lassen Nischen und Plätze entstehen und nutzen Sonne und Schatten jahreszeitlich unterschiedlich. Insofern kann Ihr Projekt nur gelingen und Ihre Vision entsteht im Tun. Sie haben keinen Soll-Ist-Abgleich mehr und gehen deutlich ressourcenorientiert vor. Ihre Ziele sind vielfältig und passen sich im Tun an.

Ihr Gartenprojekt ist vermutlich nie abgeschlossen. Immer wieder kommen Ihnen neue Ideen in den Sinn. Sie greifen Anregungen auf, spielen mit den Lichtverhältnissen und setzen hin und wieder Pflanzen um. Sie bekommen etwas geschenkt und integrieren es.

Ein starrer, einmal angelegter Garten muss in dieser Form bleiben und alles, was sich von selbst – ungeplant – entwickelt, wird als Störung wahrgenommen. Zu viel Ordnung wirkt tot. Den Status quo zu erhalten kostet sehr viel Energie, weil gegen die Natur gearbeitet wird. Der Blick in den Garten führt dann nicht zur Entspannung, sondern zu dem Bewusstsein, an welcher Stelle wieder ein Eingriff notwendig ist, um den ursprünglichen Plan zu erhalten. Der Garten lädt also nicht mehr zu Kreativität und Unabsichtlichkeit ein. Er bringt in erster Linie Arbeit. Schade.

Konsequente Zielerreichung löst bei vielen Menschen Stress aus: Werde ich das Ziel in der gegebenen Zeit erreichen? Genügen meine Ressourcen? Was, wenn es nicht klappt? Ein ressourcenorientiertes Vorgehen ist wesentlich entspannter und nicht weniger produktiv. Es fördert die Kreativität und hält den Blick offen für die Dinge, die um uns herum geschehen. Wir bleiben flexibel und letztendlich verspricht dieses Vorgehen mehr Erfolg. Ressourcenorientierung ist der Weg vom Idealen zum Machbaren. Oft reichen schon 80 Prozent. Das wissen wir seit Pareto. Perfektion kann Projekte zerstören. Und sie kann überfokussieren, sodass wir nicht bemerken, wenn wir nebenbei noch etwas entdecken, wie zum Beispiel Herr Röntgen.

Einfach machen. Schauen, was da ist, und damit etwas erreichen. Ziele sind nicht so relevant, wie einfach das zu nutzen, was vor den Füßen liegt, und es zu verarbeiten. Achten Sie bei der Verwendung Ihrer Ressourcen darauf, dass Sie immer nur so viel einsetzen, wie auch verloren gehen kann. Wenn man sehr viele Ressourcen einsetzt, dann erwartet man auch sehr viel Ergebnis. Oft wird man dann enttäuscht, wenn sich der Erfolg nicht im erwarteten Maße einstellt. Im schlimmsten Fall ist man pleite. Aufs falsche Pferd gesetzt. Wenn man aber nur so viel einsetzt, wie man ohne größere Konsequenzen auch verlieren kann, dann bleibt man nach einem Scheitern weiter handlungsfähig. Ein Erfolgsrezept für Unternehmen. Und mehr.

Der unfokussierte Blick

Das World Wide Web hätte es nicht zu dieser Zeit und in dieser Art und Weise gegeben, wenn nicht manche Menschen die Fähigkeit hätten, unverhofft Entdeckungen zu machen. Es gäbe kein Penicillin, kein Viagra, keinen Tesafilm. Es gelingt diesen Menschen, etwas wahrzunehmen, aufzugabeln, als bemerkenswert einzustufen, das der Zufall ihnen beschert. Sie richten ihr Augenmerk darauf und geben sich die Chance, das Potenzial dahinter zu erkennen. Sie suchen nicht nach vorgegebenen Zielen, sondern sind offen und nicht fixiert auf erwartete Ergebnisse. Das macht Neues möglich und sie nutzen tatsächlich alles, was da ist.

Serendipität heißt diese Fähigkeit – im Grunde sind es zwei:

1. Vorbereitet sein und
2. wahrnehmen können.

Das bedeutet, nicht einfach stur von A nach B zu kommen, sondern alles aufzunehmen, was sich auf diesem Weg bietet. Dabei spielt der Zufall eine große Rolle. Wir filtern aus zufälligen Begebenheiten, Begegnungen und Ergebnissen etwas heraus, was wir für unseren Erfolg und für unsere Zufriedenheit nutzen können.

Wenn wir uns zu sehr auf ein Ziel und den Plan, wie wir dahin kommen, fokussieren, dann sind wir nicht mehr darauf vorbereitet, Dinge außerhalb unseres Fokus wahrzunehmen und diese als bemerkenswert zu speichern. Wir sind eben hyperfokussiert. Was helfen kann, ein Ziel zu erreichen, lässt aber auch nichts anderes mehr zu.

Dem Wahrnehmen der kleinen Begebenheit oder auch Abweichung folgt eine Inkubationszeit der Verarbeitung. Diese unbewusste Phase mündet dann in eine neue Erkenntnis oder Idee. Neben dem Vorbereitetsein und der Fähigkeit, Dinge außerhalb des Fokus wahrzunehmen, basiert Serendipität auch auf Neugier und Frustrationstoleranz. Denn nicht in jeder Erkenntnis liegt eine Geschäftsidee, die die Welt verbessert.

Mit einem Fokus auf Ressourcen gepaart mit der Fähigkeit, mutig auszuprobieren und auch das zunächst scheinbar Belanglose zu betrachten, wird man zu Ergebnissen kommen, die man mit klassischem Zieldefinieren, Planen und Umsetzen nicht erreicht.

Für Serendipität steht das Internet Modell. Wir finden hier schneller Querverweise und Verbindungen, als wenn wir in eine Bibliothek gehen. Vor allem dann, wenn wir uns bei der Suchanfrage verschreiben. Das Unerwartete, das Verwandte, das Ähnliche birgt neue Ideen und Denkansätze. Noch. Moderne Suchmaschinen fokussieren stärker.

Mancher, wie zum Beispiel der Autor Eli Pariser (2011), bezeichnet das Internet als Filterblase. Weil es uns in unsere Echohöhle setzt und uns nur noch zumutet, was wir ohnehin schon mögen oder kennen. Nach einiger Zeit hören und sehen wir nur noch uns selbst, glauben aber, das, was wir wahrnehmen, sei ein Abbild der Welt. Diese Verknappung der Weite und Fokussierung auf individuelle Bedürfnisse macht arm und mindert Ideen. Das Weitschweifende und Kreativität Anregende kann dadurch verloren gehen. Deswegen hoffen wir, dass uns das Internet noch lange in der ursprünglichen Form erhalten bleiben wird. Es ist immer noch eine der besten Serendipitätsmaschinen.

Der Zufall liegt also nicht ganz in unserer Hand. Weder in der realen Welt noch im Netz. Was wir aber daraus machen, liegt nach wie vor bei uns. Und wir erreichen dann besonders viel, wenn uns nicht alles sofort gelingt. Denn wie gesagt, erfüllte Wünsche machen fett, faul und feige.

Kurz und knackig

- Perfekte Ziele erfordern perfekte Ressourcen.

- Ein ressourcenorientiertes Vorgehen lässt Ziele nach und nach entwickeln.

- Wach und aufmerksam den Möglichkeiten zu begegnen bringt eine optimale Nutzung der Ressourcen.

14 Mutig sein – »Fuckup-Nights« statt Schaulaufen

Mut ist einer der Kernwerte der IT-Entwicklungsmethode Scrum. Mutig sein bedeutet etwas wagen. Etwas neu und anders denken als bisher, anders handeln, ausprobieren, experimentieren im ergebnisoffenen Raum. Mutig sein bedeutet seinen Ängsten begegnen, sich nicht einschüchtern lassen, sie überwinden und offen neuen Erfahrungen entgegensehen, ohne die Sicherheit zu haben, dass sie zwingend positiv sein werden. Mut gehört zu den antiken Tugenden.

Im angloamerikanischen Raum spricht man im Kontext der Fehlerkultur nicht von Mistakes, also Fehlern, sondern von Failure, Scheitern. Scheitern kann nur derjenige, der etwas gewagt hat. Der mutig war. Fehler passieren demjenigen, der unaufmerksam war, nicht nachgedacht hat oder sich ablenken ließ. Jeder Fehler ist wie ein Fenster zum System. Man mag sich fragen, wie in einem Unternehmen zusammengearbeitet wird, wenn Fehler an der Tagesordnung sind. Fehler sind Abweichungen von etwas Vorgegebenem, Erwartetem. Failure hat eine ganz andere Konnotation. Man muss etwas wagen, um scheitern zu können. Failure klingt heldenhaft, Fehler nach Ungeschicklichkeit.

Fehler? Failure!

Mut ist eine Frage der Einstellung, fast mehr noch eine Lebenshaltung. Man kann sich dafür entscheiden, mutig zu sein, Dinge anzupacken, Ziele zu verfolgen und mit allen Hürden und Widrigkeiten umzugehen, die einem begegnen werden. Mutige Menschen unterscheiden sich von vorsichtigen. Sie scheuen keine Schwierigkeiten. Sie sind sicher, dass sie für jede schwierige Situation eine Lösung finden werden. Das Besondere an mutigen Menschen: Sie nehmen sich selbst nicht allzu ernst, können über sich lachen und packen Neues nicht deswegen an, weil sie Ruhm und Aufmerksamkeit erhoffen. Sondern einfach deswegen, weil sie es möchten. Mut zeigt sich nicht dann, wenn andere zuschauen. Mut sichert keinen Status. Denn das mögliche Scheitern steckt im Begriff mit drin. Mutige Menschen handeln aus Neugier und Interesse und beweisen auf dem Weg oft ein enormes Durchhaltevermögen.

Akzeptieren, lernen, besser werden – das sind die Merkmale einer Kultur des Scheiterns. Der wagemutige Held probiert etwas aus, scheitert, lernt, probiert wieder, scheitert nochmals. Das geht so lange, bis tatsächlich etwas Tragfähiges zutage tritt. Ohne das Scheitern wäre es kaum möglich gewesen, die Ideen und Gedanken in diese Richtung zu lenken. Auch der Begriff »Experimentieren« passt in diesen Kontext. Denn auch er wird assoziiert mit Versuch und Irrtum, mit Ausprobieren und zuletzt mit Erfolg. Bahnbrechende Erfindungen entstehen oft nicht in der ersten Denkschleife. Die Iteration mit Erfahrungen führt zur Reife. Für das Ergebnis genauso wie für den Forschergeist.

Im unternehmerischen Kontext von Fehlerkultur zu sprechen mutet daher etwas seltsam an. Eine Kultur rund um Unaufmerksamkeit, Unkonzentriertheit oder Nachlässigkeit? Wozu? Viele Unternehmen verfolgen die Null-Fehler-Strategie. Fehlerhafte Produkte und Dienstleistungen dürfen das Unternehmen nicht verlassen. Was Philip Crosby im Kaizen vordachte, spiegelt sich heute in allen Qualitätsmanagementprozessen wider. Denn fehlerfrei zu produzieren und zu leisten ist viel einfacher und kostengünstiger, als sich im Nachgang mit Kundenreklamationen zu beschäftigen. Und es sichert die Position am Markt. Wenn bei durchgängig guter Leistung tatsächlich mal ein Fehler passiert, dann ist das verzeihlich. Was aber von Kunden nicht toleriert wird, sind durchgängig fehlerhafte Produkte oder Dienstleistungen. Erwartet werden saubere Abläufe, eine gute Kommunikation und das Einhalten von Versprechen.

FUN

Seit 2014 gibt es das Failure Institute, das es sich zur Aufgabe gemacht hat, herauszufinden, warum Ideen und Projekte scheitern. Das Ziel ist es, durch eine solide Datenbasis Menschen auf die Ursachen des Scheiterns vorzubereiten, damit sie ihre Träume verwirklichen werden. Aus den abgeleiteten Statistiken können mutige Ideenentwickler lernen. Das mexikanische Institut hat die globale Bewegung der »Fuckup-Nights« initiiert. In 70 Ländern teilen Menschen ihre Geschichte des Scheiterns. Sie erzählen von ihren Ideen, von den Hürden und Herausforderungen, denen sie begegnet sind, und vom Scheitern. Sie zeigen, was sie gelernt haben, wie sie das verarbeitet haben und heute nutzen. Und das alles wird dann mit einer großen Party gefeiert – abgekürzt FUN.

Für die Referenten auf den Fuckup-Nights ist es eine ganz neue Erfahrung, auf einer Bühne zu stehen und von ihrem Scheitern zu berichten. Normalerweise stehen die Erfolgsmenschen auf den Bühnen. Diejenigen, die etwas erreicht haben und ihr »Rezept« in die Welt tragen wollen. Aber diejenigen, die scheitern?

Jeder, der etwas Neues wagt, scheitert an der einen oder anderen Stelle. Das gehört dazu. Dass alles perfekt funktioniert, ist nicht sehr wahrscheinlich. Aber das erzählen uns die Erfolgsgeschichten oft nicht oder deuten es nur im Nebensatz an und suggerieren so, dass gute Leute eben nicht scheitern. Stimmt nicht, weiß das Failure Institute. Um tatsächlich erfolgreich sein zu können, muss man die Fähigkeit zum Scheitern haben. Das will gelernt sein. Je mehr wir trainieren, damit umzugehen, dass mal etwas danebengeht, einen Korb zu akzeptieren und Ablehnung zu ertragen, umso eher lernen wir, mit den daraus entstehenden Gefühlen umzugehen. Jedes Scheitern bringt voran. Das weiß man auch aus dem Substanzentzug in der Suchttherapie. Die meisten Alkoholiker beispielsweise brauchen mehr als einen Anlauf, um vom Alkohol wegzukommen. Aber jedes Scheitern lässt sie lernen. Und wenn sie die Information daraus gut verarbeiten, dann hat der nächste Versuch eine deutlich höhere Chance, erfolgreich zu werden.

Die Auswertung der Fuckup-Nights hat viele interessante Ergebnisse erzielt. Eines sticht besonders hervor: Die meisten Unternehmungen scheitern, weil sich die Personen zu wenig mit dem Thema Finanzen beschäftigt haben. Gefangen in ihrer guten Idee haben sie dieses Thema als lästig empfunden, als uncool, und haben sich nicht damit befasst, es vielleicht sogar in unsolide Hände abgegeben. Jede noch so gute Idee braucht eine solide finanzielle Basis. Und dafür brauchen wir die Transparenz der Zahlen und die Fähigkeit zur Interpretation und das Verständnis für die Wirkungsweise mit Abhängigkeiten.

Fuckup-Nights im Unternehmen können dazu beitragen, dass Mitarbeiter für die Dinge, die schiefgehen, Verantwortung übernehmen. Mit der Kultur des Scheiterns wird es möglich, in der unternehmerischen Öffentlichkeit über Dinge zu sprechen, die nicht so gut gelungen sind. Lernen aus dem Scheitern befähigt dazu, immer schneller zu scheitern. Und schnelles Scheitern bedeutet auch schnelles Lernen. Wenn es gut läuft. Je mehr die Mechanismen verstanden werden, umso schneller ist einschätzbar, ob die gefundene Idee erfolgreich sein kann. Bei Spotify gibt es eine sogenannte Fail-Wall, auf die jeder seine Erfahrung pinnen kann. So wissen die Kollegen schon einmal, was nicht funktioniert. Es muss ja nicht jeder im Team an der gleichen Idee erneut scheitern. Das spart Ressourcen.

Üblicherweise werden nur Erfolge berichtet, um sich selbst in einem positiven Licht darzustellen. Das Berichten über die Kehrseite schafft eine besondere Offenheit und gibt Menschen die Gelegenheit zu zeigen, was sie gelernt haben. Davon können alle Zuhörer profitieren. Besonders deshalb, weil sie im selben Kontext arbeiten. Sie gehen mit den gleichen Produkten und Dienstleistungen um, sie arbeiten mit vergleichbaren Kunden und sie arbeiten im selben System. Das gelingt aber nur dann, wenn Mitarbeiter diese nächtlichen Partys auch zum Lernen nutzen möchten.

Der Chef zuerst

Fuckup-Nights sind ein Signal gegen Schuldzuweisungen. Schuld als Konzept erschwert Zusammenarbeit, Vertrauen und damit Erfolg. Schuldzuweisungen sorgen dafür, dass jeder versucht, sich zu rechtfertigen und gut dazustehen. Schuld hemmt Offenheit und damit Verbesserung. Der Status quo wird zementiert. Und das in einer Welt, in der Lebendigkeit und Beweglichkeit das Überleben sichern. Interessant ist eigentlich nur die Überlegung, wie etwas funktionieren kann. Warum es nicht funktioniert, ist irrelevant.

Fuckup-Nights gelingen nur dann, wenn die Geschäftsführung beginnt. Sie berichtet von den Dingen, die nicht funktioniert haben, und übernimmt die volle Verantwortung dafür. Es gibt keinen bösen Markt, keine schlechten Zulieferer und keine unzurechnungsfähigen Mitarbeiter. Wenn etwas scheitert, dann ist es oft von Anfang an nicht richtig durchdacht. Damit ist nicht gemeint, ganz aufwendig zu planen. Dinge anpacken und im Laufe der Zeit an die neuen Bedingungen anpassen ist weiterhin vielversprechend. Aber wenn man leichtfertig beginnt, relevante Faktoren ignoriert, weil sie die schöne Idee zerschießen würden, oder sich nur mit den Dingen beschäftigt, die im eigenen Kompetenzbereich liegen, dann wird es riskant. Ein Unternehmen ohne ein Verständnis für Zahlen gründen zu wollen, birgt ein gewisses Risiko. Eine geniale Produktidee, die der Markt nicht mehr oder noch nicht fordert, scheitert ebenfalls.

Und es wird auch im Verlauf nicht besser, denn initial falsche Einschätzungen ziehen ungünstige Entscheidungen nach sich. Oft liegen zum Planungszeitpunkt nicht alle relevanten Informationen vor oder diese ändern sich. Manchmal wird auch zu optimistisch geplant und damit fußt eine Idee schon auf grundlegenden Fehlannahmen, die sich im Laufe der Zeit zeigen und zu kritischen Faktoren anwachsen können. So sind wir gut beraten, wenn wir die Basisdaten im Projektverlauf immer wieder kritisch unter die Lupe nehmen. Und im Laufe des Projektes anpassen. Die Ausgangssituation entwickelt sich von Monat zu Monat weiter. Was gestern gültig war und das Projekt fundiert hat, muss heute nicht mehr stimmen. Wer heute in die App-Entwicklung investiert und auf den bestehenden Systemen aufbaut, kann in ein paar Jahren schon enttäuscht den Rückzug antreten. Es gibt neue Formate auf dem Markt und einen neuen Umgang mit Technik. Es könnte sein, dass Apps bald schon out sind.

Mit Fuckup-Nights wird deutlich: Keine Strategie trägt länger als vier Monate, keine Zielvereinbarung länger als zwei Monate. Wenn es einer Gemeinschaft gelingt, Veränderungen wahrzunehmen und anpassungsfähig zu bleiben, dann wird sie erfolgreich sein. Alles Festgelegte und als Regelprozess Definierte kann in kurzer Zeit nicht mehr dem entsprechen, was der Markt fordert. Denn der Markt ändert sich. Früher alle drei bis fünf Jahre. Heute eher alle drei bis fünf Monate. Und dem müssen Unternehmen Rechnung tragen, indem sie ihre Anpassungsfähigkeit und Flexibilität, aber auch ihre Fähigkeit zeigen, Entwicklungen zu antizipieren. Sonst machen sie tatsächlich einen Fehler.

Kurz und knackig

- Scheitern können nur Menschen, die mutig Neues ausprobieren.

- Durch Scheitern lernen Unternehmen.

- Erfolge wie Scheitern bringen ein Team voran.

15 Interessant machen – Nudge statt Ermahnungen

Nudge heißt dieser kleine Schubser, der Menschen in die gewünschte Richtung bewegt. Nudge statt Gebote, Verbote, Hinweisschilder und Regeln. Durch Nudge tun Menschen das Gewünschte von alleine, auch wenn sie nicht ermahnt oder gar gemaßregelt werden.

Gelingt das auch beim Sauberhalten von Toiletten? Darüber haben die Verantwortlichen am Flughafen Shipol in Amsterdam nachgedacht, denn die Sauberkeit der Herrentoilette wurde mehr und mehr zu einem Problem. So sehr, dass sich die Reinigungskräfte weigerten, den Ort zu betreten. Der Ökonom und Leiter der Flughafenerweiterung Aad Kieboom hat hier eine interessante Idee umgesetzt. Anstatt Schilder aufzustellen, die dazu ermahnen, den Ort sauber zu verlassen – was vermutlich keine Verbesserung gebracht hätte –, wurde der Spieltrieb von Männern angesprochen, um das Örtchen zu pflegen. Kieboom fasst es ganz simpel: »Wenn ein Mann eine Fliege sieht, dann versucht er, sie zu treffen.« Sein Team hat Untersuchungen dazu angestellt und festgestellt, dass 80 Prozent weniger danebengeht, wenn sich das Bild einer Fliege an günstiger Stelle im Urinal befindet. Die Toilettenräume bleiben sauberer und die Herren verlassen mit einem breiten Grinsen den stillen Ort. Inzwischen gibt es auch Fußballtörchen und andere Nettigkeiten, damit es Spaß macht, die Toilette sauber zu hinterlassen.

Verbote gibt es genug

Verbotsschilder begleiten uns ohnehin den ganzen Tag. Kein Mensch braucht noch mehr davon: Den Rasen darf man nicht betreten, hier nicht parken, dort nicht rauchen, nichts auf dieser Fläche abstellen und das Fahrrad dort nicht anlehnen. Wir nehmen die vielen Anweisungen schon kaum noch wahr. Denn Verbote machen einfach keinen Spaß. Oder aber sie verführen uns geradewegs dazu, genau das zu tun, was wir nicht sollen. »Betreten verboten«? Das macht es erst recht interessant, hinter die Mauer zu blicken. »Nicht von der Brücke springen«? Aber genau diese Stelle ist so verführerisch und das Wasser ausreichend tief. Gerade wenn Hinweisschilder aufgestellt werden, lockt das den Widerstand. »Bitte kein Graffiti in diesen Räumen«? Es dauert keine zwei Tage und dann sind die Wände besprüht. Der Hinweis »Diese Räume wurden von der Klasse 2a gestaltet« mit einem Foto der Kindergruppe funktioniert besser. Denn niemand möchte das Werk von Zweitklässlern zerstören.

Nudge nutzt eher den spielerischen Sinn von Menschen und auch gerne ihre Bequemlichkeit. Und es funktioniert. Nicht nur auf der Herrentoilette. Sogar Stadtverwaltungen versuchen sich diesen Mechanismus zunutze zu machen, um das Verhalten der Bevölkerung in die gewünschte Richtung zu beeinflussen. Beispiel Motorradhelm. Hier wird in verschiedenen Regionen überlegt, die Helmpflicht abzuschaffen. Stattdessen soll eine besondere Fahrerlaubnis für Personen, die gerne ohne Helm fahren, eingeführt werden. Dazu kommt eine besondere Krankenversicherung. So hat jeder Bürger die Wahl und es gibt keine Pflicht.

Eine ähnliche Idee bezieht sich auf den Organspendeausweis. In Deutschland gibt es die sogenannte Entscheidungslösung. Jede Person kann sich für oder gegen eine Organspende entscheiden und muss dies im Falle einer positiven Entscheidung schriftlich festlegen. Entsprechend niedrig ist die Anzahl der Personen, die sich für eine Organspende entscheiden. Mit der Widerspruchslösung, die zum Beispiel in Frankreich gültig ist, ist jeder Bürger Organspender, es sei denn, er widerspricht aktiv. Frankreich kann seit Einführung der Widerspruchslösung mehr als doppelt so viele Organtransplantationen durchführen wie Deutschland, obwohl die Bevölkerungsdichte deutlich niedriger ist. Tendenz steigend.

Nudge funktioniert auch in Supermärkten. So bekommen Kunden die Produkte in Augenhöhe präsentiert, die verkauft werden sollen. Für ein günstigeres Produkt müssen wir uns oft bücken oder recken. Die Käuferentscheidung kann so durch die Regalpositionierung zu etwa 25 Prozent beeinflusst werden. Nudge nutzt hier die Bequemlichkeit aus. Und natürlich die Freude, dass wir das gefunden haben, was

wir suchen. Die ist manchmal so groß, dass wir vergessen zu verglei-
chen.

Auch Kantinen können mit diesem Prinzip Menschen zu gesunder
Ernährung animieren. Besonders hübsch angerichtet und einfach zu-
gänglich können gesunde Speisen dargeboten werden. Zum Beispiel
ein kleiner Rohkost- oder Obstteller kurz vor der Kasse. Umgekehrt
muss man Süßigkeiten und fette Speisen suchen. Auch kann man fest-
stellen, dass aufgeschnittenes Obst attraktiver ist als im ganzen Stück.
Nach einem Apfel, auch wenn er wunderschön rot ist und duftet, grei-
fen nur die ohnehin ernährungsbewussten Menschen. Schneidet man
aber einen Apfel auf und bietet mundgerechte Apfelschnitze in einem
appetitlichen Eisbett an, dann greifen auch Obstmuffel gerne zu. Glei-
ches gilt für Paprika, Gurken, Tomaten und andere Gemüse.

Vor dem Hintergrund, dass der Hippocampus schrumpft, wenn wir
zu viele Fette und Zucker zu uns nehmen, und damit die Lern- und
Leistungsfähigkeit ebenfalls dahinschmilzt, ist es von besonderer Bedeutung, die gute Ernährung der Mitarbeiter leicht anzuschubsen.
Schließlich können wir nicht Kuchen und Süßigkeiten anbieten und
gleichzeitig Konzentrationsfähigkeit und eine gute Arbeitsleistung
erwarten.

Nudge ersetzt natürlich nicht eine ausführliche Information der
Bürger, damit diese gut und richtig für sich entscheiden können. Nur
mit Nudge wäre ein demokratisches System undenkbar.

Wir können also die Trägheit von Menschen, ihre Bequemlichkeit
und ihren Spieltrieb auch im Unternehmen nutzen, um ihr Verhalten
zu beeinflussen. Aufgaben, die interessant dargeboten werden, werden anders wahr- und angenommen als für lästig befundene Pflich-
ten. Das wusste schon Tom Sawyer beim Streichen des Zauns seiner
Tante. Wenn Mitarbeitern bewusst ist, wie viel Einfluss sie über das
Erstellen des Protokolls auf Entscheidungen nehmen können, dann
ist diese Aufgabe deutlich attraktiver, als wenn sie als zeitrauben-
de und unnütze Pflicht betrachtet wird. Und wenn es dann noch
Spaß macht, weil wir eine attraktive Vorlage ausfüllen und mit wenig
Mühe viele Informationen gleichzeitig zum Meeting erfassen und mit
Abschluss des Meetings allen zur Verfügung stellen können, dann ist
es nicht mehr schwer, einen Protokollanten zu finden.

Sogar die Art und Weise der Gehaltsüberweisung steuert das Gefühl von finanzieller Liquidität. So wurde herausgefunden, dass Arbeitnehmer, die zweimal im Monat ihr Gehalt bekommen, das Gefühl haben, mehr zu verdienen, und mehr Geld sparen als bei einer monatlichen Gehaltsüberweisung, obwohl in Summe nicht mehr zur Verfügung steht. Auch diesen Effekt kann ein Arbeitgeber nutzen, um seinen Mitarbeitern zu vermitteln, dass das Unternehmen mit einer zweimaligen Ausschüttung die Liquidität unterstützen möchte.

Auch den Teamgeist kann man durch einen kleinen Schubser aufpolieren. So müssen gemeinsame Aktionen nicht immer bis Ostern oder Weihnachten warten. Das Gemeinschaftsgefühl braucht täglich einen kleinen Schub. Montags ein gemeinsames Mittagessen, mittwochs Yoga und freitags ein Lauf. Zwischendurch kleine Stand-ups, Highlights intern »posten« oder die direkte Kommunikation von Erfolgen von der Geschäftsleitung an alle Mitarbeiter. Das macht richtig Spaß.

Nudge ist ein offenes Feld mit unzähligen Möglichkeiten. Sicher, es braucht kreative Ideen. Wir haben schnell Gebote und Verbote zur Hand und sind selbst genervt, wenn wir immer wieder Ermahnungen aussprechen müssen. Deswegen lohnt es sich, diesen Pfad zu verlassen und nudgemäßiger unterwegs zu sein.

Nudge funktioniert manchmal auch durch unerbittliche Konsequenz.

Mit der Kampagne »Zero tolerance« wurde das in der New Yorker U-Bahn getestet. Ein konsequentes Sauberhalten aller U-Bahnhöfe führte zu einer deutlichen Senkung der Kriminalität. Eine hübsche und saubere Umgebung verführt offensichtlich nicht so sehr dazu wie ein schmutziges Umfeld. Diese Theorie basiert auf dem sogenannten »Broken window effect«. Wenn in einem Viertel eine Fensterscheibe eingeschlagen und nicht ausgetauscht wird, dann kommen im Laufe der Zeit weitere Fensterscheiben dazu und in der Folge kommt die ganze Gegend herunter. Nudge bedarf auch Aufmerksamkeit und Pflege.

Je mehr Regulierung Menschen erleben, desto mehr laufen sie an den Regeln vorbei. Zudem widersprechen sich Regeln manchmal. Das haben wir ja schon gesehen. Regelbruch betont unsere persönliche Freiheit. Macht zufrieden, entspannt.

Ein kleines bisschen besser

Genauso entspannt uns unsere Selbstüberschätzung. Zu wissen, dass wir etwas besser Auto fahren als andere, dass wir mit hoher Wahrscheinlichkeit die Prüfung gut schaffen werden oder ein besonders interessanter Experte auf unserem Gebiet sind, tut einfach gut. Wir glauben an unseren Humor und neigen insgesamt dazu, uns überdurchschnittlich positiv zu betrachten. Dass das die meisten Menschen glauben, gibt ihnen Souveränität und Sicherheit. Zu viele Selbstzweifel sind ungesund. Ein paar davon sind allerdings hoch relevant. Deswegen brauchen wir als Nudge, als kleinen Schubs, den Coach, der uns immer wieder zeigt, wie unsere Wirkung ist und welche Phänomene – die wir vielleicht beklagen – von uns selbst eingefädelt wurden. Der Coach schubst uns in eine andere Selbstwahrnehmung, genau wie der Staat versucht, uns für die Organspende oder fürs Helmtragen zu interessieren.

Wir arbeiten bis zum Umfallen? Machen zu wenig Pausen, verrennen uns und produzieren Druck? Gut, dass es jemanden gibt, der uns sanft aufmerksam macht. Vielleicht reden wir auch in Meetings zu viel und beklagen, dass andere keine Ideen einbringen. Gut, dass es uns einer zeigen kann. Möglicherweise glauben wir fest an unsere Lösung, verteidigen sie und schauen uns die Alternativen der Kollegen gar nicht an. Auch wenn diese deutlich besser sind. Gut, dass wir es bemerken, bevor es zu spät ist. Und vielleicht sind wir gar nicht in der Lage, kollaborativ zu arbeiten. Aber wir können es lernen. Wenn wir dazu bereit sind.

Genau wie der Staat bei Motoradhelmen oder Organspende kann ein Unternehmen darauf achten, dass es die Dinge, die wirklich wichtig sind, als Default-Modus einstellt. Kollaboratives Arbeiten? Anders funktioniert es bei uns nicht. In Chats dabei sein? Früh zum Stand-up kommen? Ohne dabei zu sein, fehlt relevante Info. Und es gibt keinen, der sie hinterherträgt. Feedback an Kollegen? Schon nach vier Wochen werden Personen gewählt und festgelegt.

Denn alles, was einmal so eingestellt ist, bleibt gerne so. Menschen lieben Gewohnheiten. Den gleichen Stuhl im Raum – auch wenn das Licht blendet, die gleiche Liege am Pool – auch wenn sie den ganzen Tag in der Sonne steht, den gleichen Platz am Strand – macht nichts, dass es windig ist, das gleiche Fernsehprogramm – auch wenn es langweilt, der gleiche Weg zur Arbeit – auch wenn es Alternativen gibt. Die Bequemlichkeit der Menschen kann man bei Nudge positiv nutzen und Standards einführen, die nach kurzer Zeit schon nicht mehr bemerkt werden. Das ist hier halt so. Ändern? Ja, könnte man. Genauso wie wir die Werkseinstellung unseres PCs, unseres Smartphones oder unseres Autoradios übernehmen, akzeptieren wir gegebene Gepflogenheiten in einem Unternehmen. Wir verstehen, finden uns ein, machen mit und irgendwann ist es uns nicht mehr bewusst, dass dieses Vorgehen ein besonderes ist. Je selbstverständlicher wir damit konfrontiert werden, umso einfacher akzeptieren wir es. Und so wundern wir uns auch nicht über den Coach und die regelmäßigen Sessions, die wir und das Team mit ihm haben. Die Anpassungsfähigkeit von Menschen ist außerordentlich. Fast wie die einer Flechte. Genau wie sie leben wir in der Arktis und am Äquator.

Wenn wir es gewöhnt sind, selbst Verantwortung zu tragen und nicht darauf zu warten, dass uns jemand sagt, was getan werden soll, dann können auch große Themen angepackt werden, ohne dass es ein Orga-Team gibt, das genau vorausplant und Aufgaben vergibt.

Beispiel: ein Umzug ohne Plan. Jeder Mitarbeiter packt da an, wo er glaubt, dass es notwendig ist. So funktionierte der Umzug bei der Systelios-Klinikverwaltung. Und er verlief nahezu reibungslos. Denn keiner wartete auf Anweisungen, sondern beobachtete und setzte sich selbst und seine Fähigkeiten optimal ein. Da wurde auch selbst der PC verkabelt und ein Bild aufgehängt und nicht auf den PC-Beauftragten oder den Facility-Manager gewartet. Denn einen Stecker in die Dose stecken kann jeder. Auch wenn er dafür nicht eingestellt wurde.

Genauso wie es mehr Aufmerksamkeit im Verkehr geben würde, wenn nicht jeder Meter Straße durch ein Schild geregelt wäre, gibt es mehr Aufmerksamkeit und ein besseres Miteinander in Teams, die keinen Chef haben. Wenn jeder mitzieht und die Aufgabe Spaß macht, bringt sich auch jeder ein und achtet auf die anderen. Und allein das ist der kleine Schubser, den es braucht, um tatsächlich dauerhaft erfolgreich am Markt zu bestehen.

Kurz und knackig

- Regeln rufen Widerstand hervor.

- Nudge macht attraktiv.

- Default-Modus ist einfacher als Überzeugen.

16 Immer up to date – Individualisierung statt Weiterbildung für alle

»Gute Personalarbeit ist keine Personalarbeit«, titelte einmal die Te-lekom. In seinen Think-Tanks experimentiert der Konzern mit neuen Formen der Führung und Zusammenarbeit. Die Ergebnisse weisen deutlich in Richtung autonomer Teams und Reduzierung von Verwaltung und Betreuung. Und: Alle Mitarbeiter versorgen sich selbst mit Weiterbildung.

Jeder weiß, was ihn interessiert und in welche Richtung er sich entwickeln möchte. Dafür braucht es keine Abteilung, die den Markt vorselektiert und Vorschläge unterbreitet. Denn jeder ist Experte in seinem Gebiet und kennt die Entwicklungen und Trends in seinem Fach. Ein Unternehmen kann verlangen, dass sich seine Mitarbeiter kontinuierlich weiterbilden. Es kann vorschreiben, dass der Mitarbeiter dafür sorgt, seine Kompetenz optimal aufrechtzuerhalten und weiterzuentwickeln. Dafür muss es nur einen entsprechenden Rahmen bereithalten. Wie der Mitarbeiter diesen Rahmen füllt, bleibt ihm überlassen. Das Unternehmen vertraut darauf, dass der Mitarbeiter mit dieser Freiheit im Sinne des Arbeitgebers umgeht.

Am einfachsten gelingt Weiterbildung am Arbeitsplatz selbst. Hier findet die intensivste Schulung statt, wenn sich Mitarbeiter immer wieder in neuen Teams und mit neuen Aufgaben zurechtfinden müssen. Besser geht es gar nicht. Die Idee, dass Mitarbeiter bewusst Aufgaben übernehmen, die sie noch nicht können, sich darin weiterentwickeln und nach Abschluss der Tätigkeit die entsprechende Kompetenz besitzen, setzt sich nach und nach durch. Qualifiziert sich ein Mitarbeiter in dieser Art, dann baut das Unternehmen für die Zeit, die er anwesend ist, auch Strukturen um ihn herum, um seine Kompetenz gut nutzen zu können. Diese *Structural Hole Strategy* baut zielsicher Kompetenzen auf und erhöht systematisch den Marktwert der Person. Verlässt sie das Unternehmen, erfolgt wieder ein Umbau um die dann relevanten Personen herum. Deswegen bleibt ein Unternehmen mit Ehemaligen auch nach ihrem Ausscheiden zukünftig gut verbunden. Ziel ist es, sie mit weiterer Erfahrung einmal wieder für ein Projekt gewinnen zu können.

Definierte Rollen, die unabhängig von der Person, die sie besetzen, festgeschrieben sind, gibt es ebenso nicht mehr. Jede Person bringt andere Kompetenzen mit und kann deswegen andere Aufgaben übernehmen und sich in bestimmte, ihren Stärken entsprechende Felder einarbeiten. Eine maschinistische Vorstellung von einem Unternehmen, bei der man einfach ein Zahnrad austauschen kann und die Maschine das gleiche Ergebnis produziert, trifft heute nicht mehr zu. Unternehmen verändern sich mit den Menschen, die sie an Bord haben. Und da viele Experten nur ein paar Jahre bleiben, nämlich genau so lange, wie es eine spannende Aufgabe für sie gibt und sie sich weiterentwickeln können, verändern sich Unternehmen auf diese Weise beständig. Rollen und Aufgaben entwickeln sich mit.

Menschen lernen in erster Linie durch Beobachten und Nachahmen. Das Nachahmen bringt Erfahrungen und diese bauen – gut reflektiert – systematisch die Kompetenz aus. Die Gelegenheit, mit Menschen anderer Fachrichtungen und Fähigkeiten zusammenzuarbeiten, ist die einfachste und ergebnisreichste Form der Weiterbildung überhaupt. Und diese kann innerhalb und außerhalb des Unternehmens stattfinden. Das ist viel besser als ein Seminar, das zwar Spaß macht, aber wenn man wieder in den Alltag eintaucht, ist das Gelernte schnell wieder vergessen. Ein Seminar ist ein Impuls. Mehr nicht. Deswegen funktioniert es nicht, wenn Qualifizierung ausschließlich an Seminare delegiert wird. Auch wenn viele Führungskräfte fest davon überzeugt sind: Gap definieren, zum Seminar schicken, kompetenten Mitarbeiter zurückbekommen. Das ist knapp an der Realität vorbei.

Regelmäßig für Impulse sorgen

Um nicht nur im Horizont des Unternehmens zu bleiben, ist es wichtig, sich immer wieder Impulse von außen zu holen. Zum einen kann die Unternehmensleitung Impulsgeber einladen, zum anderen können und sollen sich alle Mitarbeiter jährlich ein Thema aussuchen, das sie für sich erschließen möchten. Welches das ist, das wissen sie selbst am besten. Auch dadurch, dass man in andere Projekte hineinschauen darf oder auch für ein paar Jahre das Unternehmen verlässt und wiederkommt, sichert sich das Unternehmen den systematischen Zuwachs an Kompetenz. Durch dieses Learning by Doing wird manches Seminar überflüssig. Bestehende Kompetenzen erhalten einen Feinschliff und neue werden etabliert. Das eingeschliffene Denken wird immer wieder infrage gestellt. Besonders dann, wenn man sich einmal mit etwas ganz Neuem beschäftigt, außerhalb des eigenen Schwerpunkts. Das fordert richtig. Ganz wichtig sind Impulse aus anderen Disziplinen. Und da bietet das Unternehmen selbst ja schon eine ganze Menge.

Weiterbildungen fallen nur dann auf fruchtbaren Boden, wenn sie vom Mitarbeiter gewünscht werden. Und das neu erworbene Wissen wird nur umgesetzt, wenn der Mitarbeiter die Chance hat, das Gelernte direkt anzuwenden oder die neue Kompetenz an andere im Unternehmen zu vermitteln. So fährt idealerweise jeder woanders hin, kommt zurück und berichtet, was er erfahren hat. Dabei liegt auch die Form der Weiterbildung in der Entscheidungskompetenz des Mitarbeiters. Einer mag Vorträge, ein anderer Webinars, ein Dritter Kleingruppentrainings. Der Seminarbereich wird insgesamt deutlich schrumpfen zugunsten von On-demand-Angeboten. Seminare sind durch die Anreise zu aufwendig und zeitlich gebunden. Auch wenn man es lange im Voraus bucht, kann es sein, dass man an diesem Tag im Unternehmen dringend gebraucht wird. Coaching stellt das Unternehmen ja ohnehin zur Verfügung. Im Default-Modus.

Die Erwartung der kontinuierlichen Weiterbildung wird per Arbeitsvertrag geregelt. Und wenn der Mitarbeiter das einmal vergisst, erinnert ihn der Unternehmensbot daran. Die Kernkompetenz eines Mitarbeiters der Zukunft wird die Fähigkeit sein, sich maximal flexibel neues Wissen anzueignen und mit diesem umzugehen. Und inhaltlich sorgt die Unternehmensleitung für Anregungen, indem sie hin und wieder Impulsgeber einkauft, um die Menschen im Unternehmen einzuladen, zu ermutigen, zu inspirieren, damit sie ihre Potenziale gut entfalten können. Und nicht zuletzt, damit Menschen immer wieder neue Formen finden können, um ihr Gehirn zu nutzen.

Fair und on demand

Kein Mensch möchte sich wie ein Trottel fühlen. Deswegen ist Fairness ein so wichtiges Basisprinzip in modernen Unternehmen.

Schon kleine Kapuzineräffchen übernehmen gerne eine Aufgabe. Sie reichen dem Versuchsleiter einen Stein. Im Gegenzug erhalten sie ein Stück Gurke. Wenn sie aber beobachten, dass ein anderes Äffchen für das Reichen eines Steins eine Traube erhält, die deutlich besser schmeckt als ein Stück Gurke, dann können sie schon mal ungehalten werden. Zunächst suchen sie nach einem alternativen Stein, dann versuchen sie es zwei- oder dreimal – könnte ja sein, dass der Versuchsleiter das mit der Traube erst richtig lernen muss. Aber schließlich machen sie ihrem Unmut lautstark Luft und werfen das Stück Gurke zurück. Was ihnen vorhin noch schmeckte, ist nun unattraktiv.

Nicht anders reagieren Menschen, wenn sie sehen, dass mit Ressourcen unfair verfahren wird. Der Kollege darf nun schon zum dritten Mal in diesem Jahr auf einen Forschungskongress in die USA fliegen? Wie kommt das? Wie gelingt es ihm, die Unterschrift dafür zu bekommen? Und warum bleibt man selbst immer am Arbeitsplatz und vertritt ihn? Weiterbildung ist eine kritische Ressource, die fair verteilt werden will. Wenn jeder verantwortlich entscheidet, dann wird das als fair empfunden. Bedient sich einer zu sehr am Honigtopf, wird das im Team genauso bemerkt.

Je kleiner das Unternehmen, umso stärker beeinflusst Fairness das Handeln. Das Gefühl von Fairness ist tief verwurzelt, denn ohne einen fairen Ausgleich wären wir in der Steinzeit nicht überlebensfähig gewesen. Deswegen organisieren sich kleine Gruppen nach dem Prinzip Fairness. Große Gruppen tun das nicht. Sie sind zu unüberschaubar. Da gibt es eine große Ungleichheit. Das können wir in Großkonzernen und Gesellschaften beobachten.

Die Weiterbildung verantwortlich in die Hände der Mitarbeiter zu legen, entbindet eine ganze Abteilung davon, in jedem Fachgebiet die aktuellen Entwicklungen zu kennen und zu wissen, was am Markt wie einzukaufen ist. Jeder Experte ist in seinem Fachgenbiet verwurzelt, vielleicht sogar in einem Verband organisiert, und interessiert sich für neue Entwicklungen. Sich in dem einst gewählten Gebiet weiterzuentwickeln ist für die meisten Menschen sehr attraktiv. Alternativ entwickelt man sich in eine andere Richtung und erwirbt quer weitere Expertise. Solange das für das Unternehmen dienlich ist, steht dem nichts entgegen. So kann jeder Mitarbeiter selbst dafür sorgen, dass er an die für ihn passenden Trauben kommt. Und die Basiskompetenz, die Systeme und Prozesse im Unternehmen betrifft, wird ohnehin durch E-Learning, Webinare oder Apps geliefert. Und ist verpflichtend.

Sich mit einem Thema zu beschäftigen macht vor allem dann Spaß, wenn man selbst entscheiden kann, wann und in welcher Dosis es am besten passt. Da gibt es den regnerischen Sonntagnachmittag, an dem eine Verabredung geplatzt ist, oder den Abend, an dem die Kinder im Landschulheim sind oder der Partner verreist ist. Jetzt Zugriff zu haben zu Portalen, Webinaren, Filmen oder anderen Weiterbildungsmöglichkeiten ist hoch attraktiv. Eine spannende Projektphase ziehen die meisten aber einem Seminar vor. Sich zu lösen, wenn der Schreibtisch voll ist, und den Kopf tatsächlich dafür frei zu bekommen, etwas aufnehmen zu können, ist nicht ganz einfach. Vermutlich wird die Weiterbildung der Zukunft eine gute Mischung sein aus On-demand-Angeboten, aus Impulsen, wenn Referenten ins Haus kommen oder man Kongresse bereist, und aus dem Training on the job. Wobei Letzteres den Löwenanteil stellen wird.

Keine Lust auf Führung

Eine Führungskarriere erzeugt heute mehr Stress als Lust. Viele junge Menschen möchten sich lieber in ihrem Fachgebiet weiterentwickeln, als eine Führungsrolle zu übernehmen. Sie möchten lieber oft wechseln, viel lernen und fachliche Verantwortung übernehmen. Personalverantwortung wird immer seltener aufgeführt, wenn es darum geht, was die Zukunft für eine Person bringen soll. Der Begriff »Karriere« wird zwar immer noch mit Führung assoziiert. Befragt man aber Mitarbeiter, welche Karriereziele sie persönlich verfolgen, dann landen wir im modernen Wertekanon: etwas Sinnvolles tun, etwas Spannendes tun und viel Zeit für das Leben haben.

Führungspersönlichkeiten werden immer weniger als Vorbilder

wahrgenommen. Zu häufig wird an dem Glanz dieser Positionen in der Öffentlichkeit gekratzt. Verfehlungen werden publik und die Aussicht auf viele Jahre Stress erscheint nicht mehr so attraktiv wie noch vor 20 Jahren. Menschen setzen heute mehr auf Dinge, die sie selbst beeinflussen können. Ein überschaubares Engagement bei sehr hoher und dichter Leistungsfähigkeit bietet erheblich attraktivere Aussichten als ein Leben für und in ein(em) Unternehmen. Wenn Prognosen zutreffen, die voraussagen, dass wir zukünftig deutlich weniger arbeiten werden, dann stellen sich junge Menschen schon heute darauf ein.

Darüber hinaus macht es keinen Spaß mehr, sich frühzeitig festzulegen. Weder auf eine Branche noch auf einen bestimmten Pfad. Wer weiß, was alles noch geschieht und wen man noch kennenlernen wird. Ad hoc entscheiden zu können, Chancen zu nutzen und die Zukunft nicht fest zu planen – das trifft das heutige Lebensgefühl eher als feste Karrierepläne, Stationen, die zu absolvieren sind, oder Goldfischteiche. Serendipität lässt grüßen.

Sich einen Ruf als Experte außerhalb des Unternehmens aufzubauen und in sozialen Netzen mit anderen Experten verlinkt zu sein, schafft heute eine neue Art von Sicherheit, die ein einzelnes Unternehmen nicht mehr gewährleisten kann. Netzwerke sind schon heute wichtiger als ein glatter Lebenslauf. Umwege, Neues aufgreifen oder sich Auszeiten nehmen, das schadet nicht mehr. Sich als Experte nach innen wie nach außen zu positionieren erhält jedoch einen enorm wichtigen Stellenwert, wenn es um Jobchance und um Weiterentwicklung geht. Insofern sind Flexibilität und Neugier die wichtigsten Bausteine moderner Entwicklung. Und Unternehmen müssen davon Abstand nehmen zu glauben, dass sie ihr Personal für sich selbst entwickeln. Die Verweildauer in einem Unternehmen wird deutlich abnehmen. Das machen uns öffentliche Arbeitgeber bereits vor und das beginnt nun in Wirtschaftsunternehmen. Projektaufträge, befristete Arbeitsverhältnisse und der Zukauf von Experten nehmen immer mehr zu und prägen die Zusammensetzung von Teams.

Unternehmen, die ihre Mitarbeiter darin unterstützen, ihre Profile zu schärfen, sich in Communitys aufzuhalten und ihre Expertise auszubauen, werden zukünftig von Interessierten bevorzugt werden. Und gute Mitarbeiter sind ein enormer Wettbewerbsvorteil.

Kurz und knackig

- Weiterbildung findet permanent statt.

- On demand und in die gewählte Richtung ist Weiterbildung attraktiv.

- Expertentum besteht im Unternehmen und in der fachlichen Community.

- Eine Expertenkarriere ist interessanter als eine Führungskarriere.

17 Attraktivität – Anziehen statt Anwerben

Wer bewirbt sich bei Unternehmen, die für junge Menschen nicht attraktiv sind? Keiner. Und das ist zu wenig, wenn man bedenkt, dass sich das Durchschnittsalter der Führungskräfte und Mitarbeiter vieler deutscher Unternehmen Ende der Vierziger befindet. Sich als Unternehmen attraktiv zu machen ist heute eine wichtige Aufgabe, um interessierte und kompetente junge Menschen zu attrahieren.

Das Produkt oder die Dienstleistung kann noch so brillant sein: Wenn die Atmosphäre im Unternehmen nicht stimmt und die Rahmenbedingungen unattraktiv sind, dann kehren uns begabte und motivierte Mitarbeiter den Rücken. Und mit einer tollen Führungskarriere lockt man heute keine jungen Experten mehr ins Unternehmen. Eingeklemmt zwischen Compliance und Governance-Systemen schmilzt der Handlungsspielraum junger Führungskräfte und damit der Spaß an der Arbeit. Junge Menschen möchten etwas bewegen. Eng geführt geht das Gefühl von Wirksamkeit verloren. Führung wird hier nur noch sichtbar, wenn sie nicht funktioniert. Genau wie bei der Hausarbeit. An gewaschenen Gardinen stört sich meist auch niemand. Auf diese Serviceaufgabe haben viele junge Menschen keine Lust. Nachvollziehbar.

Wenn ein junger Mann abends ausgeht, um mit der Dame seines Herzens ins Gespräch zu kommen und sie für sich zu interessieren, dann erbittet er auch nicht ihre Bewerbungsunterlagen. Und umgekehrt weiß eine junge Dame vermutlich auch einen anderen Weg, um auf sich aufmerksam zu machen, als ihr Ansinnen schriftlich niederzulegen. Man möchte doch, dass sich der andere freiwillig interessiert. Man möchte es nicht nahelegen. Wenn ein Unternehmen auf der Suche nach interessanten Mitarbeitern ist, sollte es nicht anders handeln. Es muss sich interessant machen und von anderen Unternehmen abheben. Darüber hinaus ist es relevant, sich für seine Zielgruppe zu interessieren und zu verstehen, welche Arbeitsbedingungen für diese Personengruppe attraktiv sind. Kann man das anbieten, wird man gefunden.

Deswegen ist der Begriff »Personalauswahl« oder auch »Recruiting« heute nicht mehr zutreffend. Vielmehr geht es darum, sich als Unternehmen so interessant zu positionieren, dass potenzielle Bewerber aufmerksam werden und von sich aus auf das Unternehmen zukommen. Der vielzitierte Bewerbermarkt macht es Interessenten möglich, unter einer großen Zahl an Angeboten frei zu wählen. Der Auswahlprozess findet also gegenseitig statt. Genau wie bei einem Date im Café.

Vielleicht wählt heute der Bewerber sogar mehr als das Unternehmen. Unsere heutige Form der Personalauswahl stammt noch aus einer Zeit, in der die Bewerbungsmappen wäschekorbweise in den Personalabteilungen ankamen. Und dann begann der lange Prozess von Sichten, Einladen, Bewerten und Entscheiden. Das ist schon eine Weile vorbei. Doch manchmal hat man das Gefühl, dass Unternehmen diesen Umstand zwar wahrnehmen, sich aber nicht ausreichend auf ihn einstellen. Immer noch schalten sie Anzeigen und warten darauf, dass sich qualifizierte Kandidaten bewerben. Dabei laufen die Wege heute ganz anders. Soziale Medien, Blogs, Gruppen, Chats, Bewertungsportale und Empfehlungen – all das sind Quellen, die junge Menschen nutzen, um sich für den nächsten Arbeitgeber zu entscheiden. Eine Anzeige wird heute eher zur Fehlanzeige.

Kultur und Technologie als Entscheidungskriterien

Für junge Menschen sind Unternehmen interessant, die andere Wege des Miteinanders gehen. Da Führungskarrieren für viele nicht mehr verlockend sind, sondern die meisten gerne ihre Expertise weiterentwickeln möchten, sind Fragen rund um die fachliche Entwicklung, die Art und Weise der Zusammenarbeit, die autonome Arbeitsweise, die Möglichkeit, Entscheidungen zu treffen, und den Expertenstatus von Bedeutung. Interessante Projekte und Herausforderungen stechen die Karrieremöglichkeiten – vor allem dann, wenn man plant, nach zwei bis drei Jahren weiterzuziehen.

Interessant wird zunehmend auch die Technologie, mit der ein Unternehmen arbeitet. Junge Menschen suchen sich ihre bevorzugte Technologie aus und sind nicht mehr dazu bereit, mit Listen oder Tabellen zu hantieren oder sich mit unkomfortablen Tools abzumühen. Die Präferenz für eine bestimmte technische Infrastruktur kann zu einem harten Entscheidungskriterium werden. Umständlichkeit törnt ab.

Rezeptoren prüfen

Ein Unternehmen ist gut beraten, wenn es die fachliche Ausbildung prüft, um sicher zu sein, einen Experten einzustellen. Daneben sind weniger Zeugnisse interessant als sicherzugehen, dass die Rezeptoren einer Person zur Selbstreflexion gut ausgebildet sind. Menschliches Verhalten ist das Ergebnis einer internen Selbstregulation. Und über diesen Mechanismus sollten Sie in einem gegenseitigen Kennenlerngespräch etwas herausfinden. Nicht jeder Mensch hat in seiner Kinderstube gelernt, zu kooperieren und gut in einer Gruppe von Experten zu arbeiten. Manche sind Einzelkämpfer, andere mit sich selbst beschäftigt und Dritte gehen über Leichen, wenn es darum geht, eine Waschmaschine zu gewinnen. Die Offenheit, mit einem Coach zu arbeiten, und das Interesse, sich nicht nur fachlich, sondern auch persönlich weiterzuentwickeln, sind eine wichtige Basis für eine erfolgreiche Zusammenarbeit.

Das richtige Fitting und die gegenseitige Passung sind schon in der Auswahlphase entscheidend. Die fachliche Entwicklung kann immer angestoßen werden. Personen, die wenig Interesse daran haben, auch persönlich weiterzukommen, sind trotz hoher Spezialisierung oft schwer integrierbar. Entwicklungsmöglichkeiten werden an dieser Stelle gerne überschätzt. Und dann hofft das Unternehmen vergeblich, dass sich etwas tut. Aber das Verhalten bleibt stabil.

Herauszufinden, wie eine Person arbeitet und was ihr Spaß macht, ist wichtiger, als Lebensläufe zu diskutieren. Fragen wie

- Wie sieht ein richtig guter Arbeitstag aus?
- Wann ist sie am Abend eines Tages zufrieden?

- Was findet sie spannend?
- Was war das letzte Highlight?
- Wofür lohnt Einsatz?

bringen mehr als Standards wie »*Warum sollen wir gerade Sie einstellen?*« oder »*Welche Schwächen haben Sie?*«. Beides klingt nicht unbedingt nach Augenhöhe. Einem Arbeitgeber, der so fragt, kehren Interessenten gerne den Rücken.

Kommen Sie interessiert miteinander ins Gespräch. Dann können beide Seiten eine solide Entscheidung treffen. Ein Ausfragen törnt ab. Das lässt auf einen eher autokratischen Stil im Miteinander schließen und wird von Interessenten nicht mehr toleriert. Entweder sie erleben, dass das Unternehmen an ihrer Expertise interessiert ist, oder sie ziehen weiter. Mit Ihrer Art, ins Gespräch zu kommen, geben Sie als Interviewer einen ersten Eindruck des gelebten Miteinanders im Unternehmen und damit eine Arbeitsprobe für die kommunikativen Gepflogenheiten und den gegenseitigen Respekt. An der erlebten Art und Weise des Umgangs orientiert ein Interessent seine Wahl. Eigentlich müsste er Jobwähler heißen.

Holen Sie sich für Ihre Gespräche professionelle Unterstützung. Nicht jeder Experte ist ein guter Psychologe. Es gibt so viele Effekte, denen man aufsitzen kann. Nicht jeder kennt diese, kann sie erkennen, einschätzen und damit umgehen. Es ist immer besser, genau das zu tun, wofür man kompetent ist. Alles andere kann man einfacher abgeben und verliert nicht so viel Zeit und Energie mit dem Ergebnis einer unpassenden Entscheidung. Ich habe schon viele Experten gesehen, die eine Vielzahl an Gesprächen geführt haben, um dann niemanden einzustellen. Weil am Schluss dann doch immer noch etwas nicht gestimmt hat, was man hätte ganz am Anfang erkennen können. In einer Zeit, in der Personalabteilungen abgebaut werden, findet sich eine Vielzahl exzellenter Experten auf dem Markt. Auch Bots eignen sich für die Selektion. In manchen Bereichen unterlaufen ihnen sogar weniger Beurteilungsfehler als Menschen.

Wenn Sie übereinkommen, dass eine Passung besteht und auch das Wertesystem aneinander andocken kann, dann geht es darum, gemeinsam ins Tun zu kommen. »*Papier und Portale sind geduldig*«, heißt es heute, und Gesprochenes ebenso. Wie gut man miteinander klarkommt und wie eine neue Person zu den anderen Teammitgliedern passt, das ergibt sich erst dann, wenn gemeinsam an einer Sache gearbeitet wird. Nach einer Zusammenarbeit ist es deutlich leichter, zu entscheiden, wie gut der gemeinsame Weg gelungen ist und ob er weiter miteinander gelingen kann. Ein Praxistag, ein Praktikum oder ein Projektvertrag sind hier vielversprechende Ansätze. Denn auch die Person, die kommt, möchte mehr kennenlernen als nur die Unternehmensleitung, den Coach oder einen Kollegen. Sie möchte sich auch ein Bild über den Alltag im Unternehmen machen und spüren können, ob sie sich in der neuen Umgebung wohlfühlen kann. Und das können Worte kaum transportieren.

Wer einlädt, setzt die Spielregeln. Das weiß auch jemand, der sich für eine Zusammenarbeit interessiert. Entscheidend sein kann auch der Korridor, den das Unternehmen anbietet. Wie sehen die Arbeitsbedingungen aus? Mit welcher Technik wird gearbeitet? Wie wird kommuniziert? Welches sind die Erwartungen an diese Rolle? Der Korridor lässt sich zwar besprechen. Wie er aber tatsächlich gelebt wird, kann man nur erfahren.

Die Erfahrung zeigt: Je schöner die Worte, umso schwieriger der Umgang. Je mehr Plakate in einem Unternehmen an den Wänden hängen, auf denen sich Werte zur Zusammenarbeit finden, umso schlechter sind mitunter Stimmung, Zusammenhalt oder Teamarbeit tatsächlich. Für einen Interessenten ist es genauso wichtig wie für den Unternehmer, die Zusammenarbeit zu testen. Und das am liebsten mit vielfachen Eindrücken. Schließlich weiß er, dass jedes Unternehmen auf der Suche nach den Besten ist. Und wenn er gut ist, kann er sich sein Unternehmen aussuchen.

Auf der anderen Seite sollte man nicht danach streben, eine Entscheidung für die nächsten zehn Jahre zu treffen. Arbeitsverhältnisse gehen in ihrer Länge deutlich zurück. Wenn es zwei Jahre gut passt, ist das schon prima. Fünf wären super. Mehr zu erwarten ist nicht realistisch. Deswegen sollte das Engagement, das darauf verwendet wird, um eine Passung festzustellen, in einem guten Verhältnis zu der tatsächlich erwartbaren Dauer des Arbeitsverhältnisses stehen.

Angelehnt an die *Customer-Journey* analysieren Unternehmen jetzt auch die *Candidate-Journey*. Die Customer-Journey stammt aus dem Onlinemarketing und untersucht die Berührungspunkte zwischen einem potenziellen Kunden und einem Unternehmen, bis es zur Kaufentscheidung kommt. Analog dazu kann man die Candidate-

Journey verstehen. Man versucht herauszufinden, wie die Kontakte zwischen dem Interessenten und dem Unternehmen gestaltet sind:

- Wie ist er auf das Unternehmen aufmerksam geworden?
- Mit wem hatte er den ersten Kontakt?
- Welches war die ausschlaggebende Information?
- Wie kommt es, dass er sich dafür entschieden hat, sich das Unternehmen genauer anzusehen?
- Welche Erwartungen hat er an seinen Arbeitsplatz?

Aus diesen Antworten kann ein Unternehmen seine Attraktivität ableiten und auch daran arbeiten, diese zu erhöhen.

Fürs Ankommen sorgen

Wenn Unternehmen schnell wachsen und in kurzer Zeit viele Menschen für sich gewinnen können, dann geht das meist zulasten des etablierten Wertesystems. Einige Personen zu integrieren gelingt oft, eine Vielzahl unterschiedlicher Menschen für die bestehende und bewährte Kultur zu gewinnen kann schon schwieriger werden. Vor allem, weil es auch bei einer intensiven Suche nach einer Vielzahl an Menschen häufig nicht so viele gibt, die sich von sich aus für das Unternehmen interessieren. Und die aktiv Angesprochenen und Gesuchten passen nicht immer so gut wie diejenigen, die den ersten Schritt machen. Im Glücksfall gelingt das natürlich auch. Gleichzeitig ist bei einer großen Zahl das Risiko, danebenzuliegen, für beide Seiten deutlich höher als bei handverlesenen Interessenten.

Interessant ist auch der Weg über Freiberufler und Teilzeitkräfte. Unternehmer haben hier den großen Vorteil, dass diese Personen sich flexibel in unterschiedlichen Kulturen etablieren können. Und sie bringen Know-how aus anderen Unternehmen mit. Sie können vergleichen und Prozesse prüfen, weil sie tagtäglich den Blick in andere Vorgehensweisen nutzen können. Dieser offenere Blick kann erhebliche Verbesserungsprozesse anstoßen, was die geringere Verfügbarkeit ausgleichen kann. Vorausgesetzt, die Organisation interessiert sich für die Sichtweise der Externen und lässt es zu. Und das Unternehmen bindet sich nicht mit festen Verträgen, sondern ist meist jährlich flexibel. Darüber hinaus minimiert dieses Vorgehen das Risiko auf beiden Seiten. Festanstellungen auf Lebenszeit gehören zur alten Arbeitswelt. Vielen fällt es schwer, das zu begreifen.

Auch bei Freiberuflern wie bei Teilzeitkräften ist es relevant, dafür zu sorgen, dass der »Neue« gut landen kann. Eine inspirierende Einarbeitung, ein Interesse an der Person, eine Neugier auf seine Kompetenz und ein strukturiertes Vorgehen fundieren den stabilen Landeplatz, von dem aus er sein neues Terrain erkunden kann. Hier intuitiv vorzugehen und zu hoffen, dass es schon klappt, wäre tatsächlich ein schlechter Rat. Oft investieren Unternehmen viel Energie und Budget in das Finden hervorragender Fachkräfte. Ist der Vertrag erst einmal unterschrieben, dann folgt nichts mehr. Kaum jemand, der danach noch ein Schreiben oder E-Mails bekommt, angerufen wird oder eine andere soziale Begegnung erfährt, in der die Entscheidung bestätigt und die freudige Erwartung ausgedrückt wird. Es gibt in diesem Bereich einfach wenig After-Sales. Es wird auf eine intuitive Einarbeitung gesetzt. Leider. Denn die Konkurrenz schläft nicht und manchem Headhunter gelingt es, gute Leute aus der Probezeit herauszulösen. Zu hoffen, die Kollegen würden ihn schon an die Hand nehmen, ist zu wenig. Die Entscheidung, ein Unternehmen wieder verlassen zu wollen, fällt oft innerhalb der ersten vier Monate.

In das Ankommen, Einfinden und Wohlfühlen einer neuen Person systematisch zu investieren, zahlt sich für beide Seiten letztendlich aus. Auch bei einem erfolgreichen ersten Date überlegt man, wie es weitergeht. Schade, wenn beide vergeblich auf eine Nachricht warten.

Menschen binden sich dann besonders gerne, wenn sie viele Freiheiten genießen und ihrem Lebensstil und ihrem Wertesystem treu bleiben können. Das gilt für private Bindungen genauso wie für berufliche. Je besser ein Experte ist, umso genauer sind seine Vorstellungen davon, wie er erfolgreich arbeiten kann. Und je weniger Beschränkungen er erfährt, umso geneigter ist er, im Unternehmen längerfristig zu verweilen. Oder wie es Reinhard Sprenger fasst: »*Finde den Richtigen, vertraue, rede, bezahle fair und gehe ihm aus dem Weg.*«

Alumni-Netzwerke

Auch wenn alles hervorragend gelingen sollte, schützt das nicht vor Fluktuation. Der Arbeitsmarkt ist fluide, Mitarbeiter kommen und gehen. Sie qualifizieren sich weiter und kommen womöglich später in einer anderen Rolle zurück. In Kontakt zu bleiben, auch wenn die Person das Unternehmen verlässt, sich für ihre Entwicklung zu interessieren, ihr Informationen darüber zu geben, wie sich das Unternehmen weiterentwickelt, und sie vielleicht zurückzugewinnen – das alles gelingt nur über Alumni-Netzwerke, in denen Menschen, die einmal zusammengearbeitet haben, in Verbindung bleiben können. Der zukünftig hochfrequente Arbeitsplatzwechsel macht so ein schnelles Anziehen und Abstoßen möglich und notwendig. *After-Employment-Marketing* heißt das neue Stichwort dafür und es steckt noch gänzlich in den Kinderschuhen.

Insofern ist auch der Begriff »Fluktuation« nicht mehr richtig, denn er hat eine negative Konnotation. Personen gehen heutzutage nicht mehr, weil sie verärgert sind oder um nie wieder zurückzublicken. Sie gehen, um Neues zu lernen. Sie wollen sich auszuprobieren. Sie möchten ihre Expertise ausbauen und gewinnbringend einsetzen. Und das tun sie immer genau dort, wo es zu diesem Zeitpunkt am besten passt. Gute Mitarbeiter wechseln häufig, lernen, sammeln neue Erfahrungen und stellen all das dem Unternehmen und dem Projekt zur Verfügung, in das sie gerade involviert sind. Und wenn dann eine neue attraktive Chance lockt, dann folgen sie diesem Weg.

Kurz und knackig

- Junge Menschen interessieren sich für attraktive Unternehmen.

- Interessenten finden ihre Unternehmen über moderne Kommunikationswege.

- Alumni-Netzwerke machen es möglich, mit Experten in Verbindung zu bleiben.

18 Unschärfe – Ambiguitäts- toleranz statt Richtig und Falsch

Rückblickend erscheint es uns so, als wäre früher alles einfacher gewesen. Wir glauben, wir hätten vor 30 Jahren besser gewusst, was uns in der Zukunft erwartet, und so leichter die richtigen Entscheidungen treffen können. Es fühlt sich so an. Das ist aber nur der Blick in den Rückspiegel. Auch damals wusste keiner, was sich bewähren würde.

Wir Menschen haben ein hohes Bedürfnis nach Orientierung. Da hilft ein Richtig und Falsch beträchtlich. Das richtige Ziel und den richtigen Weg zu kennen, vermittelt das Gefühl von Sicherheit. Unsicher war unsere Umwelt schon immer, aber Autoritäten konnten mit Überzeugung ein Richtig und Falsch vermitteln. Auch wenn sich das Richtig falsch anfühlte, vermittelte es doch Sicherheit. Die Zukunft schien voraussagbar und so war eine angemessene Vorbereitung einfach. Dann kam doch alles anders.

Aus dieser Erfahrung heraus möchten Menschen sich heute mehr und mehr selbst Sicherheit geben. Und sie wollen sich auch nichts erzählen lassen. Sie möchten selbst entscheiden. Das bedeutet, dass sie auch selbst in der Lage sein müssen, mit Ambiguitäten umzugehen. Denn die Informationen, die als Basis dienen, sind alles andere als eindeutig. Und zudem oft Fake.

Unschärfe gehört zum menschlichen Leben dazu. Es gibt keine Existenz ohne Unschärfe. Sie ist Teil des Systems. Auch des Unternehmens. Und dagegen kann auch eine Unternehmensleitung nichts machen. Sie muss lernen, mit diesen Unschärfen umzugehen und dabei flexibel und handlungskompetent zu bleiben. Jede Entscheidung folgt also der Maßgabe, dass diese den unternehmerischen Handlungsspielraum vergrößern sollte.

Vor kurzer Zeit noch dachte man, man könne den Unschärfen mit einem superguten Projektplan entgegenwirken und sie so berechenbar machen. Allerdings findet sich vermutlich kaum ein Projektleiter, dem es jemals gelungen ist, einen Projektplan 1:1 umzusetzen. Die Sicherheit, die ein Projektplan vermittelt, ist nur eine gefühlte. Projekte verhalten sich nicht so wie geplant. Weder in der IT noch auf dem Bau oder in der Wissenschaft. Menschen auch nicht. Sie folgen keinen definierten Regeln. Deswegen lohnt es auch nicht, lange im Voraus Dinge festzulegen. Projekte dauern in der Regel um ein Drittel länger als gedacht, die Anforderungen und Rahmenbedingungen verändern sich alle vier bis acht Wochen. Projekte werden geplant auf einer Informationsbasis, die sich im Laufe der Zeit deutlich erweitert, und die ursprünglich ideale Ressourcenannahme erweist sich als Fehlannahme. Für ein paar Monate zu planen ist mit hohen Risiken verbunden. Für ein Jahr zu planen, kann man schon nicht mehr als mutig bezeichnen. Es erscheint absurd. Oder naiv.

Die Antwort auf Unschärfe ist Iteration. Immer wieder die Ausgangslage neu definieren, Ressourcen einschätzen und Anforderungen überprüfen, das macht ein schnelles und wendiges Arbeiten möglich. Was in der Mathematik und in der Informatik fester gedanklicher Bestandteil ist, wird nach und nach von anderen Disziplinen übernommen. Denn durch iterative Schleifen nähert man sich einer Lösung. Ungewissheiten und Überraschungen können so in die Planung einbezogen werden. Das Projekt wird mit jeder Iterationsschleife prognostizierbarer. Ziele werden angepasst. Improvisation entsteht. Und sie gehört zum Alltag. Das, was viele Menschen noch heute als anstrengende Ausnahme wahrnehmen, ist inzwischen Standard. Vielleicht war es das schon immer. Wir haben es aber für steuerbar gehalten. Das war vermutlich ein Irrtum.

Iterationsschleifen sind für Mitarbeiter wie Kunden Neuland. Bekannt sind sie bereits im IT-Umfeld. Im IT-Bereich gibt es immer eine Pro-Version für Tester und Friendly User, die dann überarbeitet wird. Und jeder Version 1.0 folgt eine 2.0, 3.0 und so weiter. Hier besteht gar nicht der Anspruch, mit einem Pflichtenheft alles erfassen zu können, was wichtig ist. Auch gibt es die Erfahrung, dass sich Anforderungen im Laufe der Zeit ändern und Anpassungen immer wieder vorgenommen werden müssen. Mit dieser Unschärfe müssen nun auch andere Bereiche umgehen. Und diese können nicht mit klassischer Führung gemanagt werden. Obwohl das auch in der IT lange versucht wurde.

Iteration ist die Basis von jedem fraktalen Vorgehen, von Scrum und anderen modernen Methoden. Ohne Iteration gibt es keine Lösungen. Und Pläne müssen als unscharf und ambig akzeptiert und entsprechend oft modifiziert und angepasst werden. Der Umgang muss geübt werden.

Weder richtig noch falsch

»Die richtigen Dinge tun«, nicht nur *»die Dinge richtig tun«*, das forderte vor vielen Jahren der Unternehmensberater Peter Drucker und führte so den Unterschied zwischen Effektivität und Effizienz ein. Wenn man nur die richtigen Dinge in der richtigen Art und Weise tut, so die Hypothese, dann wird man das Unternehmen zum Erfolg führen. Und das traf vermutlich auch zu in der Zeit, in der Peter Drucker diese Meinung vertrat.

Wie so viele Dinge ändern sich auch die Zutaten, aus denen unternehmerischer Erfolg resultiert. Um die richtigen Dinge in der richtigen Art und Weise tun zu können, muss man zunächst einmal wissen, welches die richtigen Dinge sind. Und dann eine Idee davon haben, welches die richtige Art und Weise ist. Und man muss daran glauben, dass es auch bei der Art des Anpackens ein Richtig und Falsch gibt.

Vermutlich gibt es das in einer linear gedachten Welt. Und vermutlich ist die Welt, in der wir leben, alles andere als linear. Weder treffen Ursache-Wirkungs-Prinzipien zu, mit denen wir gerne die Welt erklären wollen (Wenn wir den Kunden gute Rabatte geben, bleiben sie loyal), noch greifen Voraussagen für das, was morgen gefordert sein wird (Die meisten Kunden kaufen lieber im Laden als im Internet). Beides kann stimmen, muss aber nicht. Beides trifft für einige Personen zu, für andere wieder nicht. Und weil die Welt so unterschiedlich geworden ist, gibt es kein Richtig und Falsch mehr, sondern nur ein Sich-Herantasten, Ausprobieren, Gemeinsam-etwas-Entwickeln, was im Moment stimmig und passend ist, morgen aber schon wieder ganz anders sein kann.

Entscheidungssicherheit gibt es nur da, wo Ausgangslage und Ziel eindeutig sind. Und auch darüber gibt es heute nur Hypothesen, auf die aufbauend wir ein Vorgehen wählen und dann retrospektiv bewerten können, ob wir ausreichend erfolgreich damit waren. Ohne zu wissen, ob ein anderes Vorgehen besser gewesen wäre. So werden Dinge entwickelt, angepasst, verworfen, neu gedacht und jedes Mal werden sie getestet und genutzt für bestimmte Anwendungen. Vielfalt und Individualität spielen heute eine so große Rolle, dass es weder ein richtiges Ding gibt noch einen richtigen Weg. Es gibt nur die Ambiguitätstoleranz und die Anpassungsfähigkeit.

Fuzzy

Was andere Wissenschaften wie die Physik mit der Unschärferelation oder der *Fuzzylogik* bereits vormachen, findet nun auch Eingang in das betriebswirtschaftliche Denken. Ungenauigkeiten, graduelle Unterschiede und systemische Prinzipien beschreiben inzwischen Märkte und Erfolge von Unternehmen genauer als herkömmliche Methoden. Fuzzy ist alles, bei dem weder Ein- noch Ausgang eindeutig beschrieben werden kann, alles, was unscharf ist und sich nicht erwartungsgemäß verhält. Dann wird es interessant, mit möglichen Mengen anstatt mit absoluten Werten zu arbeiten, und dann gibt es oft mehr als eine richtige Lösung. Spracherkennung wäre beispielsweise ohne diese Herangehensweise nicht möglich, denn menschliche Stimmen weisen viel zu hohe Unterschiede auf.

Mit einem veralteten Denken können wir neuen Herausforderungen nicht begegnen. Da wir meist viele Jahre in diesem Denken geschult sind, fällt es oft schwer, das Neue für uns anzunehmen und tatsächlich umzusetzen. Was bei der Quantenphysik beginnt, findet auch Einfluss in der Psychologie, Informatik und Betriebswirtschaft. Schon Systemiker wie Nikolas Luhmann stellten trocken fest, dass sich Menschen nicht wie triviale Maschinen verhalten. Wenn Sie in einen Cola-Automaten zwei Euro einwerfen, kommt mit sehr hoher Wahrscheinlichkeit eine Flasche Cola heraus. Es sei denn, der Automat ist kaputt. Dann treten Sie einmal ordentlich dagegen, und es klappt schon. Wenn Sie einem Menschen zwei Euro geben, wissen Sie nicht, was dabei herauskommt. Und wenn Sie dagegentreten, kann es sein, dass es für Sie mit einem blauen Auge ausgeht. Menschen reagieren genauso fuzzy wie physikalische, chemische oder systemische Prinzipien. Wir können uns Regelhaftigkeiten immer nur annähern, Phänomene beschreiben und daraus lernen. Dass diese sich aber immer wieder in dieser Art und Weise abspielen und dass wir Produktion und Dienstleistung auf dieser einen Beobachtung basierend in Prozessen fest verankern, wäre blauäugig und riskant. Das klappt heute nicht mehr.

Auch die moderne Philosophie nimmt diesen Gedanken auf und nennt ihn Disparität. Der Begriff beschreibt ein Ganzes, das aus nicht kompatiblen Teilen besteht. Eine beschreibbare und handhabbare Einheit gehört in die Welt der Illusion. Und weil wir Menschen gerne eine gefühlte Kontrolle nutzen, versuchen wir ein kompatibles Bild zu erzeugen, indem wir es mit Wünschen und Mutmaßungen so lange anreichern, bis es sich als vollständiges und kohärentes Ganzes anfühlt. Was uns wieder ruhig schlafen lässt, entspricht nicht mehr der Realität. Und was wir zu steuern versuchen, ist eine Illusion. Der Umgang mit Ambiguitäten und Unschärfe entwickelt sich zunehmend zur Kernkompetenz.

Fuzzy-Märkten kann nur mit unscharfen Vorgehensweisen begegnet werden. Einfaches und Wiederkehrendes lässt sich standardisieren. Alles andere wird individuell und situativ ausgerichtet. Das ist genau wie in der Mode. Wenn der Frühling im Jahr 2019 Pastelltöne fordert, bleiben alle anderen Farben gleichermaßen bestehen. Auch ein roter oder dunkelblauer Pullover ist nach wie vor zu bekommen. Gab es früher einen einzigen Modetrend und man bekam wirklich nichts anderes, findet man heute Röcke und Hosen in allen Längen und Weiten. Und es gibt kaum etwas, das nicht getragen werden kann. So vielfältig die Mode, so vielfältig sind auch alle anderen Märkte geworden.

Die Vielfalt macht es notwendig, auch intern anders zu organisieren. Wenn es kein Richtig und kein Falsch mehr gibt, dann kann eine Führungskraft auch nicht mehr richtig entscheiden. Wir sind darauf angewiesen, dass alle aufmerksam sind und ihre Wahrnehmungen und Erfahrungen in Entscheidungsfindungen miteinbringen. Die Vielfalt der einzelnen Ideen ist die Unschärfe, mit der wir umgehen müssen, und eine Basis, um für jetzt eine machbare Entscheidung zu treffen. Wohl wissend, dass diese Entscheidung schon in naher Zukunft wieder überprüft werden muss. Die Dynamik des Umfeldes bildet sich in Organisationen ab. Sie hält das System jung und frisch und schützt davor, Dinge so zu tun, weil sie schon immer so gemacht wurden und irgendwann einmal als richtig empfunden worden sind. Der Blick in den Rückspiegel reicht einfach nicht mehr aus.

Kurz und knackig

- Flexibilität und Geschwindigkeit erfordern eine hohe Ambiguitätstoleranz.

- Der Umgang mit Unschärfe avanciert zur Kernkompetenz.

- Iterative Prozesse begegnen Unschärfe optimal.

19 Minimalismus – innere Zufriedenheit statt äußerer Status

»*Geld allein macht nicht glücklich, aber es ist besser, in einem Taxi zu weinen als in der Straßenbahn.*« Dieses vielfach genutzte Zitat wird dem 2013 verstorbenen Publizisten Marcel Reich-Ranicki zugeschrieben. Glück und Unglück erlebt jeder Mensch. Mit etwas mehr finanziellem Spielraum ist manches aber leichter erträglich und das Leben insgesamt einfacher organisierbar. Es macht mehr Spaß, den Wochenendeinkauf zu machen, wenn man appetitlich einkaufen kann, als wenn man möglichst sparsam sein muss.

Ob und wie Geld motiviert oder das Lebensglück beeinflusst, beschäftigt Wirtschaftsforschung und Psychologie seit vielen Jahren. Das Ergebnis: Geld allein motiviert nicht. Es sind die weichen Faktoren am Arbeitsplatz, die glücklich stimmen: der einfühlsame Chef, die lieben Kollegen, die interessante Aufgabe, die Möglichkeit, Verantwortung zu übernehmen, ein selbstbestimmtes Arbeiten und anderes. Das zumindest verkünden seither die meisten Forschungsergebnisse und Bücher zum Thema Management. Motivation erfolge intrinsisch und könne nicht von außen angestoßen werden. Menschen arbeiten aus Sicht der Autoren, um sich selbst zu spüren. Sie möchten in ihrer Kompetenz wahrgenommen werden, treffen gerne Entscheidungen und übernehmen noch lieber Verantwortung. Hinter diesen Gedanken steckt ein sehr positives, humanistisch geprägtes Weltbild. Und das hat auch unter bestimmten Voraussetzungen seine Berechtigung.

Gleichzeitig bleibt Geld die Basis des Lebensunterhalts. Und wenn man sich nicht dafür entschieden hat, sich ehrenamtlich zu engagieren, sondern arbeitet, um seinen Lebensunterhalt zu bestreiten, dann spielt Geld schon eine sehr relevante Rolle. Denn es wird kaum einen Bäcker geben, bei dem man seine Brötchen umsonst bekommt, weil man ein so überaus freundlicher Kunde ist, der Verkäuferin Komplimente macht oder so regelmäßig kommt. Geld sichert das Überleben.

Und deswegen ist unser Gehirn dann besonders motiviert, wenn es ums Geld geht, weil dieses Sicherheit und Schutz gibt. Ohne Sicherheit und Schutz denken wir kaum über anderes nach. Ist das gewährleistet, dann treten andere Motivatoren an diese Stelle.

Seit den Untersuchungen der Nobelpreisträger Angus Deaton (2015) und Daniel Kahneman (2002), bei denen 450 000 Menschen interviewt wurden, wissen wir, dass das Glücksempfinden der Amerikaner stark von ihrem Einkommen beeinflusst wird. Deaton ist es gelungen, einen absoluten Wert des Glücks festzulegen: 75 000 Dollar. Das waren 2015 etwa 61 000 Euro. Bis zu diesem Einkommen steigt das Glücksempfinden linear mit der Vermehrung des Einkommens. Danach nicht mehr.

Dann greifen die vielen anderen Variablen, die gemeinhin für Motivation verantwortlich gemacht werden. Allen voran der Faktor »Gute Beziehungen zu anderen Menschen«, den die Forschungsergebnisse des Arztes und Neurowissenschaftlers Joachim Bauer nahelegen. Je besser die Beziehungsgestaltung gelingt, umso mehr körpereigene Opiate werden ausgeschüttet. Wir fühlen uns glücklich und zufrieden.

Da das Thema den Forschern keine Ruhe lässt, werden immer wieder verschiedene Bevölkerungsgruppen befragt, wie zufrieden sie an ihrem Arbeitsplatz sind und welche Faktoren dafür verantwortlich sind. Immer wieder steht das Gehalt auf Platz eins. Erst ab dem kritischen Wert von etwa 60 000 Euro werden andere Faktoren höher bewertet. Denn dann, so würde unser Gehirn es einschätzen, haben wir ausreichende finanzielle Mittel, um unseren Lebensunterhalt zu sichern. Und das bevorzugen wir deutlich vor Selbstbestimmung oder der Übernahme von Verantwortung.

Wenn wir allerdings überall gleich wenig verdienen, dann doch lieber auf angenehme Weise und in einer freundlichen Umgebung als unter Stress. Dann sind die Rahmenbedingungen ausschlaggebend für die Wahl des Arbeitsplatzes:

- Wie weit ist die Anfahrt?
- Wie nett ist der Chef?
- Wie gut ist das Unternehmen organisiert?

- Wie stressig ist der Alltag?
- Wie der Umgangston?

Manche Mitarbeiter verdienen sich nebenher noch etwas dazu und können deswegen nicht ihre ganze Energie an einem Arbeitsplatz ausgeben.

Bei wenig Einkommen also müssen die anderen Faktoren optimal sein, um gute Mitarbeiter zu halten. Allen voran die Arbeitszeiteinteilung und das Wohlfühlen mit den Kollegen. Ein Arbeitsplatz, der sich individuell auf die Bedürfnisse des Mitarbeiters abstimmen lässt, wenig stressig ist und ein freundliches Miteinander verspricht, steht deswegen inzwischen bei Berufen, bei denen das Einkommen unter 60 000 Euro im Jahr liegt, ganz oben auf der Rangliste. Mitarbeiter prüfen hier sehr kritisch, ob das Arbeitsumfeld ihren Wünschen entspricht. Deswegen können sich Unternehmen, in denen ein gutes Klima herrscht, nach wie vor über Blindbewerbungen freuen. Ein gutes Umfeld spricht sich herum.

Und dazu kommen alle Anerkennungen, die das Portemonnaie entlasten: der Einkaufsgutschein, das Mittagessen, ein nützliches Geschenk, der Urlaubs- und der Weihnachtszuschuss. Für Menschen, die unter dem kritischen Einkommenswert liegen, sind Arbeitsinhalte nicht mehr so wichtig – im Schnitt der Untersuchungen nur für neun Prozent der Arbeitnehmer. Das erklärt, warum wir beispielsweise so viele Zahnmedizinische Fachangestellte in anderen Arbeitsfeldern finden. Zum Beispiel beim Discounter an der Kasse. Für etwas mehr an Einkommen und ein gutes Umfeld sind viele Facharbeiter dazu bereit, ihren einst gewählten Beruf aufzugeben. Und das geschieht vermutlich nicht ganz freiwillig.

Eine solide finanzielle Basis und die Möglichkeit, zusätzlichen finanziellen Spielraum zu erwirtschaften, sind deswegen in diesem Einkommenssegment nach wie vor die wichtigsten Motivatoren. Darüber hinaus muss der Job Spaß machen und das Miteinander muss stimmen. Schnell wird Menschen, die öfter den Arbeitsplatz wechseln, mangelnde Loyalität unterstellt. Aber warum sollen sie für wenig Geld in einem Umfeld arbeiten, das ihnen nicht behagt? Und auch für mehr Geld will man sich wohlfühlen. Dann ist der Gutschein nicht mehr so wichtig wie Autonomie, Verantwortung und eine interessante Tätigkeit.

Maß halten

Vor einigen Jahren noch war die Sinnfrage ganz eng mit der Midlife-Crisis verbunden. Wenn Menschen etwa die Hälfte ihres Lebens verbracht haben, dann denken sie genauer darüber nach, wie sie den Rest ihres Lebens verbringen möchten. Wichtig ist, dass sie in dieser zweiten Lebenshälfte einen Sinn empfinden, war die Hypothese. Heute biegt die Sinnfrage schon früher um die Ecke. Junge, qualifizierte Menschen möchten ihre Lebensenergie und ihre Zeit gerne für etwas einsetzen, das sie für sinnvoll halten. Sie möchten damit nicht bis Mitte 40 warten. Deswegen bevorzugen junge Menschen Unternehmen, die sich ökologisch und sozial aufstellen oder engagieren. Ein Unternehmen, das einen vernünftigen Beitrag zu Umwelt und Gesellschaft leistet, wird höher gerankt als ein Unternehmen, das sehr viel Profit erwirtschaftet.

Viele Menschen ersetzen inzwischen das Prinzip Konsum gegen Minimalismus:

- Brauche ich diesen Pullover, diesen Winkelschneider, diese Taschenlampe wirklich?
- Kann ich mehr als ein Auto gleichzeitig fahren? Brauche ich überhaupt eins?
- Kann ich mehr als ein Notebook nutzen?
- Gibt es kein Handy, bei dem man den Akku austauschen kann?
- Und wie reise ich in den Urlaub?

Das sind neue Fragen, die das Mehr, Weiter und Höher ablösen. Es entsteht eine neue kollektive Verantwortung für die Umwelt. Ein Denken, das nicht nur die individuellen Bedürfnisse berücksichtigt, sondern das Thema größer betrachtet. Wie ist der Pullover, sind die Schuhe, ist die Tasche produziert? Kinderarbeit? Fair? Mit welchem Energieaufwand? Welcher CO_2-Bilanz? Welche natürlichen Stoffe wurden verwendet? Welche künstlichen? Recycelbar?

Dass es nicht immer Kaviar sein muss, ist längst bei vielen Menschen angekommen. Dass man Autos teilen kann mit Car-Sharing oder einen Fuhrpark nutzen kann, auch. Das entlastet Geldbeutel und Verantwortung. Auto kaputt? Man kann einfach den Schlüssel abgeben und in ein fahrtüchtiges Gefährt einsteigen. Besitz verpflichtet und leichter lebt es sich mit weniger.

Wir brauchen Ausgewähltes, um zufrieden arbeiten und leben zu können. Fünfsternehotels, Limousinen und am Wochenende nach Dubai? Dieser Lebensstandard mutet eindrucksvoll an. Hat aber einen faden Nachgeschmack. Und wirkt längerfristig hohl. Wer sich die Frage »Wer bin ich?« mit einem SUV und den dazugehörigen zwei Parkplätzen in der Tiefgarage, vielen Mitarbeitern oder tollen Trips in die Metropolen dieser Welt beantwortet, dem fehlt ganz eindeutig etwas im Inneren.

Schon in der Antike wurde die Mäßigung zelebriert. Platon und Aristoteles räumten ihr einen sehr hohen Platz ein. Nicht nur sie, sondern auch die indischen Yogis bringen die Fähigkeit, Maß zu halten, in Verbindung mit Weisheit. Eines ist ohne das andere nicht zu haben.

Äußerer Status kann innere Leere nicht kompensieren. Das haben schon viele versucht und sitzen letztendlich mit einem Glas Champagner alleine in ihrem wohltemperierten Whirlpool. Viele Deckenplatten, Eckbüros, Zimmerpflanzen, große Fenster und ein Schlüssel zum Gebäude können Inkompetenz und Selbstsucht nicht ausgleichen.

Menschen, die das alles nicht nötig haben, wirken charismatischer als Menschen, die niemals selbst ihren Kaffee kochen, einen Campingplatz unwürdig finden und nicht wissen, wie sich Schmierfett auf der Haut anfühlt. Maß und Bodenhaftung sind Wesenszüge, die Menschen unschlagbar machen, wenn es um Respekt anderer Personen geht. Und darum geht es letztendlich für eine Unternehmensführung und für die gute Zusammenarbeit in einem Team. Viele Menschen bringen das aus ihrer Kinderstube mit. Andere können es entdecken.

Die klassischen Statussymbole aus Unternehmen finden junge qualifizierte Menschen heute schon ziemlich langweilig. Gute Technik ist wichtig, bequeme Kommunikations- und Vernetzungsmöglichkeiten. Aber sonst? Ein Notebook ist wichtiger als ein Aktenschrank. Bücher haben die wenigsten und die Ablage ist ausschließlich elektronisch. Ein eigener Arbeitsplatz ist genauso wenig relevant wie eine große Anzahl von Mitarbeitern oder ein unternehmensinterner Titel auf dem Türschild.

Prinz Protz im Pinguinlook ist eindeutig out. Die meisten Anzüge sitzen ohnehin schlecht. Die heutige Unternehmensführung gibt sich klug und casual. Und Top-Experten verhandeln eher drei Monate unbezahlten Urlaub im Jahr anstatt einen großen Dienstwagen.

In der neuen Einfachheit bevorzugen Reisende ein familiär geführtes Bed and Breakfast gegenüber einer Hotelkette mit anonymen grauen Gängen. *»Danke, dass Sie sich für uns entschieden haben. Würden Sie bitte Ihre Bewertung abgeben?«* Man kann es schon nicht mehr hören, mag nicht mehr bewerten und schon gar nicht nach einer Übernachtung zweihundert E-Mails erhalten mit Angeboten der gleichen Kette.

Minimalisten fragen sich auch, ob es sinnvoll ist, für ein vierstündiges Meeting von Europa nach New York, Buenos Aires oder Singapur zu jetten. Sie fragen sich, ob sie tatsächlich mit diesem Business-Trip die Welt retten oder ob es nicht doch nur um ihren persönlichen Status, ihr Image im Konzern oder um ihre Visibility bei wichtigen Projekten geht. Manche fragen sich auch, ob sie die Welt nicht vielmehr dann retten, wenn sie nicht fliegen. Remote? Geht meistens. Nur weil dann präziser geplant werden muss, ist es nicht unmöglich, Gäste aus aller Welt zuzuschalten. Dafür kann man dann schon mal nachts aufstehen und ein passendes Oberteil über den Schlafanzug werfen, um am Meeting teilzunehmen.

Werte verschieben sich. Ansprüche ändern sich. Mit Werten der Vergangenheit können Fachkräfte nicht mehr attrahiert werden. Vorbei die Zeit, in der eine Führungskarriere noch ein Lockmittel war – *»Macht ja nur Arbeit«.* Und vorbei die Zeit, in der ein Aufstieg garantiert werden konnte – *»Will ich gar nicht. Lieber ein Sabbatical«. »Und wann?« »Am besten starten wir damit …«*

Stop starting – start finishing

Minimalismus und Fokussierung spiegeln sich auch in der Arbeitsweise wider. Lieber weniger Projekte, dafür aber gut mit jedem vorankommen und dabei etwas lernen. Hans Dampf in allen Gassen zu spielen und überall mitzumischen, um sich wichtig zu machen, aber nichts substanziell voranzubringen, macht vielen Menschen keinen Spaß mehr. Spaß entsteht inzwischen eher durch einen guten Beitrag, durch Ergebnisse und durch Lösungen. Da Lösungen heute nicht mehr so lange halten, weil es – kaum, dass eine Lösung gefunden ist – bereits eine neue Marktentwicklung gibt, finden wir kaum noch Energie, um uns langfristiger mit etwas auseinandersetzen zu wollen. Was heute und hier richtig ist, muss in einer brauchbaren Form dem Kunden angeboten werden. Möglicherweise sind die Bedürfnisse morgen schon wieder ganz anders und wir müssen neu nachdenken und wieder etwas anbieten für das Hier und Jetzt.

»On demand statt langfristig geplant« beschreibt den Zeitgeist ganz gut. Kunden wollen die Produkte jetzt. Sie möchten handlungsfähig sein und nicht lange warten. Lange Planung funktioniert nicht nur bei der Unternehmensstrategie nicht mehr, sondern genauso wenig bei der Entwicklung von Dienstleistungen und Produkten. Die nächste Entwicklung steht schon am Start. Produktentwicklungen haben kürzere Zyklen. Es geht darum, etwas zu produzieren, was einen aktuellen Bedarf deckt, und sobald es auf dem Markt ist, an einer neuen Generation zu arbeiten. Etwas absolut »fertig« zu stellen, damit es viele Jahre hält, passt nicht mehr in den Zeitgeist. Das Minimax-Prinzip ist hier genauso hilfreich wie die Fokussierung auf das Hier und Jetzt.

Kurz und knackig

- Maßhalten und Umweltverträglichkeit werden zu neuen kollektiven Werten.

- Minimalismus als Zeitgeist löst Statussymbole ab.

- Wenige sinnvolle Aufgaben werden dem oberflächlichen, alles bedienenden Arbeitsstil vorgezogen.

20 Zurück zur Natur – Lebensräume statt Arbeits- zellen

Jedes Detail entscheidet. Denn jedes Detail beeinflusst unser Verhalten. Lage, Anordnung, Struktur, Ansprechpartner, Ausstattung, Erreichbarkeit …, man könnte eine lange Liste schreiben. Jedes Detail lenkt die menschliche Aufmerksamkeit und steuert dadurch das, was wir wahrnehmen, und damit das, was wir tun. Je nachdem, in welchem Raum wir arbeiten, mit wem wir eine Umgebung teilen, worüber die Kollegen nachdenken, wie die Tische angeordnet sind, hören wir andere Dinge, sind beteiligt und verstehen Zusammenhänge. Jedes Detail trägt dazu bei, wie wir arbeiten und welche Ergebnisse wir erzielen.

Lange war man davon ausgegangen, dass Büros in erster Linie funktional in Grautönen eingerichtet sein müssen. Lange Gänge, Einzelzimmer, Meetingräume. Der Boden ist dunkelgrau, die Türen hellgrau, der Tisch noch einen Ton heller, der Laptop anthrazit. Wenn man das Gebäude betritt und die langen Gänge hinunterläuft bis zur eigenen Bürotür, bemerkt man schon, wie die Energie abnimmt. Mit jedem Schritt lässt man etwas zurück. Der rote Kugelschreiber auf der grauen Schreibtischplatte wirkt da schon fast manisch. Wenn er nicht wäre, dann hätte unser Gehirn das Farbensehen vermutlich schon abgeschaltet, denn im Alltag brauchen wir es kaum noch. Schwarz und Weiß mit allen Nuancen reichen, um sich im mitteleuropäischen Standardbüro zurechtzufinden. Für den Verkehr lassen wir uns dann sicher eine andere Lösung einfallen. Es reicht, wenn das smarte Auto eine rote Ampel erkennen und das Stoppschild wahrnehmen kann.

Dabei weiß man schon länger, dass Menschen, die regelmäßig in die Natur gehen, entspannter und geduldiger sind. Schon ein Stadtpark in der Nähe der Wohnung reicht aus, um sich eine kleine Oase im Alltag zu schaffen und täglich bei einem Spaziergang abzuschalten und aufzutanken. Und nicht nur das.

Man weiß auch, dass Menschen, die nach einer Operation am Fenster liegen dürfen und ins Grüne schauen können, schneller und besser genesen als Menschen, die auf Beton schauen oder an der Tür liegen. Nur wenige Meter im selben Zimmer trennen also eine gute Heilung von einer mittelmäßigen. Diese unter Fachleuten viel zitierte »Blick-aus-dem-Fenster-Studie«, veröffentlicht 1984 in der Zeitschrift Science, schob zum ersten Mal den Zusammenhang zwischen Heilung und Natur in den Fokus. Seither orientiert sich jeder Klinikneubau an diesen Ergebnissen. Es gibt kaum noch Krankenzimmer mit trister Aussicht.

Gute Orientierung, optimale Beleuchtung, angenehme Farben und gute Durchlüftung tun nicht nur den Patienten gut, sondern schützen auch das Personal vor Erschöpfung. *Healing Architecture* und *Healing Environment* sind die Stichworte, die beschreiben, wie stark der Einfluss der Umgebung auf den Menschen ist. Gesundheitsbauten werden deswegen nun nicht mehr nur funktional, sondern auch nach neurowissenschaftlichen Gesichtspunkten geplant und konstruiert. Eine Umgebung kann entspannen, Ängste nehmen und Stress vermindern. Was früher in der Hand von Architekten und Ingenieuren lag, wird nun von Psychobiologen, Neurobiologen und Kognitionswissenschaftlern ergänzt.

Nicht nur Menschen, die in Krankenhäusern arbeiten oder liegen, profitieren von diesem Trend. Nach und nach finden diese Erkenntnisse auch Eingang in die Gestaltung von Unternehmen. Amazon und Apple arbeiten mit viel Energie an einer passenden Umgebung für ihre Mitarbeiter. Apple bezog 2017 seinen neuen Bürokomplex, der ganz anders aussieht als ein herkömmliches Bürocenter. Manche bezeichnen es als »Donut«, andere als »Raumschiff«. Ein großer Kreis mit lichtdurchfluteten Räumen und im Inneren reichlich Grünpflanzen. In Seattle bezog Amazon 2018 den neuen »Biodome«, ein Gebäude mit drei überdimensional großen Gewächshäusern. Über 300 bedrohte Pflanzenarten werden in diesen Räumen gezogen. Auch hier ist angekommen, dass sich Menschen in einer grünen Umgebung besser konzentrieren können und mehr Ideen haben als in einem Raum, in dem der graue Schreibtisch und der graue Teppichboden um Tristesse konkurrieren.

Die erste Antwort auf Einzelbüros war die Idee »Großraum«. Abgegrenzt durch einen Sichtschutz saßen hier oftmals 50 Menschen und mehr zwischen Rolltreppen, Klimaanlagen und fest verschlossenen Fenstern. Das Ergebnis: Rund ein Viertel der Menschen, die einen Arbeitsraum mit anderen teilen müssen, klagen über Lärmbelästigung (Fraunhofer Institut für Bauphysik in Stuttgart). Auch an der Universität Sydney kommt man zu dem gleichen Ergebnis. Das Gehirn kann Stimmen nur sehr schlecht ausblenden. Das Telefongespräch des Kollegen hört man einfach mit. Und wenn es stört, dann fühlt sich die Störung noch lauter an. Nach einer Marktforschungsstudie von Ipsos verliert der durchschnittliche Büroarbeiter täglich 86 Minuten Arbeitszeit aufgrund von Lärm. Auch darauf gibt es eine schnelle Antwort aus den USA: Gegenschall. Lärm wird durch einen Gegenlärm unterdrückt. Was in den USA begeistert aufgenommen wurde, findet in Deutschland nur mäßigen Anklang. Interessant fanden die Mitarbeiter den Gegenschall nur, wenn sie diesen selbst regulieren konnten. Natürliche Ruhe wird weiterhin bevorzugt.

Weitsicht schafft Weitblick

Platz. Einfach nur Platz ist das, was Menschen guttut. Auf der Bergspitze, am Meer, beim Spaziergang über Wiesen und Felder. Das Gefühl von Weite entspannt und zentriert. Weit schauen zu können und wenig Menschen zu begegnen, das tut Körper und Geist wohl. Die Natur als Kraftgeber wird nach und nach wiederentdeckt. Der mitteleuropäische Mensch ist für weiche Waldböden und ein Blätterdach geschaffen. Die Gelenke sind für das Laufen ausgelegt und die Haut ist dem Schatten und auch dem Regen angepasst. Zu viel Wärme mögen Haut und Kreislauf nicht, das sengende Licht des Mittelmeermittags mögen die Augen nicht und allzu viel Beschäftigung mit Buch, Laptop und Smartphone gepaart mit mangelndem Sonnenlicht führt zu Kurzsichtigkeit. Wir sind eigentlich optimal an unsere natürliche Umgebung angepasst und finden in ihr maximale Erholung und Entspannung.

In unserem modernen Alltag nutzen wir unsere Umgebung sehr einseitig. Kurz nach dem Aufstehen geht der erste Blick aufs Smartphone, der Stau verstellt den Blick in die Ferne – besonders ärgerlich dann, wenn ein Van vor uns hertuckert – und am Arbeitsplatz beträgt die weiteste Distanz, die wir schauen dürfen, die vier bis fünf Meter, wenn wir versuchen, die Zahlen auf einer Beamerpräsentation zu erkennen. Und wer das nicht mehr leisten kann, bekommt vom Optiker eine Raumbrille, die genau diese drei Distanzen abdeckt: Smartphone, Laptop, Leinwand. Das sind die Grenzen des heutigen Lebensraums. Der moderne Mensch degeneriert in seiner evolutionären Ausstattung. Was er nicht benutzt, geht verloren.

Nerds, die im Keller oder der Garage nur auf ihren Bildschirm starren und gute Ideen entwickeln, machen das schließlich nicht jahrelang. Und heute gilt diese Arbeitsweise auch schon nicht mehr als cool. Moderne Arbeitswelten – das zeigen neue Konzernzentralen – schaffen schon jetzt aktiv Kreativräume, die beispielsweise auch von der Methode Design-Thinking gefordert werden: Caféhaustische mit unterschiedlichen Stühlen für die unterschiedlichen Sitzgewohnheiten und Bedürfnisse oder Stehtische. Liegemöglichkeiten. In einer multikulturellen Welt ist auch nicht immer der Stuhl das bevorzugte Sitzmöbel. Der Teppich oder ein Bodenkissen ist bei vielen jungen Menschen sehr beliebt. Nicht umsonst machen Kinder gerne ihre Hausaufgaben auf dem Boden liegend. Das europäische Sitzen auf dem Stuhl ist weder dem Bewegungsapparat angemessen noch entspricht es den bevorzugten Positionen. Sitzen schädigt den Körper mehr, als wir gerne wahrhaben wollen. Sitzen ist das neue Rauchen.

Dementsprechend fallen feste Arbeitsplätze weg, damit man die Möglichkeit hat, unterschiedliche Positionen zu nutzen. Interessant ist der Wechsel zwischen den Positionen. »No camping, please« und andere nette Hinweise sollen die Mitarbeiter daran erinnern, sich jeden Tag mit einem anderen Arbeitsplatz anzufreunden. Das ist ungewohnt und fällt manchem schwer, denn wir Menschen sind absolut territoriale Wesen. Wir suchen gerne immer wieder die gleichen Plätze auf und stecken diese für uns fest. Sogar Nomaden tun das. »No entry« signalisiert: Das ist mein Schreibtisch oder mein Büro. Wir gestalten den Arbeitsplatz persönlich, um uns wohlzufühlen. Hier ein Bild, dort ein Souvenir, da ein aufheiternder Spruch. Selbst die kleinsten Zellen in Großraumbüros haben eine persönliche Note. Manche von uns bevorzugen das vor einem weitläufigen Umfeld, in dem wir immer wechseln müssen. Und das, obwohl wir in der Zelle nicht mal einen Meter schauen können.

Menschen, die sich im Urlaub um 5.00 Uhr wecken lassen, um ihr Handtuch wieder auf den gleichen Liegestuhl am Pool zu positionieren, brauchen etwas länger, um von ihrem territorialen Verhalten Abstand nehmen zu können und die Vorzüge des beweglichen Lebens zu genießen. Die – zugegeben – erzwungene Flexibilität kann den Geist beflügeln.

Ein neuer Sitznachbar am Caféhaustisch. Das könnte durchaus der Beginn einer guten kollegialen Zusammenarbeit oder gar einer Freundschaft sein. Denn diese entstehen nicht primär durch Sympathie, sondern durch räumliche Nähe. Wir leben mit den Menschen und wir lieben die Menschen, die da sind. Psychologen konnten zeigen, dass Kinder und Jugendliche sich besonders mit den Mitschülern anfreunden, die zufällig neben ihnen sitzen. Sie lernen sich kennen, beschäftigen sich miteinander und mögen sich nach einer Weile. Möglicherweise gibt es drei Tische weiter oder in der Nachbarklasse jemanden, der noch besser passen würde. Aber wir tendieren dazu, uns erst einmal mit dem Naheliegenden zu beschäftigen. Und das gelingt uns erstaunlich erfolgreich.

Bunt, gemütlich und natürlich

Ausgestattet mit vielen Farben, damit die Zäpfchen im Auge auch etwas zu tun haben, erinnert modernes Arbeitsambiente eher an die gute alte Wohnküche. Gemütlich soll es sein, anregend und abwechslungsreich und vor allem interaktiv. Es gibt Ruhezonen und Gesprächszonen und natürlich auch abgeschlossene Einheiten, um vertraulich sprechen zu können. Caféhausatmosphäre im besten Fall, aber eher ruhig wie in einer Bibliothek. Und gleichzeitig wird die Natur in modernen Räumen konsequent aufgenommen. Die Farbe Grün erhält einen festen Platz. Denn man weiß, dass Menschen, sobald sie in der Natur sind, tief einatmen und lange ausatmen. Dieser Atem entspannt Körper und Geist und ermöglicht im Nachgang Hochleistung.

Natur ist wieder angesagt. Nabu (Naturschutzbund Deutschland) und Alpenverein verzeichnen wieder wachsende Mitgliederzahlen. Bücher über die Natur erscheinen auf den Bestsellerlisten und

»Greenery« war die Farbe des Jahres 2017. Der Wald in seinen verschiedenen Grüntönen entspannt das Auge. Die Blätter bilden ein zweites Dach, wir finden hier Schutz, Wasser und Nahrung. UV-Licht wird gefiltert und der Wald mildert Kälte und überdacht bei Regen. Deswegen fühlen wir uns hier so wohl. Ob wir müde sind oder traurig, ein paar Stunden im Wald, auf der Wiese oder am See entspannen, senken den Stresspegel. Das lässt sich anhand von Blutwerten bestätigen. Das grüne Licht wirkt mild, die Geräusche sind angenehm, wenn der Wind durch die Blätter streicht. Beruhigend.

Die Forschung hat diesen Zweig auch entdeckt. Die Auswirkung der grünen Umwelt auf die Gesundheit und das Wohlbefinden wurde gründlich untersucht. Das Ergebnis überrascht nicht. Neben dem subjektiven Wohlbefinden sinkt die Anzahl an Diabetes, Gelenkerkrankungen, Herz- und Atemwegserkrankungen sowie Übergewicht und Schlafstörungen lösen sich auf. Auch die modernen psychischen Erkrankungen wie Ängste und Depressionen nehmen deutlich ab. Wir wissen natürlich nicht, ob Menschen, die sich gerne in der Natur bewegen, von vornherein einen gesünderen Lebensstil pflegen als andere.

Menschen werden aber nicht nur gesünder im Angesicht der Natur. Sie sind auch teamfähiger, denn sie agieren aufmerksamer und hilfsbereiter. Das konnten Forscher wiederholt durchs Tests feststellen. Zum Beispiel an der Universität Berkeley. Neben der Universität Berkeley stehen 60 Meter hohe Bäume. Diese Bäume sind Akteure verschiedener psychologischer Tests. Die Frage, wie der Anblick der Bäume im Gegensatz zum Anblick des Universitätsgeländes das Verhalten von Studenten ändert, wird immer wieder ähnlich beantwortet: Sie werden aufmerksamer und hilfsbereiter. Natur fördert prosoziales Verhalten.

Die Umwelt scheint auf den Menschen also einen genauso wichtigen Einfluss zu haben wie die Beziehungsgestaltung mit anderen Menschen. Die Gestaltung des Arbeitsplatzes ist demzufolge genauso relevant wie eine interessante Aufgabe oder ein gutes Team. Nicht umsonst gab es in den letzten 20 Jahren einen Trend hin zu Heimarbeitsplätzen. Im eigenen Wohnzimmer, auf dem Balkon oder im Garten lässt es sich ganz anders arbeiten als im Grau in Grau des

Büros. Der Trend ist inzwischen wieder rückläufig, weil viele Menschen Arbeit und Freizeit auch örtlich gerne trennen möchten. Bereits jetzt nimmt die 7/24-Einstellung bei der Generation Y wieder ab. Generation Z wünscht tendenziell klare Arbeitszeiten mit eindeutigen Grenzen und kein Work-Life-Blending. Junge Menschen fahren lieber an einen schönen Arbeitsort und müssen zu Hause nicht erst aufräumen, um sich wohlzufühlen. Und sie möchten auch nicht vom Wohnzimmer aus arbeiten, denn das Wohnzimmer ist Familie und Freizeit vorbehalten. Es sollte sie nicht an ihre Arbeit erinnern.

Gebannt vor dem Rechner, aufmerksam an einer Aufgabe arbeitend ist der Akku schnell erschöpft. Kurze Pausen tun gut, um Körper und Geist zu regenerieren. Warum wir die Natur als Umgebung entspannend finden, darüber hat sich der Forscher Yannick Joye Gedanken gemacht. An der Universität Groningen hat er herausgearbeitet, dass unser Gehirn selbstähnliche, also fraktale Strukturen besonders mühelos verarbeiten kann. Und diese stellt die Natur zur Verfügung: Wellen, Blätter, Gefieder, Unterholz, Früchte … Die Natur kann man absichtslos wahrnehmen und dabei sein Gehirn in einen entspannten Zustand überführen. Interessanterweise ist es vor allem der gewohnte Lebensraum, die Natur aus den eigenen Breiten, die besonders entspannt. Nicht nötig also, den Blick in die Ferne schweifen zu lassen. Der Urlaub in der Südsee entspannt demnach nicht so nachhaltig wie der Wanderurlaub in den deutschen Mittelgebirgen.

Das Fraktale findet sich auch in modernen Bürowelten wieder. So nutzen Architekten Gliederungsprinzipien, die eine selbstähnliche Aufteilung hinsichtlich Funktion, Prozess und Raum ermöglichen. Sie versuchen, den Büroraum den menschlichen Bedürfnissen anzupassen, ihm das zu geben, was die Natur auch liefert, damit der Mensch entspannt und gute Ideen hat. Vorbild Natur. Keine neue Idee, aber eine vielversprechende.

Fitness- und Meditationsräume, Massagen und Desk-Bikes runden den Kanon des Wohlfühlraums Büro ab. Aber auch alle diese Möglichkeiten spielen sich indoor ab. Immer noch unterschätzen wir die Kraft von natürlichem Licht, Sonnenstrahlen, Wind und frischer Luft als wichtigen Elementen für das Wohlbefinden. Kein Innenraum kann Menschen das geben, was die Natur liefert. *»81 Prozent der Personalexperten gehen davon aus, dass Mitarbeiter in einer anderen Arbeitsumgebung kreativer sind als im Büro«*, schrieb die Zeitschrift Manager Seminare im Dezember 2017. Dazu gehören auch Gärten, Balkone und der Park.

Auch Meetings können am See, im Straßencafé oder beim Spazierengehen stattfinden. Was heute noch argwöhnisch betrachtet wird, kann schon morgen Standard sein. Draußen und in Bewegung fällt es leichter, Gedanken auszutauschen und im wahrsten Sinne des Wortes einen beweglichen Standpunkt einzunehmen, der Neues und Kreatives zulässt.

Der virtuelle Himmel

Ein virtueller Himmel im Büro. Damit wollen Wissenschaftler natürliche Lichtverhältnisse simulieren und hoffen, Mitarbeiter so glücklicher, gesünder und konzentrierter machen zu können. Helles, künstliches Licht schadet nachweislich dem Biorhythmus und damit der Gesundheit, deswegen sollen die Lichtverhältnisse möglichst nah an die natürlichen Verhältnisse angeglichen werden.

Am Fraunhofer-Institut für Arbeitswirtschaft und Organisation IAO in Stuttgart wird nach einem künstlichen Licht geforscht, das genauso gesund ist wie das natürliche Licht. Der virtuelle Himmel erzeugt dynamisches Licht, bewegt es, erzeugt Schatten, er bildet sozusagen einen Sonnen- und Wolkenrhythmus ab.

Witzig eigentlich, dass man versucht mit aufwendiger Technologie natürliche Lichtverhältnisse in den Raum zu holen. Einfacher wäre es, vor die Tür zu gehen. Ein Spaziergang bleibt die bessere Alternative, macht uns wach und erfrischt. Mit einer natürlichen Lichtdusche kann eine künstliche noch nicht konkurrieren. Die Bildung des Schlafhormons Melatonin wird bei einem Spaziergang gestoppt – natürliches Licht lässt auch den Wachmacher Serotonin ansteigen, unser Glückshormon. Selbst ein bedeckter Himmel bringt es auf mehrere Tausend Lux. Künstliches Licht erzielt etwa 10 000 Lux.

Fraunhofer-Forscher experimentieren auch mit Farben. Blaues Licht macht uns wach, es wirkt kühl und erfrischend, fördert die Konzentration und sorgt im Kindesalter dafür, dass sich die Augen optimal entwickeln. Stress und Aufregung können mit einem beruhigenden Licht gedämpft werden und warme Rosa- und Rottöne mindern Aggression. Per Knopfdruck können wir also zukünftig die Stimmung im Büro beeinflussen. Da Licht direkt auf den Hormonspiegel wirkt, können so gezielt Stimmungen hergestellt und verändert werden. Fragt sich nur, ob der virtuelle Himmel tatsächlich die gleiche positive Wirkung haben wird wie ein Ausflug an den See, ein Waldspaziergang oder das Schlendern über Wiesen und Felder.

Kurz und knackig

- Die Arbeitsumgebung hat direkten Einfluss auf die Leistungsfähigkeit.

- Menschen verhalten sich in ihrer natürlichen Umgebung kooperativer.

- Moderne Bürokonzepte orientieren sich am Vorbild Natur.

Epilog: Mutig sein und passend umsetzen

Kein Mensch braucht Führung. Wir brauchen nur jemanden, der uns immer wieder den Spiegel vorhält. Der uns zeigt, wie wir ticken und wirken: *Merkste was? Willste das so? Welche Alternativen haste?* Wir brauchen jemanden, der uns dabei unterstützt, unsere Gedanken zu überprüfen. Auch wenn sie in unseren Köpfen sind: Sie treffen nicht immer zu – nur weil sie schon drin sind ... Wir brauchen keine Führung, weil es viel besser ist, eine gute Selbstführung zu entwickeln. Und diese Fähigkeit bringen heute viele Menschen mit ins Büro. Andere können sie entwickeln.

Es gibt viele Paradigmen in unserer Arbeitswelt, die es auf den Kopf zu stellen lohnt. Und sich vom bisher unumstrittenen Konzept der Führung zu verabschieden und andere Mechanismen zu finden, ist nur einer von vielen Ansätzen. Es lohnt, zu experimentieren. Und das Schöne: Der Zeitgeist gibt es her. Und die Technologie macht es möglich, dass Menschen Routinetätigkeiten abgeben und ihre Ideen und ihre Tatkraft in guter Weise einsetzen können. Menschen suchen nach neuen Möglichkeiten, zusammenzuarbeiten und ihren Tag zu gestalten. Viele stellen das Bestehende infrage und sind dazu bereit, Neues auszuprobieren, andere Wege zu gehen. Unternehmen werden zu Laboratorien. Sie verfolgen Dinge, die funktionieren, und verwerfen andere, die nicht weiterbringen. Und dabei lösen sie ganz nebenbei bestehende Paradigmen auf. Und so kommt es, dass bereits jetzt Coachingkompetenzen ein wichtiger Bestandteil von Führung geworden sind. Noch in homöopathischen Dosen. Später vielleicht ausschließlich.

Wie wir arbeiten, schreibt uns der Markt vor. Nicht der Chef. Das haben einige Unternehmen bereits gelernt. Manche sind noch dabei, das zu verstehen. Aufmerksam zu bleiben und sein Handeln an der aktuellen Wirkung und nicht an Vergangenem auszurichten unterstützt in diesen spannenden Momenten.

Jedes Unternehmen funktioniert anders. Deswegen ist es nicht klug, Beraterempfehlungen einfach umzusetzen. Wie jede Familie anders tickt, haben auch Unternehmen ihre ungeschriebenen Gesetze und ihre Kultur. Nicht jeder Ansatz passt. Die Methode muss zum Unternehmen passen, zum Produkt, zum Markt. Nicht umgekehrt. Sonst bleibt sie eine neue Sau, die durchs Dorf getrieben wird und am Ende des Dorfs in die weite Welt hinausläuft und nie wieder gesehen wird. Nur weil man eine Methode cool findet, funktioniert sie noch lange nicht im eigenen Team oder im Unternehmen.

Silicon Valley ist kein Vorort von Dortmund, Nordrhein-Westfalen nicht Kalifornien. Deswegen kann man die Erfolgskonzepte von dort auch nicht einfach transferieren. Wenn ein Unternehmen Kosten sparen muss, nutzt es andere Hebel, als wenn es viele neue Ideen generieren möchte. Wenn es neue Vertriebswege sucht, braucht es ein anderes Vorgehen, als wenn neue Kunden gewonnen werden sollen.

Deswegen klappt es nicht, wenn Sie die Anregungen aus diesem Buch 1:1 übertragen. Deshalb ist es wichtig, genau zu erkennen, wo Ihr Unternehmen steht, und zu überlegen, welcher Schritt der erste sein könnte. Und deswegen lohnt es sich, darüber nachzudenken, was geschieht, wenn Menschen keine Verantwortung übernehmen möchten und mit Freiheit nicht umgehen können.

Die Wege, die Unternehmen mit ihren Mitarbeitern beschreiten, sind ganz vielfältig. Sie passen zum Rhythmus des Unternehmens, zur Situation, zur Branche, zu den Kunden und nicht zuletzt zu den Mitarbeitern, die in diesem Unternehmen arbeiten. Es sind Ideen, die alle gemeinsam aufgreifen und umsetzen, und es sind Erfahrungen, die sie weiter voranbringen, oder auch Ansatzpunkte, die sie wieder verwerfen. Die Passung ist hier ganz wesentlich, denn jedes Unternehmen hat andere Rahmenbedingungen und befindet sich in einer anderen Lebensphase.

Gerne überschätzen wir uns. Das ist unsere Natur. Als Autofahrer, als Experte, als Partner. Wir glauben, wir sind Premium, auch wenn wir normaler Durchschnitt sind. Wir fühlen uns alle als überdurchschnittliche Autofahrer und wundern uns, dass so viele Unfälle passieren. Wir schützen unseren Bereich, damit wir uns als Experten fühlen können, und wir überschätzen die Tragfähigkeit von Beziehungen, für die wir schon lange nicht mehr viel getan haben. Die gute Nachricht: Das tun wir alle und es ist gesund. Eine leichte Selbstüberschätzung trägt zur psychischen Stabilität bei und schützt uns vor Krisen. Nur was, wenn es sich nicht mehr um eine leichte Selbstüberschätzung handelt?

Aber weil wir uns überschätzen, und zwar in jeder Hinsicht, brauchen wir für den Arbeitsplatz ein Regulativ. Zu Hause fragt uns ein aufmerksamer Partner hin und wieder »Merkste was?«. Im Unternehmen übernimmt diese Rolle der Coach. Er führt uns nahezu erbarmungslos und in wertschätzender Weise zu unserem eigenen 90-Prozent-Anteil an schwierigen Situationen. Er sucht mit uns neue Handlungsoptionen und bespricht deren Wirkung. Wir brauchen jemanden, der mit unseren Schattenseiten, unseren Ängsten, ja unseren Abgründen umgehen kann. Der diese transparent macht, betrachtbar, annehmbar. Der uns lehrt, mit uns selbst optimal umzugehen und anderen weniger zuzumuten. Der unsere Interessen versteht und sie in den unternehmerischen Kontext einsortiert. Oder auch aussortiert. Je nachdem.

Die Fähigkeit dazu ist heute genauso eine Basiskompetenz wie ein Verständnis für die neue Technik. Das verstehen die meisten. Und viele haben auch Lust dazu. Führungskräfte können das nicht abbilden. Sie verstehen oft ihre eigenen 90 Prozent nicht und versuchen genauso wie viele Mitarbeiter ihre eigenen Bedürfnisse zufriedenzustellen. Menschen fällt es allgemein schwer, zwischen Bedürfnissen und unternehmerischen Notwendigkeiten zu differenzieren.

Druck und Controlling sind nicht die Mittel der Wahl, um menschliche Potenziale zu heben. Auch das Einführen weiterer Führungsebenen, Task-Forces, Deep-Dive-Crews, ein ausgetüfteltes Berichtswesen oder Quality-Manager helfen da nicht weiter. Viele Instrumente, mit deren Hilfe versucht wird, genau dieses Problem zu lösen, schlittern an der Sache vorbei, weil sie die Lösung in Prozessen suchen und nicht im Menschen. Zugegeben: Menschen sind komplex. Und es ist nicht immer lustig, viel mit ihnen zu tun zu haben. Aber Prozesse sind hier nicht die Lösung. Dafür individualisieren sich die Märkte zu stark.

Zu Hause geht es doch auch

Lust am Denken und Freude am Gestalten haben die meisten Menschen. Neugierig sind sie, experimentierfreudig und zufrieden, wenn etwas gelingt. Und zu Hause nutzen wir diese Kompetenz ganz selbstverständlich. Ohne, dass uns jemand sagt, was zu tun ist. Wir spüren Energie und Leidenschaft, setzen uns ein, gehen mit Rückschlägen um, stehen wieder auf und beginnen von vorne. Dafür braucht es keine Person, die uns motiviert oder kontrolliert.

Die Liste der Unternehmen, die bereits neue Wege beschreiten, ist lang. Von ihren Erfahrungen kann jeder profitieren. Bekannt geworden ist damit die Bewegung »Augenhöhe«, die in Filmen Menschen aus Unternehmen darstellt, die ihren Weg zeigen. Mit Höhen und Tiefen. Deutlich wird, dass jeder nach Branche und Auftrag seinen individuellen Weg sucht und findet. Gemeinsam ist allen Projekten die Kompetenzzuschreibung an die Mitarbeiter und die autonomen Teams. Der Umgang und die Kultur verändern sich dadurch. Man kann in den Projektfilmen miterleben, wie Menschen aufblühen, sich engagieren und ihren Job ganz anders wahrnehmen, wenn sie Zutrauen spüren und Verantwortung übernehmen dürfen. Genau wie im privaten Leben. Und man kann in den Interviews auch spüren, was passiert, wenn die guten Ideen ungünstig umgesetzt werden: ewig lange ermüdende Diskussionen, zu viele Iterationsschleifen, keine Entscheidungen, Stagnation.

Neues muss man lernen

Angenommen, Sie hätten noch nie in Ihrem Leben auf einem Klavier gespielt und haben heute zum ersten Mal die Möglichkeit, es auszuprobieren. Sie sitzen also auf dem Schemel vor dem geöffneten Deckel und blicken auf die Tasten. Nun erhalten Sie die Erläuterung: *»Drücken Sie in unregelmäßigem Wechsel wie auch gleichzeitig weiße und schwarze Tasten.«* Das klingt einfach, denken Sie und heben die Hände. Zu Ihrer Enttäuschung klingt der erste Versuch schräg. Der zweite auch. Der dritte frustriert. Schließlich sind Sie enttäuscht, schließen den Deckel und lassen sich dazu hinreißen zu behaupten: *»Klavier-*

spielen funktioniert nicht. Ich habe es selbst mehrfach versucht!« Alle Ansätze rund um neue Formen der Arbeit ernten derzeit harsche Kritik.
Die Ansätze werden gleichgesetzt mit Chaos, Strukturlosigkeit, Des-
organisation, Ziel- und Planlosigkeit sowie Überforderung.

Dass das nicht zutrifft, liegt auf der Hand. Alles Neue muss gelernt
und geübt werden. Es braucht Zeit, bis es Schritt für Schritt verstanden und zu einer neuen Gewohnheit geworden ist. Genauso wie ein
Klavierlehrer ein toller Helfer für einen Menschen ist, der das Spiel
gerne erlernen möchte, ist der Unternehmenscoach ein perfekter
Support bei allen neuen Formen der Arbeit. Und wie bei allen Lern-
prozessen gibt es auch hier ein einige Aufs und Abs, bis es richtig gut
funktioniert und sich das erste Geklimpere nach Musik anhört.

Sie sind Führungskraft?

Dieses Buch versteht sich als ein Angebot. Eine Ideensammlung, die
Sie auf dem Weg in eine neue Form der Zusammenarbeit inspirieren
kann. Einem Weg, den Sie betreten und nicht mehr verlassen und der
Sie vorbeiführt an neuen Produkten und Dienstleistungen, höherer
Produktivität und einer sehr hohen Zufriedenheit bei Kunden wie bei
Mitarbeitern. Einem Weg, der die persönliche Selbstführungskompetenz, aber auch die Aufmerksamkeit innerhalb der Organisation
verbessert. Und damit eine Kultur schafft, die maßgeblich zum unternehmerischen Erfolg beiträgt. Viel mehr als Strukturen und Prozesse
es leisten können. Einem Weg, der niemals endet, sondern mit jeder
neuen Anforderung eine neue Wendung nimmt. Einem spannenden
Weg, auf dem es Spaß macht zu gehen.

Vielleicht arbeiten Sie in einem klassischen hierarchischen Unternehmen. Vielleicht sind Sie Führungskraft, vielleicht Mitarbeiter
oder Coach, Trainer, Berater? In allen Rollen können Sie Teile des
gezeichneten Bildes schon heute umsetzen. Zukünftig werden sich
Unternehmen, die wettbewerbsfähig bleiben wollen, in diese Richtung entwickeln. Dieser Trend ist nicht umkehrbar.

*Herzgerechtes Führen, Führen mit Tugenden, Playful Leadership, Effec-
tive Leadership, Neuronal Leadership, Intelligent Leadership, Ökologisch
Führen, Liquid Leadership* ... Alle diese neuen Entwicklungen im

Bereich Führung zeigen vor allem eins: Die traditionelle Führung hat ausgedient. Menschen streben nach einer anderen Form des Zusammenarbeitens und des Zusammenwirkens. Die Umsetzung fällt interessanterweise Führungskräften besonders schwer. Dinge nicht im Griff zu haben – obwohl Kontrolle einen ruhig schlafen lässt –, abzugeben – obwohl man bis vor Kurzem noch alles selbst gemacht hat, damit es funktioniert –, und nur dann Entscheidungen zu treffen, wenn die Person mit dem meisten Wissen zum Thema im Raum ist – obwohl man zuvor qua Rolle einfach alles entschieden hat –, das kann schon den Schlaf rauben. Diese gefühlte Kontrolle, wie schon Tom Peters Anfang der Neunziger formulierte, ist eine Illusion. Wenn auch eine geliebte.

Führungskräfte haben die Hypothese, dass viele Mitarbeiter keine Verantwortung übernehmen möchten und deswegen für diese neue Form der Zusammenarbeit nicht gestrickt sind. Dabei übersehen sie, wie wenig ihr eigenes Strickmuster zu den neuen Ideen und Ansätzen passt. Sie projizieren ihren Schmerz auf andere. Eine beliebte Strategie, wenn auch nicht unbedingt von Erfolg gekrönt. Was nur zu verständlich und menschlich ist, bremst. Es bremst in einer Zeit, in der Geschwindigkeit ein Schlüsselfaktor ist. Einer Zeit, in der jeder Denker und jeder Handelnde gebraucht wird. In der sich keiner mehr zurücklehnen und abwarten kann, bis der Chef sein »Go« gibt.

Sind Führungskräfte experimentierfreudig, dann nehmen sie die hier gezeichneten Ideen auf und setzen Elemente davon um. Das Feedback ist überragend: »Hätte das meinen Mitarbeitern gar nicht zugetraut« oder »Hätte nicht gedacht, dass sie so motiviert und engagiert bei der Sache sein können und noch dazu so gute Ergebnisse liefern«. Viele Führungskräfte sind überrascht von den Kräften, die zum Einsatz kommen, wenn sie selbst in der Lage dazu sind, ihren Mitarbeitern Raum zu geben. Nur wer Raum eröffnet, kann erwarten, dass er genutzt wird. Denn alle können sich die Schuhe selbst zubinden. Wenn man sie lässt. Deswegen braucht man auch keine Führung.

Danke

Felina, für deine Ermutigung und Unterstützung, den Paradigmenwechsel weiterzudenken und als Buch zu fassen.

Luisa, für deinen stringenten Respekt vor Kompetenz und nur vor Kompetenz.

Ditmar, für unsere zahlreichen Gespräche und Diskussionen rund um Führung und Zusammenarbeit.

Allen Teams, mit denen ich diskutieren und experimentieren durfte.

Allen Menschen, mit denen ich sprechen durfte, die ebenfalls suchen, weil sie spüren, dass das »Alte« zu Ende und das »Neue« noch nicht ganz gefunden ist.

Und allen Mitarbeitern des GABAL Verlags, die das Projekt unterstützt und vorangetrieben haben.

Quellen, Inspiration und Empfehlungen

Bücher

Arbinger Institut (2004), *Raus aus der Box*, GABAL Storytelling, Offenbach

Ariely, D. (2010), *Denken hilft zwar, nützt aber nichts*, Knaur Verlag, München

Ariely, D. (2012), *Wer denken will, muss fühlen*, Knaur Verlag, München

Bauer, J. (2006), *Prinzip Menschlichkeit*, Hoffmann und Campe, Frankfurt a. M.

Brandes, U. (2016), *Social Energy*, Springer, Wiesbaden

Dewey, J. (1931), *Die menschliche Natur. Ihr Wesen und ihr Verhalten*, Deutsche Verlags-Anstalt, Stuttgart

Faschingbauer, M. (2013), *Effectuation. Wie erfolgreiche Unternehmer denken, entscheiden und handeln*, Schäffer-Poeschel, Stuttgart

Janszky, S. G. und Abicht, L. (2013), *2025 – so arbeiten wir in der Zukunft*, Goldegg Verlag, Wien

Kahneman, D. (2011), *Schnelles Denken, langsames Denken*, Pantheon, München

Laloux, F. (2016), *Reinventing Organization – Ein illustrierter Leitfaden sinnstiftender Formen der Zusammenarbeit*, Vahlen, München

Lehrick, M., Link, P. und Leifer, L. (2018), *Das Design Thinking Play Book*, Vahlen, München

Luhmann, N. (1993), *Soziale Systeme*, Suhrkamp, Frankfurt a. M.

Nowotny, V. (2016), *Agile Unternehmen – Fokussiert, Schnell, Flexibel: Nur was sich bewegt, kann sich verbessern*, Business Village GmbH, Göttingen

Österreicher, B. und Schröder, C. (2017), *Das kollegial geführte Unternehmen*, Vahlen, München

Peters, T. (1993), *Jenseits der Hierarchien*, Econ Verlag, Düsseldorf

Purps-Pardigol, S. (2015), *Führen mit Hirn*, Campus Verlag, Frankfurt a. M.

Robertson, J. B. (2016), *Holocracy – ein revolutionäres Management-system für eine volatile Welt*, Vahlen, München

Schmitt, T. und Esser, Michael (2010), *Status-Spiele – Wie ich in jeder Situation die Oberhand gewinne*, Fischer Verlag, Frankfurt a. M.

Schneider, W. (2013), *Enzyklopädie der Faulheit*, Eichborn, Frankfurt a. M.

Schnell, T. (2016), *Psychologie des Lebenssinns*, Springer Verlag, Heidelberg

Sprenger, R. (2012), *Radikal führen*, Campus Verlag, Frankfurt a. M.

Sutherland, J. (2015), *Die Scrum-Revolution: Management mit der bahnbrechenden Methode der erfolgreichsten Unternehmen*, Campus Verlag, Frankfurt a.M.

Taleb, N. N. (2013), *Anti-Fragilität – Anleitung für eine Welt, die wir nicht verstehen*, Knaus Verlag, München

Thaler, R. H. und Sunstein C. R. (2015), *Nudge – Wie man kluge Entscheidungen anstößt*, Ullstein, Berlin

Vollmer, L. (2017), *Wie sich Menschen organisieren, wenn ihnen keiner sagt, was sie tun sollen*, Gorus, Moos

Artikel

Bennis, W. (2018), *Managers do things right. Leaders do the right thing*, in: Kennedy, C., *Management-Gurus – 40 Vordenker und ihre Ideen*, Springer Nature Switzerland, Cham, S. 47–52

Doyle, C. (2017), *Der Wandel, der vom Acker kam*, Max Planck Forschung 2/2017, S. 27–33

Joye, J., (2007), *Fractal architechture could be good for you*, in: Nexus Network Journal, 9 (2), S. 311–320

Latham, G. und Kinne, S. (1974), *Improving job performance through training in goal setting*, in: Journal of Applied Psychology, 59, S. 187–191

Macrare C. N. und Bodenheusen, G, (2000), *Social Corgnition*, in: Annual Review of pschology, S. 93–120

Mintzberg, H. (2018), *Wie Strategien entwickelt werden und wie*

Manager ihre Zeit planen, in: Kennedy, C., Management-Gurus –
40 Vordenker und ihre Ideen, Springer Nature Switzerland,
Cham, S. 152–161

Pfiff, P. et al. (2015), *Awe, the Small Self and Prosocial Behavior*, in:
Journal of Personality and Social Psychology, 108, S. 883–899

Schmidt, G. (2011), *Berater als »Realitätenkellner«und Beratung als
koevolutionäres Konstruktionsritual für zieldienliche Netzwerkakti-
vierung – einige hypnosystemische Implikationen*, in: Leeb, W. A.,
Trenkle, B. und Weckenmann, M. F. (Hrsg.), Der Realitätenkellner, Carl Auer Verlag, Heidelberg, S. 18–35

Vorträge

Bauer, Joachim (15. September 2017), *Die Wiederentdeckung des
freien Willens*, Vortrag in der Reihe »Lebenskunst« in Bensheim

Links

Augenhöhe, http://augenhoehe-film.de/

Bergmann, F., Interview 2017 New Work (YouTube): https://www.
youtube.com/watch?v=29IoGFD86QM [23.11.2018]

Couzin, I., Forscher zur Schwarmintelligenz an der Universität
Konstanz: https://www.uni-konstanz.de/universitaet/aktuelles-
und-medien/aktuelle-meldungen/aktuelles/aktuelles/die-
geheimnisse-der-schwarmintelligenz/11217/ [23.11.2018]

Half, R., https://www.roberthalf.de/presse/ein-arbeitstag-
langeweile-pro-woche, 23.10.2017 [23.11.2018]

Weizenbaum, J. (1966), http://www.med-ai.com/models/
eliza.html.de und: http://www.hfrudolph.bplaced.net/
MeinChatmitEliza.html [23.11.2018]

Interessante Zeitschriften

American Psychologist
Gehirn und Geist
Journal of Applied Social Psychology
Journal of Personality and Social Psychology
Max Planck Forschung
Personality und Social Pschology Bulletin
Proseedings of the National Academy of Sciences of the United
    States of America (PNAS)
Psychological Sciences
Science
Social Cognition in Annual Review of Pschology
The Journal of Social Psychology

Die Autorin

 Als Führungscoach erlebt Dr. Susanne Klein immer wieder, dass Führungskräfte mit der komplexen menschlichen Natur in ihren Teams überfordert sind. Umso mehr begrüßt sie die neue Leadership-Diskussion. Die promovierte Psycholinguistin ist Master-Coach, Beraterin, Speaker sowie Vorstand Akkreditierung im European Mentoring and Coaching Council (EMCC) und erprobt mit ihren Kunden neue Konzepte der Führung und Zusammenarbeit.

Für ihre Leadership-Coach-Ausbildung für die Deutsche Telekom hat sie 2012 den internationalen EMCC Ausbildungspreis gewonnen. Sie betreibt in Darmstadt ihr Coaching College, in dem sie bereits mehr als 300 Führungskräfte zu Coachs ausgebildet hat. Sie arbeitet als Führungskräfteentwicklerin und Coach in verschiedenen Unternehmen.

Bei GABAL hat sie Bücher zu den Themen Führung, Coaching, Training und Konfliktmanagement veröffentlicht.

Ausbildung zum Unternehmenscoach

- Coachingkompetenz erwerben und einsetzen.
- Berater und Coach in der Unternehmensleitung werden.
- Betreuung mehrerer selbststeuernder Teams.

- Start: einmal im Jahr
- Dauer: neun Monate (sechsmal zwei Tage und supervidierte Falldokumentation)

- Teilnehmer: bis zehn Personen pro Gruppe

- Inhalte:
  - System Unternehmen
  - Persönlichkeitspsychologie
  - Coachinghaltungen und Coachingtools
  - Funktionale Teams
  - Methoden der Kollaboration
  - Feedback als Schlüsselinstrument
  - High Performer und ihre Needs
  - Provokation und Humor
  - Hospitation

Termine und weitere Informationen: www.susanne-klein.net oder
per E-Mail: info@susanne-klein.net

Register

Dein Leben

Inspirierende Impulse und praktische Tipps, die Ihr Leben leichter, besser und schöner machen.

Sylvia Löhken
Leise Menschen – gutes Leben
ISBN
978-3-86936-800-9
€ 24,90 (D)
€ 25,60 (A)

Ralf Schmitt,
Mona Schnell
Kill dein Kaninchen
ISBN
978-3-86936-832-0
€ 19,90 (D)
€ 20,50 (A)

Monika Hein
Empathie
ISBN 978-3-86936-831-3
€ 22,90 (D) / € 23,60 (A)

Patricia Küll
Ab heute singe ich unter der Dusche
ISBN 978-3-86936-802-3
€ 24,90 (D) / € 25,60 (A)

Martin-Niels Däfler
Das Gelassenheitsprojekt
ISBN 978-3-86936-833-7
€ 19,90 (D) / € 20,50 (A)

Marco von Münchhausen
Innere Stabilität
ISBN 978-3-86936-801-6
€ 22,90 (D) / € 23,60 (A)

Hans-Georg Willmann
Verblüffend einfach Ziele erreichen
ISBN 978-3-86936-803-0
€ 15,00 (D) / € 15,50 (A)

Barbara Messer
Das pure Leben spüren
ISBN 978-3-86936-834-4
€ 15,00 (D) / € 15,50 (A)

 Alle Titel auch als E-Book erhältlich

gabal-verlag.de

Whitebooks

Kompetentes Basiswissen für Ihren
beruflichen und persönlichen Erfolg

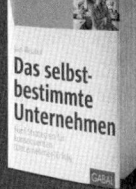